金属材料焊接

主　编　宋丽平　　高章虎

参　编　李　红

主　审　陈兴东　　杨兵兵

北京理工大学出版社
BEIJING INSTITUTE OF TECHNOLOGY PRESS

内 容 简 介

全书共分为六个模块：第一模块介绍金属材料焊接性的概念及影响因素、焊接性的评定内容与试验方法等；第二至第六模块中系统地介绍碳钢、合金钢、不锈钢、铸铁、有色金属的性能、焊接性特点与焊接工艺。本书还给出部分生产实例及焊接工艺卡，且在每章末附有习题供知识总结之用。

本书可作为高等院校焊接及相关专业的教学用书，也适用于五年制高职、中职相关专业，亦可作为社会从业人员的业务参考书及培训用书。

图书在版编目（CIP）数据

金属材料焊接／宋丽平，高章虎主编． -- 北京：
北京理工大学出版社，2023.12
ISBN 978 - 7 - 5763 - 3300 - 8

Ⅰ．①金… Ⅱ．①宋… ②高… Ⅲ．①金属材料 – 焊
接 – 教材 Ⅳ．①TG457.1

中国国家版本馆 CIP 数据核字（2024）第 011692 号

责任编辑：多海鹏　　**文案编辑：**多海鹏
责任校对：周瑞红　　**责任印制：**李志强

出版发行 ／ 北京理工大学出版社有限责任公司
社　　址 ／ 北京市丰台区四合庄路 6 号
邮　　编 ／ 100070
电　　话 ／ （010）68914026（教材售后服务热线）
　　　　　　　（010）68944437（课件资源服务热线）
网　　址 ／ http://www.bitpress.com.cn

版 印 次 ／ 2023 年 12 月第 1 版第 1 次印刷
印　　刷 ／ 三河市天利华印刷装订有限公司
开　　本 ／ 787 mm × 1092 mm　1/16
印　　张 ／ 14.75
字　　数 ／ 338 千字
定　　价 ／ 79.00 元

前　言

本书是为满足高等职业院校智能焊接技术专业或其他相关专业的教学需要而编写的，主要讲述金属材料焊接性的评定方法、评定内容及常用金属材料的焊接性特点、焊接工艺及焊接操作技术等。基于当前经济社会对焊接技术技能人才的需要，根据教育强国、人才强国、科技强国战略，为体现立德树人的根本目的，本书在编写过程中紧密结合企业生产实际，充分挖掘焊接技术行业的先进生产技术及企业生产案例。教学内容的安排上遵循金属材料的种类及性能→焊接性→焊接工艺要点→典型钢种的焊接工艺，内容的选择上注重理论的成熟性，以及工艺的先进性和应用性。教学过程中注重理论与实践的结合及多方面知识的融会贯通，使学生在学中做、做中学，真正掌握常用金属材料的焊接工艺及焊接技能。同时通过知识教学的过程，讲述"榜样的故事"，将"中国高技能人才楷模""全国技术能手""大国工匠"等焊接高技能人才的故事贯穿课堂，激发学生对焊接技术的热爱，梳理工匠意识，胸怀报国情怀；培养学生爱岗敬业与团队合作的基本素质；贯彻全程素质教育的理念，重视企业文化的引入，培养高职应用型人才的职业素养，注重诚信品质、团队精神及善于独立思考、勇于创新等综合素质的养成。

全书共分为六个模块：作为先学知识，先在模块一介绍金属材料焊接性的概念及影响因素、焊接性的评定内容与试验方法等；在模块二至模块六系统地介绍了碳钢、合金钢、不锈钢、铸铁、有色金属的性能、焊接性特点与焊接工艺。依据焊接技术与自动化人才培养方案，"金属材料焊接工艺"课程在阐明有关金属材料焊接性的基础上，着力讨论各种金属材料焊接问题及解决这些问题的途径、方法和措施，并能以此指导实际，与焊接实践密切联系，使学生通过本门课程的学习和实践，不仅能为将来解决各种金属材料焊接问题、制定正确工艺方案等奠定必要的理论基础，又能将所制定工艺方案或高层次设计转化成可操作技术。

本书由陕西工业职业技术学院宋丽平、高章虎担任主编，东方电气集团东方汽轮机有限公司高级工程师陈兴东和陕西工业职业技术学院教授杨兵兵担任主审。其中绪论、模块一、模块三、模块五、模块六由宋丽平编写，模块二由包头职业技术学院李红编写，模块四由高章虎编写。全书由宋丽平统稿。

本书在编写过程中参考了高等学校和大专的同类教材、教学参考书及部分专业工具书以及与焊接相关网站的信息，在此向有关的编者一并致谢。

由于编者知识水平有限，书中难免存在疏漏和欠妥之处，敬请读者批评指正。

编　者

目　录

绪　论 ……………………………………………………………………………… 1

　一、焊接概念 ………………………………………………………………… 1

　二、焊接用钢材 ……………………………………………………………… 1

　三、焊接在我国制造业中的战略地位和成就 ……………………………… 2

　四、课程内容概述 …………………………………………………………… 4

模块一　金属材料焊接性及其试验方法 ……………………………………… 6

　项目一　金属材料的焊接性 ………………………………………………… 6

　　一、金属材料焊接性的概念 ……………………………………………… 6

　　二、金属材料焊接性的影响因素 ………………………………………… 7

　项目二　金属材料焊接性的评定内容与试验方法 ………………………… 11

　　一、金属材料焊接性的评定内容 ………………………………………… 11

　　二、金属材料焊接性试验方法 …………………………………………… 12

　　三、设计和选择焊接性试验方法的原则 ………………………………… 13

　项目三　金属材料焊接性的评定与试验 …………………………………… 16

　　一、金属材料焊接性的分析与评定方法 ………………………………… 16

　　二、金属材料焊接性试验方法 …………………………………………… 18

模块二　非合金钢（碳钢）及其焊接工艺 …………………………………… 26

　项目一　钢材分类与非合金钢 ……………………………………………… 26

　　一、钢材分类 ……………………………………………………………… 26

　　二、非合金钢 ……………………………………………………………… 27

　项目二　低碳钢的焊接 ……………………………………………………… 28

　　一、低碳钢的成分特点与焊接性 ………………………………………… 28

　　二、低碳钢的焊接工艺要点 ……………………………………………… 29

　项目三　中碳钢的焊接 ……………………………………………………… 33

　　一、中碳钢的成分特点与焊接性 ………………………………………… 33

　　二、中碳钢的焊接工艺要点 ……………………………………………… 34

　项目四　高碳钢的焊接 ……………………………………………………… 38

　　一、高碳钢的成分特点与焊接性 ………………………………………… 38

　　二、高碳钢的焊接工艺要点 ……………………………………………… 39

模块三　合金钢及其焊接工艺 ·· 42

　项目一　低合金钢概述 ··· 42

　　一、低合金钢中的合金元素 ·· 42

　　二、低合金钢的分类 ·· 43

　　三、低合金高强度钢的性能及应用 ·································· 44

　项目二　热轧及正火钢的焊接 ······································ 45

　　一、热轧及正火钢的成分和性能 ···································· 45

　　二、热轧及正火钢的焊接性 ·· 48

　　三、热轧及正火钢的焊接工艺要点 ·································· 49

　项目三　低碳调质钢的焊接 ·· 57

　　一、低碳调质钢的成分和性能 ······································ 58

　　二、低碳调质钢的焊接性 ·· 59

　　三、低碳调质钢的焊接工艺要点 ···································· 61

　项目四　中碳调质钢的焊接 ·· 66

　　一、中碳调质钢的成分和性能 ······································ 67

　　二、中碳调质钢的焊接性 ·· 70

　　三、中碳调质钢的焊接工艺要点 ···································· 71

　项目五　低温钢的焊接 ·· 78

　　一、低温钢的分类、成分和性能 ···································· 78

　　二、低温钢的焊接性 ·· 82

　　三、低温钢的焊接工艺要点 ·· 83

　项目六　珠光体耐热钢的焊接 ······································ 87

　　一、珠光体耐热钢的成分与性能特点 ································ 87

　　二、珠光体耐热钢的焊接性 ·· 90

　　三、珠光体耐热钢的焊接工艺要点 ·································· 92

模块四　不锈钢及其焊接工艺 ·· 98

　项目一　不锈钢的类型和性能 ······································ 99

　　一、不锈钢的分类 ·· 99

　　二、不锈钢的性能 ··· 101

　项目二　奥氏体型不锈钢的焊接 ··································· 104

　　一、奥氏体不锈钢的类型及特性 ··································· 105

　　二、奥氏体型不锈钢的焊接性 ····································· 105

　　三、奥氏体型不锈钢的焊接工艺要点 ······························ 110

　项目三　铁素体型不锈钢的焊接 ··································· 120

　　一、铁素体型不锈钢的类型和特性 ································· 120

　　二、铁素体型不锈钢的焊接性 ····································· 121

　　三、铁素体型不锈钢的焊接工艺要点 ······························ 122

　项目四　马氏体型不锈钢的焊接 ··································· 128

　　一、马氏体型不锈钢的类型和特性 ·············· 128

　　二、马氏体型不锈钢的焊接性 ················ 129

　　三、马氏体型不锈钢的焊接工艺要点 ·············· 130

　项目五　双相不锈钢的焊接 ················· 134

　　一、双相不锈钢的类型 ··················· 135

　　二、双相不锈钢的焊接性 ················· 136

　　三、双相不锈钢的焊接工艺要点 ·············· 136

　项目六　珠光体钢与奥氏体型不锈钢的焊接 ·········· 143

　　一、焊接性 ······················· 143

　　二、焊接工艺要点 ···················· 145

　　三、复合钢板的焊接特点 ················· 146

模块五　铸铁及其焊接工艺 ················· 155

　项目一　铸铁的类型与性能 ················· 155

　　一、铸铁的种类及成分特点 ················ 155

　　二、铸铁的组织 ····················· 157

　　三、铸铁的牌号与力学性能 ················ 157

　项目二　灰铸铁的焊接 ·················· 159

　　一、灰铸铁的焊接性 ··················· 159

　　二、灰铸铁的焊接工艺要点 ················ 162

　项目三　球墨铸铁的焊接 ················· 174

　　一、球墨铸铁的焊接性 ·················· 174

　　二、球墨铸铁的焊接工艺要点 ··············· 175

模块六　有色金属及其焊接工艺 ··············· 180

　项目一　铝及铝合金的焊接 ················ 180

　　一、铝及铝合金的类型及性能特点 ············· 181

　　二、铝及铝合金的焊接性 ················· 185

　　三、铝及铝合金的焊接工艺要点 ·············· 191

　项目二　铜及铜合金的焊接 ················ 202

　　一、铜及铜合金的类型与性能特点 ············· 203

　　二、铜及铜合金的焊接性 ················· 205

　　三、铜及铜合金的焊接工艺要点 ·············· 208

　项目三　钛及钛合金的焊接 ················ 216

　　一、钛及钛合金的类型与性能特点 ············· 217

　　二、钛及钛合金的焊接性 ················· 219

　　三、钛及钛合金的焊接工艺要点 ·············· 220

参考文献 ························· 228

绪 论

焊接结构具有重量轻、成本低、质量稳定、生产周期短、效率高等优点，故其应用日益增多。据不完全统计，目前全世界年产量45％的钢和大量的有色金属，都是通过焊接加工形成产品的。与世界工业发达国家一样，我国焊接加工的钢材总量也比其他加工方法多。

我国自实行改革开放政策以来，国民经济有了巨大的发展，钢产量从1979年的3 178万吨提高到2022年的10.18亿吨，占全球钢产量的54％，连续27年成为世界上最大的钢铁生产和消费国，成为当之无愧的世界第一钢铁大国。随着科学技术的发展，焊接技术广泛应用于机械、船舶制造、电力、石油化工、建筑、汽车、电子、航空航天等工业部门中，主要应用材料除钢材外，还有不断涌现的有色金属等具有特殊性能的新型结构材料，这对焊接性能提出了更高的要求。

> **想一想**
>
> 哪些场合会用到焊接？什么是焊接？焊接的本质是什么？与粘接、铆接有什么区别？

一、焊接概念

焊接是指通过加热、加压或加热和加压两者并用，并且用或不用填充材料，使焊件达到原子间相结合的一种加工方法。

要使两个金属工件连接在一起，就必须使分离的金属表面达到原子间的距离（10^{-4} μm数量级），形成牢固的接头，这对液体来说是很容易的，而对固体来说则比较困难，需要外部给予很大的能量。为此，金属焊接时必须采用加热、加压或两者并用的方法。焊接能量可来自电能、化学能、机械能、光能、超声波能等。

二、焊接用钢材

1. 锅炉和压力容器用钢

锅炉和压力容器用的低合金钢应具有较高的高温强度、常温和高温冲击性能、抗时效性、抗氢和硫化氢性能以及抗氧化性等。这类钢的合金系是以提高钢材高温性能的合金元素（如Mn、Mo、Cr、V等）为基础的。锅炉和压力容器用钢除了C－Mn钢之外，都是强碳化物形成元素的合金，以保证所要求的高温强度和抗氧化性。这些钢可以热轧、退火、正火、回火或调质状态供货。

2. 船舶用低合金钢

第二次世界大战期间，大量的焊接船舶在海上发生了灾难性的脆断事故，如：1926年震惊世界的泰坦尼克号，引起人们对船舶用钢焊接性和抗脆断性能的高度重视。此后，一系列焊接性良好的船舶用钢被开发出来并得到广泛应用。对船舶用钢低温冲击韧性的要求，世界各国基本统一分成三级，即 0 ℃、－20 ℃和－40 ℃，最低冲击吸收功按强度等级分别为27J、31J和34J。船舶用钢的合金系统基本上为 C－Mn 和 C－Mn－V－Nb 合金钢。

3. 低温用钢

近年来，随着石油化学工业的迅速发展，各种液态烯烃低温贮存设备的需求量急剧上升。目前，世界范围内已形成了较完整的低温钢系列，工作温度在 －46 ℃以上，可采用铝镇静的低合金钢；工作温度在 －60～－170 ℃，应选用 ω_{Ni} ＝1.5%～8% 的镍钢；工作温度达 －170 ℃以下，须选用 9% 的 Ni 钢和奥氏体钢。低温钢的性能要求比较高，要在保证良好焊接性的前提下，使其具有足够高的低温韧性。

4. 有色金属

铝合金具有密度低、强度高、耐腐蚀、导电导热性好、可焊接以及加工性能好等特点，应用范围之广仅次于钢铁。铝及铝合金广泛应用于航空航天、汽车、舰船等交通运载工具中，表现出安全、节能等多方面的优越性能。铜及铜合金具有较高的导电导热性、抗磁性、耐蚀性和良好的加工性，除用于一般电器产品外，也是高能物理、超导技术、低温工程等高科技发展中必不可少的材料。钛合金由于具有轻质、高强、耐热、抗腐蚀等特点，在飞机机体制造中的用量不断上升。我国开发的中强 TC4、TA15 钛合金已应用于 J10、J11 飞机和人造卫星，超高强 TB8 钛合金已用作 J11 系列飞机机身，高强、高韧 TC21 钛合金已用于战斗机的重要承力件等。

三、焊接在我国制造业中的战略地位和成就

1. 我国焊接制造的主要成就

例1：长江三峡水利工程

三峡水电站的水轮机转轮，直径10.7 m，高5.4 m，重达440 t，为世界最大、最重的不锈钢焊接转轮，转轮分别由上冠、下环和13个或15个叶片焊接而成，每个转轮需要消耗12 t焊丝；三峡水电站的电机定子座，直径22 m，高6 m，重832 t，是我国焊接的最大钢结构机座；还有三峡水电站的蜗壳，进水口直径12.4 m，总重量750 t，为世界最大、最重的焊接蜗壳。

例2：桥梁和高层建筑

跨越长江的芜湖长江大桥，全长10 km，主跨312 m，是我国目前跨度最大的公/铁两用桥，采用50 mm 厚的14MnNbq 钢整体焊接箱型主梁；2003 年建成通车的上海卢浦大桥，为当时世界跨度最大的全焊钢结构拱桥，全长3 900 m，跨度550 m，用3.4 万t厚度为30～100 mm 的细晶粒钢焊接而成；上海的金茂大厦是我国目前最高的摩天大楼，采用焊接钢结构框架，共有88 层，高420 m；北京国家大剧院，其椭球形穹顶长轴212.2 m，短轴143.64 m，高46.28 m，焊接钢结构的总重量达6 475 t，成为世界最大的穹顶；国家体育场（鸟巢）4.2 万t的钢铁身躯上没有一处螺栓螺母，通体采用专为鸟巢冶炼的厚度为10～110 mm 的Q460E 钢焊接而成，鸟巢的屋顶距离地面近70 m，焊缝全长达30 万m。港珠澳大桥因其超大的建筑规模、空前的施工难度和顶尖的建造技术而闻名世界，桥隧全长

55 km，其中主桥 29.6 km，全熔透焊缝总长 2 280 m，焊材消耗约 12 t，气体消耗总量达到 2 000 余瓶，NDT 检测全部合格。

例 3：造船业

我国造船业的总吨位从 1985 年的 50 万 t，提高到 2005 年的 1 200 万 t，占世界造船总量的 18%，成为世界第三造船大国。我国建造了最大载重量之一的 30 万 t 超大型原油船，长 333 m，宽 58 m；还建造了最大的半冷半压液化气船，总长 154.98 m，型宽 23.10 m，载重量 17 900 t，其中 3 个液态货罐采用了厚度为 30~35 mm 的 13MnNi63 低温钢焊接而成，工作温度为 −48 ℃，总容积 16 500 m³。

例 4：航天业

我国建成了国内最大的空间环境模拟装置——一个大型不锈钢整体焊接结构，主舱是直径 18 m、高 22 m 的真空容器，辅舱直径为 12 m，我国发射的"神舟"号载人飞船都曾在这个模拟舱中进行过试验；国产 J−11 飞机上的全焊钛合金重要承力结构件的总重量达到飞机机体重量的 15%；"神舟"号载人飞船和长征系列运载火箭的燃料箱，都是全焊铝合金结构。

焊接技术的应用如图 0−1 所示。

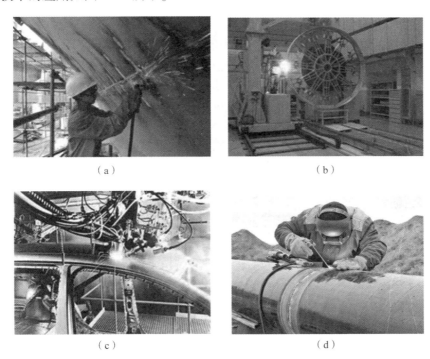

（a）　　　　　　　　　　　　　（b）

（c）　　　　　　　　　　　　　（d）

图 0−1　焊接技术的应用

（a）船舶焊接；（b）航空航天；（c）汽车制造；（d）石油管道

上述的一些大型结构例子都是我国近年来焊接的最大、最重、最长、最高、最厚、最新的具有代表性的重要产品，它们的成功制造表明我国焊接技术水平有了明显的提高。焊接在国民经济建设和社会发展中发挥着无可替代的重要作用，没有现代焊接技术的发展，就不会有现代工业和科学技术的今天。

四、课程内容概述

"金属材料焊接工艺"课程是智能焊接技术专业的专业核心课程。

课程主要讲授常用金属材料的焊接性，以及如何根据金属材料的焊接性选择焊接方法、焊接材料、预热、后热及其他焊接工艺措施等。教材内容的安排上遵循金属材料的种类及性能→焊接性→焊接工艺要点→典型钢种的焊接工艺，内容的选择上注重理论的成熟性，以及工艺的先进性和应用性。教学过程中注重理论与实践的结合及多方面知识的融会贯通。

学完本课程后，使学生理解金属焊接性的基本概念及理论知识，掌握材料物理性能、化学性能与焊接工艺之间的关系，能正确分析材料的焊接性并制定合理的焊接工艺。通过本课程的学习，学生应具备分析常见金属材料焊接性及制定焊接工艺的能力和基本素质。在实际授课中，讲述"榜样的力量"，将"中国高技能人才楷模""全国技术能手""大国工匠"等焊接高技能人才的故事贯穿课堂，激发学生对焊接技术的热爱，树立工匠意识，胸怀报国情怀。

【世界焊接发展史】

焊接技术是随着金属的应用而出现的，19世纪80年代，焊接只用于铁匠锻造上。基本焊接方法——电阻焊、气焊和电弧焊都是在第一次世界大战前发明的，但20世纪早期，气体焊接、切割在制造和修理工作中占主导地位。

1887年，美国的汤普森发明电阻焊，并用于薄板的点焊和缝焊；缝焊是压焊中最早的半机械化焊接方法。20世纪20年代开始使用闪光对焊方法焊接棒材和链条，至此电阻焊进入实用阶段。1956年，美国的琼斯发明超声波焊，苏联的丘季科夫发明摩擦焊；1959年，美国斯坦福研究所研究成功爆炸焊；20世纪50年代末，苏联又制成真空扩散焊设备。

19世纪初，英国的戴维斯发现电弧和氧乙炔焰两种能局部熔化金属的高温热源；1887年，俄国的别纳尔多斯发明碳极电弧焊钳；1900年又出现了铝热焊。

20世纪初，碳极电弧焊和气焊得到应用，同时还出现了薄药皮焊条电弧焊，电弧焊从20年代起成为一种重要的焊接方法。

在此期间，美国的诺布尔利用电弧电压控制焊条送给速度，制成自动电弧焊机，从而成为焊接机械化、自动化的开端，1930年美国的罗宾诺夫发明使用焊丝和焊剂的埋弧焊，焊接机械化得到进一步发展。20世纪40年代，为适应铝、镁合金和合金钢焊接的需要，钨极和熔化极惰性气体保护焊相继问世。

1951年，苏联的巴顿电焊研究所创造电渣焊，成为大厚度工件的高效焊接法。1953年，苏联的柳巴夫斯基等人发明二氧化碳气体保护焊，促进了气体保护电弧焊的应用和发展，如出现了混合气体保护焊、药芯焊丝气—渣联合保护焊和自保护电弧焊等。

1957年，美国的盖奇发明等离子弧焊；20世纪40年代，德国和法国发明电子束焊，其在50年代得到实用和进一步发展；20世纪60年代又出现等离子、电子束和激光焊，标志着高能量密度熔焊的新发展，大大改善了材料的焊接性，使许多难以用其他方法焊接的材料和结构得以焊接。

【中华人民共和国焊接发展史】

1952 年，为了加速我国工业建设步伐，加快工程技术人员的培养，摆脱工业落后的局面，中央指示要学习苏联培养高等科技工作人员的经验，聘请苏联专家到国内大学任教，帮助建设新专业，培养研究生。当年，哈尔滨工业大学被国家定为重点大学，聘请了五十几位苏联专家执教，其中，莫斯科鲍曼工学院教授恩·恩·普罗霍洛夫是焊接专家，他到校后就对焊接专业发展和人才培养进行了全面的规划。因此，中国焊接学科的创建应该归功于恩·恩·普罗霍洛夫博士，可以说他是中国焊接学科的创建人。

值得一提的是，普罗霍洛夫博士是 1952 年苏联派往哈尔滨工业大学五十几位专家中唯一的教授、博士，其他都是副教授、副博士（当时在苏联要获得博士学位是很难的，首先要通过高校的学历教育获得副博士学位，然后经工作在学术上取得重大成果以后，才能申请博士学位评审。副博士学位正确翻译应为"候补博士"。由于苏联的副博士与我国及英美的博士学位水平相当，现在又将副博士翻译成博士。此外，过去在苏联只有获得博士学位的人才可以提升为正教授，说明苏联当时的博士学位和教授的获得比现在严格得多。）

普罗霍洛夫博士给六位自愿学习焊接专业的研究生每人指定了一个研究课题，除此之外，要求每人完成一门课程的备课任务，具体安排是：田锡唐——焊接结构、陈定华——焊接原理、周振丰——气焊与切割、徐子才——电弧焊、潘际銮——接触焊、骆鼎昌——车间设计。研究生在进行课题研究的同时，根据苏联教材进行备课。当时哈尔滨工业大学领导目标很明确：创办焊接专业，开创焊接事业。哈尔滨工业大学是我国焊接专业的发源地，是焊接学者的摇篮，是中国焊接事业的起点。

绪论

1. 掌握焊接性概念及焊接性评定内容。
2. 分析影响焊接性的因素。
3. 评价常用金属的焊接性。

1. 能分析金属材料的焊接性。
2. 能进行 Y 形坡口焊接裂纹试验。

牢固树立团队利益高于个人利益的观点，尊重并理解他人的观点与处境，能评价和约束自己的行为，能综合运用各种交流和沟通的方法进行合作。

了解焊接的发展史，学习焊接前辈的奋斗史，树立干一行爱一行的工作情怀。

> **想一想**
> 为什么研究金属材料的焊接性？

用作焊接结构的金属材料在焊接时要经受加热、熔化、化学冶金反应、冷却结晶、固态相变等一系列复杂的变化过程。这些过程又是在温度、成分和应力极不平衡的条件下进行的，有可能在焊接区造成各种缺陷，或者使金属的性能下降而不能满足使用要求。因此，金属材料的焊接性是一项很重要的性能指标，更是选择焊接方法和制定焊接工艺的依据。实践证明，不同的金属材料获得优质焊接接头的难易程度不同，或者说各种金属材料对焊接加工的适应性不同。这种适应性就是通常所说的金属材料焊接性。

项目一　金属材料的焊接性

一、金属材料焊接性的概念

金属材料焊接性根据 GB/T 3375—1994《焊接术语》的定义为："金属材料在限定的

施工条件下焊接成按规定设计要求的构件，并满足预定服役要求的能力"。根据定义，说明焊接性是材料对焊接加工的适应性，用以衡量材料在一定的焊接工艺条件下获得优质接头的难易程度和该接头能否在使用条件下可靠的运行。因此，优质的焊接接头应包括两个方面：一是接头中不允许存在超过质量标准规定的缺陷；二是要具有预期的使用性能，即工艺焊接性和使用焊接性。

1. 工艺焊接性

工艺焊接性是指在一定焊接工艺条件下，能否获得优良致密、无缺陷焊接接头的能力。在焊接过程中，焊缝经历热过程和冶金过程，即热焊接性和冶金焊接性。

1）热焊接性

热焊接性是指焊接热循环对焊接热影响区组织性能及产生缺陷的影响程度，用以评定被焊金属对热的敏感性，如晶体长大、组织性能变化等，它主要与被焊材质及焊接工艺有关。

2）冶金焊接性

冶金焊接性是指在一定冶金条件下，物理化学性能变化对焊缝性能和产生缺陷的影响程度。它包括合金元素的氧化、还原、氮化、蒸发、氢、氧、氮的溶解等对形成气孔、夹杂、裂纹等缺陷的影响，用以评定被焊材料对冶金缺陷的敏感性。

知识小链接：

焊接热循环　　　　　焊接温度场　　　　　焊接缺陷

2. 使用焊接性

使用焊接性是指焊接接头或整个结构满足产品技术条件规定的使用性能的要求。使用性能取决于焊接结构的工作条件和设计上提出的技术要求，通常包括常规力学性能（强度、硬度、塑性、韧性）、低温韧性、抗脆断性能、高温蠕变、耐磨性能、耐蚀性能、持久强度和疲劳性能等。

金属材料的焊接性不仅与材料本身的固有性能有关，同时也与焊接工艺条件有关。在不同的焊接工艺条件下，同一材料具有不同的焊接性，而且随着新的焊接方法、焊接材料或焊接工艺的开发和完善，一些原来焊接性差的金属材料也会变成焊接性好的材料。

> **想一想**
> 金属材料的焊接性属于材料本身的固有性能吗？

二、金属材料焊接性的影响因素

焊接性是金属材料的一种工艺性能，除了受材料本身性质影响外，还受到工艺条件、结构条件和使用条件的影响。

焊接性的概念
及影响因素

1. 材料因素

材料因素是指焊接时参与冶金反应和发生组织变化的所有材料（包括母材和焊接材料），如焊条电弧焊的焊条、埋弧焊的焊丝和焊剂、气体保护焊的焊丝和保护气等，在焊

接所形成的熔池中发生一系列的冶金反应，决定着焊缝金属的成分、组织、性能及缺陷的形成。

在相同的焊接条件下，决定母材焊接性的主要因素是它本身的物理化学性能，如金属的熔点、热导率、线膨胀系数、密度、热容量等因素，都会对热循环、熔化、结晶、相变等过程产生影响，从而影响焊接性。例如：

纯铜热导率高，焊接时热量散失迅速，升温的范围很宽，坡口不易熔化，焊接时需要较强烈地加热，如果热源功率不足，就会产生熔透不足的缺陷。

铜、铝等热导率高的材料，熔池结晶快，易于产生气孔。

钛、不锈钢等热导率低的材料，焊接时温度梯度大，残余应力高，变形大，而且由于高温停留时间长，热影响区晶粒长大，故对接头性能不利。

铝和奥氏体不锈钢线膨胀系数大，接头的变形和应力较为严重。

铝及其合金的密度小，焊接时，熔池中的气泡和非金属夹杂物不易上浮逸出，就会在焊缝中残留气孔和夹渣等。

化学性能方面：主要看金属与氧的亲和力的强弱。例如：

如铝、钛及其合金的化学活泼性很强，在高温焊接下极易氧化。

有些金属对氢、氮等气体很敏感，焊接时就必须有可靠的保护，如采用惰性气体保护焊或在真空中焊接，否则焊接就难以实现。

此外，钢材的冶炼轧制状态、热处理状态、组织状态等，在不同程度上都会对焊接性产生影响。近年来研制和发展了各种 CF 钢（抗裂钢）、Z 向钢（抗层状撕裂钢）、TMCP 钢（控轧钢）等，就是通过精炼提纯或细化晶粒和控轧工艺等手段，来改善钢材的焊接性。

2. 工艺因素

工艺因素包括焊接方法、焊接工艺参数、装焊顺序、预热、后热及焊后热处理等。

焊接方法对焊接性的影响很大，主要表现在热源特性和保护条件两个方面。不同的焊接方法其热源在功率、能量密度、最高加热温度等方面有很大差别，金属在不同热源下焊接，将显示出不同的焊接性能。例如：

电渣焊功率很大，但能量密度很低，最高加热温度也不高，焊接时加热缓慢，高温停留时间长，使得热影响区晶粒粗大，冲击韧度显著降低，必须经正火处理才能得以改善。

电子束焊、激光焊等方法，功率不大，但能量密度很高，加热迅速；高温停留时间短，热影响区很窄，没有晶粒长大的危险。

对同一母材而言，采用不同焊接方法和工艺措施时会表现出不同的焊接性。例如：

铝及其合金由于对氧敏感而不能用二氧化碳气体保护焊焊接，但用氩弧焊可以获得良好的接头质量。

钛合金对氧、氮、氢极为敏感，不宜采用气焊和焊条电弧焊，但用氩弧焊或真空电子束焊就比较容易焊接。

奥氏体型不锈钢，为保证接头耐蚀性的要求可以采用焊条电弧焊和氩弧焊，但不可以采用电渣焊焊接。

焊接方法对焊接性的影响主要表现在两个方面：一是热源特点（能量密度、温度和热输入），它直接影响焊接热循环的主要参数，从而影响接头的组织和性能；二是保护方式（渣保护、气保护、气-渣联合保护、真空保护等），它直接影响冶金过程，从而影响焊缝金属的质量和性能。例如对过热比较敏感的高强度钢，可以采用窄间隙气体保护焊和等离子弧焊等，以防过热，从而改善其焊接性。

工艺措施对防止焊接接头产生缺陷、提高使用性能有着重要影响。调整焊接工艺参数，采取预热多层焊和控制层间温度等其他工艺措施，可以调节和控制焊接热循环，从而可改变金属的焊接性。例如：

焊接某些有淬硬倾向的高强钢时，材料本身具有一定冷裂敏感性。当焊接工艺（如线能量）选择不当时，焊接接头可能产生冷裂纹或降低接头的塑性和韧性。

如果选择合适的填充材料、合理的焊接热循环，并采取焊前预热或焊后热处理等措施，则完全可能获得没有裂纹缺陷、满足使用性能要求的焊接接头。

3. 结构因素

结构因素主要是指结构设计形式和焊接接头形式，它主要影响应力的分布状态，从而影响焊接性。例如，结构形状、尺寸、板厚、接头形式、坡口形式、焊缝布置及截面形状等都是影响焊接性的结构因素，主要表现在热的传递和力的状态方面。

不同板厚、不同接头形式或坡口形状，其传热方向和传热速度不一样，从而对熔池结晶方向和晶粒成长发生影响。

结构的形状、板厚和焊缝的布置等，决定接头的刚度和拘束度，对接头的应力状态产生影响。

不良的结晶形态，严重的应力集中和过大的焊接应力是形成焊接裂纹的基本条件。

设计中减少接头的刚度、减少交叉焊缝、避免焊缝过于密集以及减少造成应力集中的因素，都是改善焊接性的重要措施。

4. 使用条件

使用条件是指焊接结构服役期间的工作温度、负载条件和工作介质等，这些工作环境和运行条件要求焊接结构具有相应的使用性能。使用条件越苛刻，金属材料焊接性就越不容易得到保证。例如：

在低温工作的焊接结构，必须具备抗脆断裂性能。

在高温工作的结构要具有抗蠕变性能。

在交变载荷下工作的结构具有良好的抗疲劳性能。

在酸、碱或盐类介质工作的焊接容器应具有高的耐蚀性能等。

总之，金属材料焊接性与材料、工艺、结构和使用条件密切相关，任何情况下都不能脱离这些因素而简单地认为某种材料的焊接性好或不好，也不能只用一个指标来概括材料的焊接性。常用金属材料焊接难易程度见表 1 - 1，常用金属材料焊接中易出现的问题见表 1 - 2。

表 1 - 1　常用金属制料焊接难易程度

金属及合金		焊条电弧焊	埋弧焊	CO_2 气体保护焊	氩弧焊	电渣焊	电子束焊	气焊	电阻焊
非合金钢	低碳钢	A	A	A	B	A	A	A	A
	中碳钢	A	A	A	B	B	A	A	A
	高碳钢	A	B	B	B	B	A	A	D

续表

金属及合金		焊条电弧焊	埋弧焊	CO_2 气体保护焊	氩弧焊	电渣焊	电子束焊	气焊	电阻焊
铸铁	灰铸铁	A	D	A	D	B	D	B	D
低合金钢	锰钢	A	A	A	B	B	A	B	D
	铬钒钢	A	A	A	B	B	A	B	D
不锈钢	马氏体型不锈钢	A	A	B	A	C	A	B	C
	铁素体型不锈钢	A	A	B	A	C	A	B	A
	奥氏体型不锈钢	A	A	A	A	C	A	B	A
非铁金属	纯铝	B	D	D	A	D	A	B	A
	非热处理强化铝合金	B	D	D	A	D	A	B	A
	热处理强化铝合金	B	D	D	A	D	A	B	A
	镁合金	D	D	D	A	D	B	C	A
	钛合金	D	D	D	A	D	A	D	A
	铜合金	B	D	C	A	D	B	B	C

注：A—通常采用，B—有时采用，C—很少采用，D—不采用

表 1-2　常用金属材料焊接中易出现的问题

材料	可能出现的问题	
	工艺方面	使用方面
低碳钢	厚板的刚性拘束裂纹（热应力裂纹）	板厚方向塑性降低；板厚方向缺口韧性低，疲劳极限降低
中、高碳钢	焊道下裂纹；热影响区硬化	
低合金钢（热轧及正火钢）	焊道下裂纹；热影响区硬化	焊缝区塑性低；抗拉强度低，疲劳极限低；容易引起脆性破坏；钢板的异向性大

续表

材料	可能出现的问题	
	工艺方面	使用方面
低合金高强度钢（调质钢）	焊缝金属冷裂纹； 热影响区软化； 厚板焊道下裂纹； 热影响区硬化裂纹	焊缝区塑性低； 抗拉强度低，疲劳极限低； 容易引起脆性破坏
低、中合金 Cr－Mo 钢	焊缝金属冷裂纹； 热影响区硬化裂纹	焊缝区塑性低； 高温、高压、氢脆
奥氏体型不锈钢	焊缝热裂纹； 高温加热碳化物脆化； 焊接变形大	高温使用时 σ 相脆化； 焊接热影响区耐蚀性下降（晶间腐蚀）； 氯离子引起的应力腐蚀裂纹； 焊缝低温冲击韧度下降
铝及其合金	高温塑性下降，脆性裂纹； 焊缝收缩裂纹； 时效裂纹； 气孔	焊缝金属化学成分不一致； 焊缝金属强度不稳定； 接头区软化
铜及其合金	高温塑性下降，脆化裂纹，未熔合焊缝收缩裂纹； 气孔	热影响区软化； 焊缝金属化学成分不一致； 热影响区脆化

项目二　金属材料焊接性的评定内容与试验方法

金属材料焊接性是制定焊接工艺的依据，从获得完整且满足使用要求的优质焊接接头出发，针对不同材料和不同的使用要求，焊接性评定的内容和试验方法也有所不同。

一、金属材料焊接性的评定内容

金属材料焊接性评定内容

1. 焊缝金属抵抗热裂纹的能力

焊缝热裂纹是一种较常发生又对焊接接头危害严重的焊接缺陷，是熔池金属在结晶过程中，由于存在有害元素 S、P 等易形成低熔点的共晶产物，并在焊接热应力作用下形成的。这是焊接过程中必须避免的一种缺陷。热裂纹的产生既与母材有关，又与焊接材料有关。因此，测定焊缝金属抵抗热裂纹的能力是焊接性试验的一项重要内容。

"小知识"：热裂纹和冷裂纹的形成原因是什么？如何防止热裂纹和冷裂纹的产生？

焊接热裂纹　　　　　　　焊接冷裂纹

2. 焊缝及热影响区金属抵抗冷裂纹的能力

焊接冷裂纹在合金结构钢焊接中最为常见，是焊缝及热影响区金属在焊接热循环作用下，由于组织和性能变化，在较低温度下产生的，与金属的成分、焊接应力及扩散氢含量有关。另外，冷裂纹具有延迟性，是对焊接接头和焊接结构危害更大的焊接缺陷。因此，金属材料对冷裂纹的敏感性试验是既重要又常用的焊接性试验。

3. 焊接接头抵抗脆性断裂的能力

焊接接头由于经受冶金反应、结晶、固态相变等一系列过程，可能出现粗晶脆化、组织脆化、热应变时效脆化等现象，使接头的韧性严重降低，对于在低温下工作和承受冲击载荷的焊接结构，会因为焊接接头的韧性降低而发生脆性破坏。因此，对用作这类结构的材料应做抗脆断能力试验。

4. 焊接接头的使用性能

根据焊接结构的使用条件对焊接性提出的性能要求来确定试验内容，使用条件是多方面的，因此试验也是多种多样的。例如：

腐蚀介质中工作的焊接结构要求具有耐蚀性能，焊接接头应该做耐晶间腐蚀或耐应力腐蚀能力试验。

厚板结构在厚度方向承受较大载荷时要求具有抗层状撕裂性能，故做 Z 向拉伸或窗口试验。

测定低温钢的低温冲击韧度、耐热钢的高温蠕变强度、承受交变载荷的疲劳极限以及产品技术条件要求的其他特殊性能的试验。

二、金属材料焊接性试验方法

金属材料焊接性试验的方法很多，根据试验内容和特点可以分为工艺焊接性和使用焊接性两大方面的试验，每一方面又可分为直接法和间接法两种类型。

1. 直接法

直接法有两种情况，一种情况是模拟实际焊接条件，通过实际焊接过程考查是否发生某种焊接缺陷，或发生缺陷的严重程度，根据结果直接评价材料焊接性（即焊接性对比试验）；也可以通过试验确定出获得符合要求的焊接接头所需的焊接条件（即工艺适应性试验），这种情况一般用于工艺焊接性试验。另一种情况是直接在实际产品上进行焊接性试验，例如压力容器的焊接试板，主要用于使用焊接性试验。

2. 间接法

间接法一般不需要焊接，只需对产品使用的材料做化学成分、金相组织或力学性能的试验分析与测定，根据结果和经验推测材料的焊接性。

金属材料焊接性试验方法的分类见表 1-3。

表 1 - 3　金属材料焊接性试验方法的分类

	工艺焊接性	使用焊接性
直接法	焊接热裂纹试验； 焊接冷裂纹试验； 消除应力裂纹试验； 层状撕裂试验； 热应变时效脆化试验； 焊接气孔敏感性试验	实际产品结构运行服役试验； 压力容器爆破试验
间接法	用碳当量测定； 以裂纹敏感指数及临界应力为判据； 连续冷却组织转变图（SHCCT）； 断口分析及相组织分析； 焊接热影响区最高硬度； 焊接热、应力模拟试验	焊缝及接头常规力学性能试验； 焊缝及接头低温脆性试验； 焊缝及接头断裂韧性试验； 焊缝及接头高温性能试验； 焊缝及接头疲劳、动载试验； 焊缝及接头耐蚀性、耐磨性及应力腐蚀开裂试验

三、设计和选择焊接性试验方法的原则

1. 可比性

焊接性试验条件尽可能接近实际焊接时的条件。

2. 针对性

试验方法应针对具体的焊接结构制定试验方案，并尽可能采用标准试验方法。

3. 再现性

试验结果要稳定可靠，并具有很好的再现性。

4. 经济性

试验力求做到耗材少、易加工、试验周期短。

工艺焊接性的直接试验方法有焊接冷裂纹试验、焊接热裂纹试验、焊接再热裂纹试验及层状撕裂试验，见表 1 - 4 ~ 表 1 - 7。

表 1 - 4　焊接冷裂纹试验

试验方法名称	焊接方法	焊接层数	裂纹部位	拘束形式	特点
斜 Y 形坡口对接裂纹试验（GB/T 4675.1—1984）	焊条电弧焊；CO_2 气体保护焊	单道	焊缝；热影响区	拉伸自拘束	用于评定高强度钢第一层焊缝及热影响区的裂纹倾向，试验方法简便，是国际上采用较多的抗裂性试验方法之一，亦称"小铁研"试验

续表

试验方法名称	焊接方法	焊接层数	裂纹部位	拘束形式	特点
刚性固定对接裂纹试验	焊条电弧焊；CO_2 气体保护焊；SAW 焊	单道或多道	焊缝；热影响区	拉伸自拘束	此法拘束度很大，容易产生裂纹，往往在试验中发生裂纹而在实际生产中不出现裂纹，多用于大、厚焊件
窗形拘束裂纹试验	焊条电弧焊；CO_2 气体保护焊	单道或多道	焊缝		主要用于考查多层焊时焊缝的横向裂纹敏感性
十字接头裂纹试验	焊条电弧焊；MIG 焊	单道	热影响区	自拘束	主要用于测定热影响区的冷裂纹倾向
插销试验（GB/T 9446—1988）	焊条电弧焊；CO_2 气体保护焊	单道	热影响区		需专用设备，评定高强度钢热影响区冷裂倾向，简便、省材
刚性拘束裂纹试验（RRC 试验）	焊条电弧焊；CO_2 气体保护焊	单道	焊缝；热影响区	可变拘束	需专用设备，可用于研究冷裂机理，临界拘束应力、热输入、扩散氢含量、预热温度等会对冷裂倾向产生影响
拉伸拘束裂纹试验（TRC 试验）	焊条电弧焊；CO_2 气体保护焊	单道	焊缝；热影响区		需专用设备，可定量分析产生裂纹的各种因素，如化学成分、含氢量、拘束应力

表 1-5　焊接热裂纹试验

试验方法名称	用途	焊接方法	拘束形式	备注
可变刚性裂纹试验	测定低合金钢对接焊缝产生裂纹的倾向性	焊条电弧焊；CO_2 气体保护焊	可变拘束	—
压板对接（FISCO）焊接裂纹试验	评定低合金钢的热裂纹敏感性	焊条电弧焊	固定拘束	GB/T 4675.4—1984
可调拘束裂纹试验	测定低合金钢的热裂纹敏感性	焊条电弧焊；CO_2 气体保护焊	可变拘束	—

表 1 - 6　焊接再热裂纹试验

试验方法名称	说明	特点
插销式再热裂纹试验法	试验所用试件的形状和尺寸以及试验装置，与冷裂纹的插销试验一样，只是在焊接插销的部位安装一台加热用的电炉	焊后在室温放置 24 h 后再进行再热裂纹试验。
H 形拘束裂纹试验	对 H 形拘束试验按要求焊接后，确定无裂纹后再进行回火处理，检查焊接热影响区是否出现再热裂纹	—
斜 Y 形坡口再热裂纹试验	采用与斜 Y 形坡口冷裂纹试验方法完全相同的试件形状及尺寸，试验过程及要求也基本一致	焊后检验无裂纹后再进行消除应力热处理（500～700 ℃×2 h），然后进行再热裂纹检测

表 1 - 7　层状撕裂试验

试验方法名称	试样形状	评定指标
Z 向拉伸试验	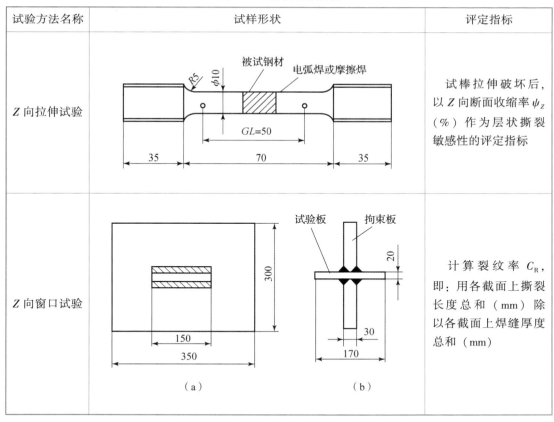	试棒拉伸破坏后，以 Z 向断面收缩率 ψ_Z（%）作为层状撕裂敏感性的评定指标
Z 向窗口试验	（a）　　　　（b）	计算裂纹率 C_R，即：用各截面上撕裂长度总和（mm）除以各截面上焊缝厚度总和（mm）

项目三　金属材料焊接性的评定与试验

金属材料焊接性
评定方法

一、金属材料焊接性的分析与评定方法

1. 碳当量法

钢材的化学成分与焊接热影响区的淬硬及冷裂纹倾向有直接的关系，因此可以根据钢材的化学成分来间接分析和判断其对冷裂纹的敏感性。

在钢材所含有的各种元素中，碳对冷裂敏感性的影响最显著，因此将钢中各种元素都按相当于若干含碳量折合并叠加起来，称为碳当量。

碳当量法就是把钢中包含碳元素在内的各种合金元素对淬硬、冷裂及脆化等的影响折合成碳的相当含量，并以此来判断钢材的淬硬倾向和冷裂敏感性，进而推断钢材的焊接性。

该方法是一种粗略评价冷裂纹敏感性的方法。目前应用的碳当量计算公式较多，其中国际焊接学会（IIW）推荐的 CE、日本工业标准（JIS）规定和美国焊接学会（AWS）推荐的 Ceq 应用较广泛。碳当量计算公式及其应用范围见表 1–8。

表 1–8　碳当量计算公式及其应用范围

碳当量计算公式	应用范围
国际焊接学会（IIW）推荐 $CE = C + Mn/6 + (Cr + Mo + V)/5 + (Cu + Ni)/15(\%)$	中高强度的非调质低合金高强度钢（$R_m = 500 \sim 900$ MPa），化学成分 $\omega_C \geqslant 0.18\%$
日本工业标准（JIS）规定 $Ceq(JIS) = C + Mn/6 + Si/24 + Ni/40 + Cr/5 + Mo/4 + V/14(\%)$	调质低合金高强度钢（$R_m = 500 \sim 1\ 000$ MPa），化学成分 $\omega_C \leqslant 0.20\%$、$\omega_{Si} \leqslant 0.55\%$、$\omega_{Mn} \leqslant 1.5\%$、$\omega_{Cu} \leqslant 0.5\%$、$\omega_{Ni} \leqslant 2.5\%$、$\omega_{Cr} \leqslant 1.25\%$、$\omega_{Mo} \leqslant 0.7\%$、$\omega_V \leqslant 0.1\%$、$\omega_B \leqslant 0.006\%$
美国焊接学会（AWS）推荐 碳钢和低合金高强度钢 $Ceq(AWS) = C + Mn/6 + Si/24 + Ni/15 + Cr/5 + Mo/4 + Cu/13 + P/2(\%)$	碳钢和低合金高强度钢，化学成分 $\omega_C < 0.6\%$、$\omega_{Mn} < 1.6\%$、$\omega_{Ni} < 3.3\%$、$\omega_{Cr} < 1.0\%$、$\omega_{Mo} < 0.6\%$、$\omega_{Cu} = 0.5\% \sim 1\%$、$\omega_P = 0.05\% \sim 0.15\%$
注：碳当量计算公式中的元素符号即为该元素的质量分数	

碳当量计算公式说明，钢材的碳当量值越高，淬硬倾向就越大，对冷裂纹越敏感，焊接性也就越差，焊接时需要采取相应的工艺措施来防止冷裂纹。然而，用碳当量法估计焊接性的优劣是比较粗略的，因为公式中只考虑了几种元素的影响，实际上钢材中可能还含有其他元素，并且公式没有考虑元素之间的相互作用，特别是没有考虑板厚和焊接条件等因素的影响，所以碳当量法只能用于对钢材焊接性的初步分析。

用碳当量法评定钢材的焊接性和制定防止冷裂纹的工艺措施按以下方法进行。

（1）使用国际焊接学会（IIW）推荐的 CE，对板厚小于 20 mm 的钢材：

当 $CE < 0.4\%$ 时，钢材的淬硬倾向不大，焊接性良好，焊前无须预热；

当 $CE = 0.4\% \sim 0.6\%$ 时，钢材易于淬硬，焊接性较差，焊接前必须预热才能防止裂纹，随着板厚及碳当量的增加，预热温度也相应提高。

当 $CE > 0.6\%$ 时，钢材淬硬倾向很大，焊接性差，焊接时必须采用严格的工艺措施，如预热、后热、缓冷等，以防止产生裂纹。

（2）使用日本工业标准（JIS）规定的 C_{eq}，对板厚小于 20 mm 的钢材和采用焊条电弧焊时，对强度等级不同的钢材规定了不产生裂纹的临界值和相应的预热措施，见表 1-9。

表 1-9　钢材强度级别与碳当量和预热温度的关系

钢材强度等级/MPa	C_{eq}（JIS）临界值/%	工艺措施
500	0.46	焊接时无须预热
600	0.52	焊前预热 75 ℃
700	0.52	焊前预热 100 ℃
800	0.62	焊前预热 150 ℃

（3）使用美国焊接学会（AWS）推荐的 C_{eq}，应根据 C_{eq} 值再结合焊件厚度，先从图 1-1 中查出该钢种的焊接性等级，再根据表确定其最佳焊接工艺措施。如 $C_{eq} = 0.35\%$，$\delta = 40$ mm，由图 1-1 得出，该钢材处在 Ⅱ 区，根据表 1-10 查得，其焊接性较好。

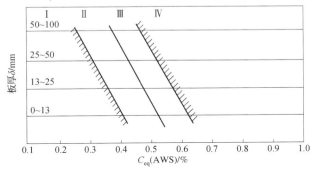

图 1-1　焊接性与碳当量和板厚的关系

Ⅰ—优良；Ⅱ—较好；Ⅲ—尚好；Ⅳ—尚可

表 1-10　钢材焊接性等级不同时的最佳焊接工艺措施

焊接性等级	酸性焊条	碱性焊条	消除应力	敲击焊缝
Ⅰ（优良）	无须预热	无须预热	无须	无须
Ⅱ（较好）	预热 40～100 ℃	-10 ℃以上不预热	均可	任意
Ⅲ（尚好）	预热 150 ℃	预热 40～100 ℃	无须	希望
Ⅳ（尚可）	预热 150～200 ℃	预热 250 ℃	需要	希望

2. 焊接冷裂纹敏感指数法

焊接冷裂纹敏感指数（P_{cm}）不仅包括了母材的化学成分，还考虑了熔敷金属含氢量与拘束条件（板厚）的作用。例如，斜 Y 形坡口焊接裂纹试验的冷裂纹敏感指数公式为

$$P_{cm} = \omega_C + \frac{\omega_{Si}}{30} + \frac{\omega_{Mn} + \omega_{Cu} + \omega_{Cr}}{20} + \frac{\omega_{Ni}}{60} + \frac{\omega_{Mo}}{15} + \frac{\omega_V}{10} + 5\omega_B + \frac{\delta}{600} + \frac{[H]}{60}\ (\%) \qquad (1-1)$$

式中　δ——板厚（mm）；

　　　$[H]$——焊缝中扩散氢含量（mL/100 g）。

式（1-1）的适用条件：$\omega_C = 0.07\% \sim 0.22\%$，$\omega_{Si} \leqslant 0.60\%$，$\omega_{Mn} = 0.4\% \sim 1.40\%$，$\omega_{Cu} \leqslant 0.50\%$，$\omega_{Ni} \leqslant 1.20\%$，$\omega_{Cr} \leqslant 1.20\%$，$\omega_{Mo} \leqslant 0.7\%$，$\omega_V \leqslant 0.12\%$，$\omega_{Nb} \leqslant 0.04\%$，$\omega_{Ti} \leqslant 0.05\%$，$\omega_B \leqslant 0.005\%$，$\delta = 19 \sim 50$ mm，$[H] = 1.0 \sim 5.0$ mL/100 g（按 GB/T 3965—2012《熔敷金属中扩散氢测定法》测定）。

根据 P_{cm} 值，可以通过经验公式求出斜 Y 形坡口对接裂纹试验条件下防止冷裂纹所需要的最低预热温度 T_0（℃）为

$$T_0 = 1\,440 P_{cm} - 392 \qquad (1-2)$$

3. 利用金属材料的物理性能分析

金属材料的熔点、热导率、线膨胀系数、比热容和密度等物理性能，对焊接热循环、熔池冶金过程、结晶与相变过程等都有明显的影响。根据金属材料的物理性能特点，可以预计在焊接过程中可能出现的问题，从而制定出相应的预防措施。例如：

（1）热导率大的材料（如铜），传热快，焊接时熔池结晶速度快，容易产生气孔和熔透不足。

（2）热导率低的材料（如钛、不锈钢），焊接时由于温度梯度大，会产生较大的应力及变形，而且还会因为高温停留时间延长而导致焊缝金属晶粒粗大。

（3）焊接线胀系数大的材料（如不锈钢），接头的应力和变形必然更严重。

（4）焊接密度小的材料（如铝及铝合金），则容易在焊缝中产生气孔和夹杂。

4. 利用金属材料的化学性能分析

化学性质比较活泼的金属（如铝、镁、钛及其合金）在焊接条件下极易被氧化，有些金属材料甚至对氧、氮、氢等气体都极为敏感，吸收这些气体后接头的力学性能将显著降低，特别是韧性下降严重。因此，焊接这些材料时需要采取惰性气体保护焊和在真空中焊接等方法，有时甚至在焊缝背面也要进行保护。

二、金属材料焊接性试验方法

斜 Y 型坡口焊接裂纹试验

1. 斜 Y 形坡口焊接裂纹试验法

这一试验方法广泛应用于评定碳钢和低合金高强度钢焊接热影响区对冷裂纹的敏感性，属于自拘束裂纹试验，通常称为"小铁研"试验。

1）试件制备

试件的尺寸和形状如图 1-2 所示，由被焊钢材制成，板厚为 9 ~ 38 mm，采用机械方法加工试件坡口。

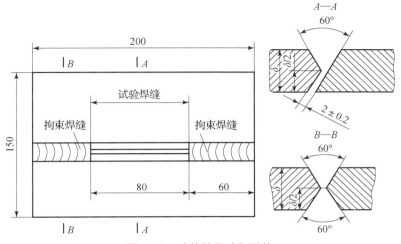

图 1－2　试件的尺寸和形状

在试板两端各焊接 60 mm 的拘束焊缝，采用双面焊，注意不要产生角变形和未焊透（因为变形会改变应力状态，未焊透会引起应力集中，也会影响应力状态），并保证试件中间待焊部位有 2 mm 的间隙。

2）施焊条件

试验焊缝应选用与母材匹配的焊条，并注意严格按要求烘干。用焊条电弧焊施焊的试验焊缝如图 1－3（a）所示，用自动送进装置施焊的试验焊缝如图 1－3（b）所示。试验焊缝只焊一道，不要求填满坡口，并可在不同温度下施焊。焊后静置和自然冷却 48 h 后截取试样进行裂纹检测。

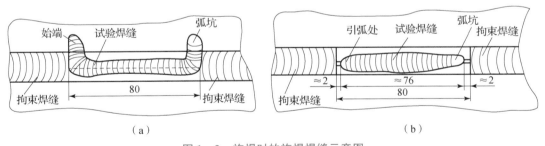

（a）　　　　　　　　　　　　　　　　　（b）

图 1－3　施焊时的施焊焊缝示意图

（a）焊条电弧焊施焊的试验焊缝；（b）自动送进装置施焊的试验焊缝

推荐的试验焊接参数：焊条直径 $\phi 4$ mm，焊接电流（170 ± 10）A，电弧电压 22 ~ 24 V，焊接速度（150 ± 10）mm/min。

3）裂纹检测

检测裂纹时直接用眼睛或借助 5 ~ 10 倍放大镜仔细检查焊接接头表面和断面是否有裂纹，并按下列方法分别计算表面、根部和断面的裂纹率。试样裂纹长度的计算按图 1－4 所示进行。

（1）表面裂纹率 C_f。如图 1－4（a）所示，按下式计算表面裂纹率 C_f：

$$C_f = \frac{\sum l_f}{L} \times 100\%$$

式中　$\sum l_f$——表面裂纹长度之和（mm）；

　　　L——试验焊缝长度（mm）。

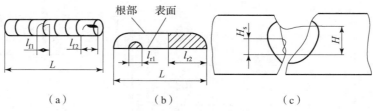

图 1-4　试样裂纹长度计算

（a）表面裂纹；（b）根部裂纹；（c）断面裂纹

（2）根部裂纹率 C_r。检测根部裂纹时，应将试件着色后拉断或折断，按图 1-4（b）所示进行根部裂纹测量。按下式计算根部裂纹率 C_r：

$$C_r = \frac{\sum l_r}{L} \times 100\%$$

式中　$\sum l_r$——根部裂纹长度之和（mm）。

（3）断面裂纹率 C_s。在试验焊缝上，用机械加工方法等分切取 4~6 块试样，如图 1-4（c）所示，检查 5 个断面上的裂纹深度，按下式计算断面裂纹率 C_s：

$$C_s = \frac{\sum H_s}{\sum H} \times 100\%$$

式中　$\sum H_s$——5 个横断面裂纹深度的总和（mm）；

　　　$\sum H$——5 个断面焊缝最小厚度的总和（mm）。

斜 Y 形坡口焊接裂纹试验条件比较苛刻，因为该试验接头的拘束度远比实际结构大，根部尖角处又有应力集中，因此一般认为低合金钢试验结果中若表面裂纹率低于 20%，则在实际结构焊接时就不会产生裂纹。

这种试验方法的优点是试件易于加工，无须特殊装置，操作简单，试验结果可靠；缺点是试验周期较长。

除斜 Y 形坡口焊接裂纹试验外，还可以仿照此标准做成直 Y 形坡口试件，用于考核焊条或异种钢焊接的裂纹敏感性，其试验程序及裂纹率的检测和计算与斜 Y 形坡口焊接裂纹试验相同。

想一想

　　斜 Y 形坡口与直 Y 形坡口的本质区别是什么？

2. 焊接热影响区最高硬度试验法

焊接热影响区的最高硬度比碳当量能更好地反映钢种的淬硬倾向和对冷裂纹的敏感性，因为它不仅能反映钢种化学成分的影响，也反映了材料金相组织的作用。国际焊接学会（IIW）已将其定为标准试验方法，我国也制定了相应的试验标准。

试板尺寸和形状如图 1-5 和表 1-11 所示，试板采用气割下料，试验标准厚度为 20 mm，当材料厚度超过 20 mm 时须经机加工成 20 mm，并保留一个轧制表面；当材料厚度小于 20 mm 时，则无须加工。

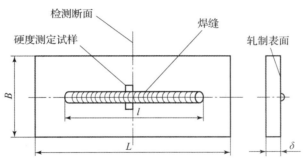

图 1 - 5　热影响区最高硬度试板

表 1 - 11　热影响区最高硬度试件尺寸　　　　　　　　　　mm

试件号	试件长度 L	试件宽度 B	焊缝长度 l
1 号试件	200	75	125 ± 10
2 号试件	200	150	125 ± 10

　　焊前应严格清理试件表面的铁锈、油污和水分等杂质。焊接时将试件架空，下面留出足够的空间。1 号试件在室温下焊接，2 号试件在预热温度下焊接；焊道沿钢材轧制方向在试件表面中心线水平位置施焊，如图 1 - 5 所示。焊接参数为焊条直径 $\phi4$ mm、焊接电流 170 A、焊接速度 150 mm/min；焊后自然冷却 12 h 后，采用机械加工方法垂直切割焊道中部，然后在断面上切取硬度测定试样。注意切取过程中必须冷却切口，以免焊接热影响区的硬度因断面温度升高而下降。

　　试样表面经研磨、腐蚀后，按图 1 - 6 所示位置测量硬度，在 O 点两侧各取 7 个以上的点作为硬度测定点，每点的间距为 0.5 mm，采用载荷为 100 N 的维氏硬度计在室温下测定。试验规范按 GB/T 4340.1—2009《金属维氏硬度试验法》的有关规定进行。

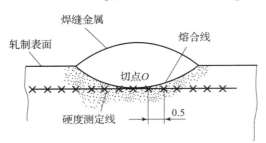

图 1 - 6　硬度测量的位置

　　对不同钢种，在不同工艺条件下，最高硬度值没有统一标准，一是因为金属的焊接性除了与钢材的成分组织有关外，还受接头应力状态、焊缝含氢量等因素的影响；二是因为对于低碳低合金钢来讲，即使热影响区出现一定量的马氏体组织，仍然具有较高的塑性及韧性。因此，对强度等级和含碳量不同的钢种，应该确定出不同的 HV_{max} 许可值来分别评价钢种的焊接性才能客观、准确。

　　一般用于焊接结构的钢材都应提供其最大硬度值，常用低合金结构钢的碳当量及允许的热影响区最大硬度值见表 1 - 12。

表1-12　常用低合金结构钢的碳当量及允许的热影响区最大硬度值

钢种	P_{cm}/%		CE（IIW）/%		最大硬度 HV	
	非调质	调质	非调质	调质	非调质	调质
Q235	0.248	—	0.415 0	—	390	—
Q390	0.241 3	—	0.399 3	—	400	—
Q420	0.309 1	—	0.494 3	—	410	380（正火）
14MnMoV	0.285 0	—	0.511 7	—	420	390（正火）
18MnMoNb	0.335 6	—	0.578 2	—	—	420（正火）
14MnMoNbB	—	0.265 8	—	0.459 3	—	450

3. 插销试验法

插销试验法是一种定量测定低合金钢焊接热影响区冷裂纹敏感性的试验方法，属于外拘束裂纹试验法。该试验方法消耗材料少，结果稳定可靠，因此在国内外得到了广泛应用。

插销试验法

插销试验的基本原理是根据产生冷裂纹的三要素（即钢的淬硬倾向、焊缝含氢量及接头的应力状态），定量测出被焊钢材产生焊接冷裂纹的"临界应力"作为冷裂纹敏感性的评定指标。

1）试样制备

把被焊钢材加工成直径为 $\phi 8$ mm 或 $\phi 6$ mm 的圆柱形试棒（称为插销），其形状和尺寸如图1-7所示，各部位尺寸见表1-13，插销上端有环形或螺旋形缺口。将插销插入底板直径相应的孔中，使带缺口一端与底板表面平齐，如图1-8所示。

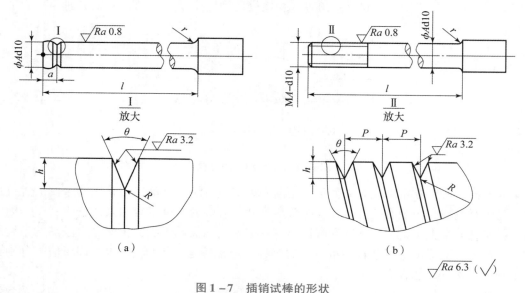

图1-7　插销试棒的形状

（a）环形缺口插销；（b）螺旋形缺口插销

表 1 – 13　插销试棒的尺寸

缺口类型	$\phi A/mm$	h/mm	$\theta/(°)$	R/mm	P/mm	L/mm
环形	8	0.5	40	0.1	—	
螺旋形					1	大于底板的厚度，一般为
环形	6	0.5	40	0.1	—	30 ~ 150
螺旋形					1	

对于环形缺口的插销试棒，缺口与端面的距离 a〔见图 1 – 7（a）〕应使焊道熔深与缺口根部所截的平面相切或相交，但缺口根部被熔透的部分不得超过 20%。

对于低合金钢，a 值在焊接热输入 $E = 15\ kJ/cm$ 时约为 2 mm，当热输入改变时，a 值也应根据表 1 – 14 做出相应改变。

表 1 – 14　缺口位置 a 与热输入 E 的关系

$E/(kJ \cdot cm^{-1})$	9	10	13	15	16	20
a/mm	1.35	1.45	1.85	2	2.1	2.4

2）试验过程

按选定的焊接方法和严格控制的焊接参数在底板上熔敷焊道，尽量使焊道中心线通过插销的端面中心，其熔深应保证缺口尖端位于热影响区的粗晶部位，焊道长度为 100 ~ 150 mm。

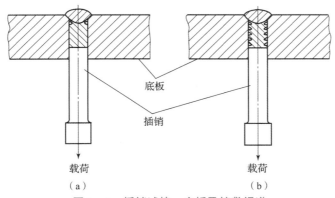

图 1 – 8　插销试棒、底板及熔敷焊道
（a）环形缺口插销；（b）螺旋形缺口插销

在焊后冷却至 100 ~ 150 ℃ 时（有预热时应冷却至高出预热温度 50 ~ 70 ℃）加载，当保持载荷 16 h 或 24 h（有预热）期间试棒发生断裂，即得到该试验条件下的"临界应力"；如果在保持载荷期间未发生断裂，应调整载荷直至发生断裂。改变含氢量、焊接热输入和预热温度，可得到不同的临界应力，临界应力越小，说明材料对冷裂纹越敏感。

3）插销试验的特点

（1）试件尺寸小，底板与插销材料可以不同，且底板可重复使用，因此试验消耗材料少。

（2）调整焊接热输入和底板厚度可得到不同的接头冷却速度。

（3）插销可从被试验材料中任意方向截取，便于从全熔敷金属中取样来测定焊缝金属对冷裂纹的敏感性。

（4）试验要求环形缺口必须位于焊缝的粗晶区，要求较严格。

（5）由于环形缺口的整个圆周温度不十分均匀，故会影响试验结果的准确性，造成数据分散，再现性不是很好。

4. 刚性固定对接裂纹试验法

该方法主要用于测定焊缝的冷裂纹和热裂纹倾向，也可以测定焊接热影响区的冷裂纹倾向，适用于低合金钢的焊条电弧焊、埋弧焊和气体保护焊等。

试件尺寸和形状如图 1-9 所示，试件在厚度不小于 40 mm 的刚性底板上以角焊缝形式四周焊接牢固。当试件板厚 ≤12 mm 时，取焊脚尺寸与板厚相等；当板厚 >12 mm 时，焊脚尺寸取 12 mm。试件坡口由机械方法加工。

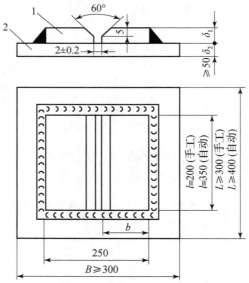

图 1-9　刚性固定对接裂纹试验试件尺寸和形状
1—试件；2—刚性底板

试验焊缝可用手工焊或自动焊方法焊接，焊接参数可采用实际焊接时的参数。焊后将试件在室温下放置 24 h，先检查焊缝有无表面裂纹，再横向切取焊缝，取两块试样磨片检查有无裂纹。

该试验焊缝所受到的拘束度较大，评定标准以试验结果有无裂纹为依据，一般每种焊接参数下需焊接两块试样。

【榜样的力量】

潘际銮，中国科学院院士、焊接工程专家。1927 年出生于江西瑞昌的一个书香门第，父亲是清末秀才。10 岁的他亲身经历了家乡被摧毁，小小年纪跟着哥哥漫山遍野找蘑菇，山上砍柴。1944 年，16 岁的潘际銮以云南省状元的成绩考入了西南联大，入读机械工程学。潘际銮说，当时念书的目的就是为了抗日、救国、回家。1946 年 8 月，联大三校复员北返，潘际銮转入清华大学机械系继续学习，并于 1948 年毕业后留校担任助教。

1950 年，中华人民共和国的建设如火如荼，潘际銮也迎来人生的转折。这一年，教育部从全国各高校选拔了 150 名青年教师到哈尔滨工业大学（简称哈工大）进修俄语，为全面学习苏联、改革中国教育制度做准备，潘际銮正是其中之一。在选择学习的主攻方向时，潘际銮选择了焊接，要知道，当时国内并没有焊接这个专业。机械专业出身的他，为何做此选择？潘际銮后来回忆道，他对焊接并无特别偏好，只是在哈工大学习期间，苏联派来的普罗霍洛夫教授是焊接权威，他翻了翻教授的著作，觉得很有兴趣，报了他的名，就此开启了与焊接的不解之缘。当时中国最缺的是焊接人才，机床有人懂，刀具有人懂，机械加工也有人懂，中国老的工业都有，唯独焊接，中国老工业没有，可以说一无所知。

1952 年，哈工大决定筹建焊接实验室和焊接专业，这是全国第一个焊接专业。1953 年暑假，潘际銮回清华大学汇报了学习和工作情况，清华大学委托他主持筹建清华大学焊接专业和焊接教研组。1953 年 9 月，潘际銮带领清华大学 10 名学员来到哈工大，让他们参加了焊接师资研修班的学习。在苏联专家的指导下，他跟学员们一起，进一步明确了焊接专业的方向和培养目标，研究制订了教学计划，完成了清华大学焊接实验室的规划设计。1955 年暑假，28 岁的潘际銮回到清华大学，被任命为教研组主任，从规划设计实验楼、订购实验设备做起，正式开始组建焊接教研组。1956 年上半年，焊接教研组开出了第一门专业课——焊接冶金原理，下半年又开出了六门专业课。专业有了，但很多学生不愿意报名这个专业，觉得无非是"学焊洋铁壶、修自行车"。为了鼓励学生们积极学习，摒弃对焊接的误解和偏见，潘际銮专门在校报《新清华》发表了一段话，"焊接是一门新兴的先进技术，是衡量一个国家工业发展的标志。焊接能节省原材料，坚固美观，简化工序，并能改善劳动条件。世界上约有一半的钢材需要焊接才能成为可用的产品，一辆轿车约有 7 000 个焊点，一架飞机约有 25 万个焊点和 250 米焊缝，一个焊接的锅炉要比铆接的锅炉节省金属 25%。想一想，焊接是多么重要而有意义的工作啊！"事实上，焊接确实关乎一国的工业发展。在潘际銮的带领下，中国的焊接专业逐步发展并壮大起来。

课后巩固

1. 习题

（1）金属材料的焊接性是什么？什么是工艺焊接性与使用焊接性？它们有什么不同？

（2）金属材料的焊接性是否属于金属材料的固有性能？"凡是能够获得优质焊接接头的金属，焊接性都很好"这种说法对吗？为什么？

（3）什么是碳当量？如何利用碳当量法评定金属的焊接性？它的使用范围如何？

（4）焊接热影响区的最高硬度是如何反映金属材料对冷裂纹的敏感性的？

2. 实训

（1）依据斜 Y 形坡口焊接裂纹试验内容，准备试验材料及工具。

（2）根据斜 Y 形坡口焊接裂纹试验方法及步骤，进行焊接试验。

（3）按照斜 Y 形坡口焊接裂纹试验结果评定要求，进行焊接试验结果评定并给出评定结果。

1. 了解钢材分类的国家标准；
2. 掌握非合金钢的性能特点及应用；
3. 掌握碳钢的焊接性特点。

技能目标

1. 能够根据碳钢的成分特点判断其焊接性；
2. 能够根据碳钢的焊接性及使用条件正确选择焊接方法和焊接材料；
3. 能够根据焊接结构件的特点制定其焊接工艺。

素质目标

能正确面对困难、压力和挫折，具有积极进取、乐观向上和健康平和的心态。

职业素养

职业行为习惯——省级技能大师付浩挑灯夜读，勤学苦练的经历。在上课中贯穿技能大师，正确进行职业规划和职业信心的培养。

课程引入：

钢铁材料生产和使用的历史很长，因此分类的方法也很多，各国的分类方法也不尽相同。通常根据不同需要，可采用不同的分类方法，有时为了方便还将不同分类方法混合使用。

项目一　钢材分类与非合金钢

钢材的分类

一、钢材分类

我国在 1992 年实施了新的钢分类方法，2008 年颁布了重新修订的 GB/T 13304—2008《钢分类》标准，该标准是参照国际标准制定的，将钢材按两种方式进行分类：一种是按化学成分分类；另一种是按主要质量等级、主要性能及使用特性分类。

知识小链接：Fe – C 二元合金相图解析。

铁碳合金的相图

1. 按化学成分分类

GB/T 13304—2008 中将钢按化学成分分为非合金钢、低合金钢和合金钢三类，其中每一类又按主要特性分为若干小类。新标准中采用"非合金钢"代替传统的"碳素钢"，其内涵更广泛，除包括各种碳素钢外，还包括其他具有特殊性能的非合金钢等。本项目中的非合金钢是指传统的碳素钢或称碳钢，其具有较好的力学性能和各种工艺性能，并且冶炼工艺比较简单，价格低廉，因而在焊接结构制造中应用广泛，一般用于工作温度在 350 ℃以下的结构。

2. 按主要质量等级、主要性能及使用特性分类

非合金钢按主要质量等级分为普通质量非合金钢、优质非合金钢和特殊质量非合金钢；按主要性能及使用特性分为非合金易切削钢、非合金结构钢、非合金工具钢和其他非合金钢等。

此外，钢材还可以从其他角度进行分类，如按专业（锅炉用钢、桥梁用钢、容器用钢等）或冶炼方法等进行分类。

想一想

各类钢用牌号怎么表示？其中各字母和数字的含义是什么？

二、非合金钢

非合金钢（碳素钢）按碳的质量分数可分为低碳钢（$\omega_C < 0.25\%$）、中碳钢（$\omega_C = 0.25\% \sim 0.60\%$）和高碳钢（$\omega_C > 0.60\%$），按用途可分为碳素结构钢和碳素工具钢。在焊接结构用非合金钢中，常采用按碳的质量分数分类的方法，因为碳的质量分数在某一范围内时，其焊接性比较接近，因而焊接工艺的编制原则也基本相同。

非合金钢（碳素钢）是指以铁为基础，以碳为合金元素，碳的质量分数一般不超过 1.4% 的钢，其他常存元素因含量较低皆不作为合金元素。因此，非合金钢的焊接性主要取决于碳的质量分数，随碳的质量分数的增加，其焊接性逐渐变差，见表 2 – 1。

表 2 – 1　非合金钢焊接性与碳的质量分数的关系

钢的种类	碳的质量分数 /%	典型硬度	典型用途	焊接性
低碳钢	≤0.15	60HBW	特殊板材和型材、薄板、带材、焊丝	优
	0.15 ~ 0.25	90HBW	结构用型材、板材和棒材	良
中碳钢	0.25 ~ 0.60	25HRC	机器部件和工具	中（通常需要预热和后热，推荐低氢焊接）
高碳钢	≥0.60	40HRC	弹簧、模具、钢轨	劣（必须用低氢焊接，预热和后热）

项目二 低碳钢的焊接

【任务概述】

蒸汽锅炉上锅筒的工作条件：工作压力为 2.5 MPa，额定蒸发量为 20 t/h，饱和蒸汽温度为 225 ℃。采用 Q245R 镇静钢制造，其结构与纵缝、环缝对接接头的坡口形式和尺寸如图 2-1 所示，为其制定合适的焊接工艺。

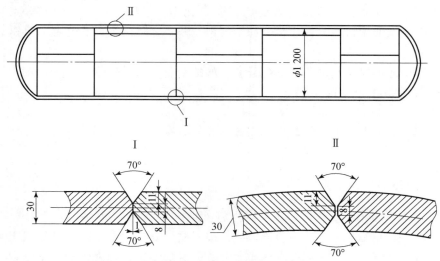

图 2-1 锅炉上锅筒结构及坡口形式和尺寸

【任务分析】

Q245R 是屈服强度为 245 MPa 的碳钢，其中 R 为压力容器用钢，即 Q245R 为压力容器用碳钢，此任务为碳钢的焊接。

【学习目标】

（1）掌握低碳钢的焊接性特点；

（2）制定低碳钢纵缝、环缝的焊接工艺；

（3）焊接低碳钢纵、环焊缝并进行产品检验。

【知识准备】

一、低碳钢的成分特点与焊接性

低碳钢的焊接

低碳钢中碳的质量分数较低，硅、锰含量又较少，因此通常情况下不会因焊接而引起严重的硬化组织和淬火组织，其强度不高（一般在500 MPa 以下），塑性和冲击韧度优良，焊接接头的塑性和冲击韧度也很好。焊接时一般无须预热及控制焊道间温度和后热，焊后也不必采取热处理来改善组织，可以说在整个焊接过程中不需要采取特殊的工艺措施，焊接性优良。焊接时具有以下特点：

（1）可装配成各种接头形式，适应各种不同位置的焊接，且焊接工艺和技术较简单，容易掌握。

（2）塑性好，焊接接头产生裂纹的倾向小，适合制造各种大型结构和受压容器。

（3）不需要使用特殊和复杂的工艺设备，对焊接电源和焊接材料没有特殊要求，交直流焊机、酸碱性焊条和焊剂都可以使用。

（4）如果焊接时热输入过大，例如焊条直径或焊接电流选择不当，或埋弧焊电流或焊速不当，也可能因热影响区的晶粒长大而引起塑性降低。

二、低碳钢的焊接工艺要点

1. 焊接方法

低碳钢焊接性良好，几乎可以选择所有的焊接方法，如氧乙炔焊、焊条电弧焊、埋弧焊、氩弧焊、二氧化碳气体保护焊、电渣焊、等离子弧焊、电阻焊、摩擦焊和钎焊等，并能保证焊接接头的良好质量。近年来开发的一些新的高效、高质量的焊接方法和焊接工艺也在低碳钢焊接中得到了广泛应用，如高效率铁粉焊条和重力焊条电弧焊、氩弧焊封底—快速焊剂埋弧焊、窄间隙埋弧焊、药芯焊丝气体保护焊等。

> 想一想
>
> 归纳总结各种焊接方法的特点及适用条件。

2. 焊接材料

低碳钢焊接时选择焊接材料应遵循等强度匹配的原则，也就是根据母材强度等级及工作条件来选择焊接材料。低碳钢结构通常使用抗拉强度平均值为 420 MPa 的钢材，而 E43××系列焊条熔敷金属的抗拉强度不低于 420 MPa，在力学性能上正好与之相匹配。这一系列焊条有多种型号，可根据具体情况选用。表 2-2 中列出了焊接低碳钢常用的焊接材料。

表 2-2　焊接低碳钢常用的焊接材料

钢号	焊条电弧焊（焊条型号）		埋弧焊		CO_2 气体保护焊
	一般结构	焊接动载荷、复杂与厚板结构、重要受压容器和低温下焊接	焊丝牌号	焊剂牌号	焊丝牌号
Q235	E4303、E4313、E4301、E4320	E4315、E4316（E5015、E5016）	H08A	HJ430 HJ431	H08Mn2Si H08Mn2SiA
Q275	E5015、E5016	E5015、E5016	H08MnA		
08、10 15、20	E4303、E4301 E4320、E4311	E4315、E4316（E5015、E5016）	H08A H08MnA	HJ430 HJ431 HJ330	H08Mn2Si H08Mn2SiA
25、30	E4315、E4316	E5015、E5016	H08MnA H10MnA		
20R	E4303、E4301	E4315、E4316（E5015、E5016）	H08MnA		

3. 低碳钢施焊工艺要点

焊接低碳钢时一般不需要采取特殊的工艺措施，但在工件厚度较大或环境温度较低（$T \leq 0$ ℃）时，会因冷速加快而导致接头裂纹倾向增加。例如，在焊接直径 $\phi \geq 3\,000$ mm 且壁厚 $\delta \geq 50$ mm 的结构、壁厚 $\delta \geq 90$ mm 的第一层焊道、壁厚 $\delta \geq 20$ mm 的受压容器时均有可能产生裂纹，因此焊接时应采取以下工艺措施：

（1）焊前预热，焊接时保持焊道间温度。预热温度可根据实践经验和试验结果确定，不同产品的预热温度有所不同，见表 2-3。

表 2-3　低碳钢不同结构在各种气温下的预热温度

板厚/mm	管道、容器结构	板厚/mm	梁、柱、桁架结构
≤16	气温不低于 -30 ℃时，不预热；低于 -30 ℃时，预热 100~150 ℃	≤30	气温不低于 -30 ℃时，不预热；低于 -30 ℃时，预热 100~150 ℃
17~30	气温不低于 -20 ℃时，不预热；低于 -20 ℃时，预热 100~150 ℃	31~50	气温不低于 -10 ℃时，不预热；低于 -10 ℃时，预热 100~150 ℃
31~40	气温不低于 -10 ℃时，不预热；低于 -10 ℃时，预热 100~150 ℃	51~70	气温不低于 0 ℃时，不预热；低于 0 ℃时，预热 100~150 ℃
41~50	气温不低于 0 ℃时，不预热；低于 0 ℃时，预热 100~150 ℃		

（2）采用低氢或超低氢型焊接材料。

（3）连续施焊整条焊缝，避免中断。

（4）在坡口内引弧，避免擦伤母材，注意熄弧时填满弧坑。

（5）不在低温下进行成形、矫正和装配。

（6）尽可能改善严寒的劳动条件。

上述措施可单独使用，有时需要综合使用。

知 识 总 结

（1）低碳钢含碳量低，钢材淬硬倾向小，焊接性良好，所需焊接工艺简单，一般情况下不需要采取特殊的工艺措施。

（2）低碳钢工件厚度较大或焊接环境温度较低时，焊缝有可能产生裂纹，焊接时应采取相应的预热及后热等工艺措施。

【任务实施】

为了保证焊接质量和提高生产率，纵缝和环缝均采用直流埋弧焊进行焊接，定位焊采用焊条电弧焊。

1）焊前准备

采用刨边机制作接头坡口，并对坡口及其两侧各 20~30 mm 内的铁锈、油污等杂质进行清理，使其露出金属光泽。在焊剂垫上进行定位焊，与此同时，在筒体纵缝两端装配产品焊接试板、引弧板和引出板。引弧板与引出板的尺寸均为 150 mm×100 mm×30 mm，坡口均与产品相同。

2）焊接材料

埋弧焊采用焊丝 H08MnA，焊剂 HJ431。定位焊采用 E4303（J422）焊条，直径为 4 mm。焊前，焊剂在 300 ℃ 下烘干 2 h，焊条在 150 ℃ 下烘干 2 h。经烘干的焊剂、焊条放在 100 ℃ 左右的封闭保温筒里，随用随取。

3）焊接参数

由于锅筒的纵缝和环缝的钢板厚度一致、材质相同、坡口尺寸一致，因此，焊接时选用相同的焊接参数，均采用较小的焊接热输入进行多层焊，以提高焊接接头的塑性。表 2-4 所示为焊接锅筒纵缝、环缝时采用的焊接参数。

表 2-4　焊接锅筒纵缝、环缝时采用的焊接参数

钢板厚度/mm	焊缝层次	焊接电流/A	电弧电压/V	焊接速度/（m·h⁻¹）	焊丝直径/mm	焊丝伸出长度/mm
30	正1	680~730	35~38	22~25	5	40
	正2	660~670	35~38	22~25	5	40
	正3	530~580	36~38	22~25	5	40
	背1	630~670	35~38	22~25	5	40
	背2	620~670	36~38	22~25	5	40
	背3	620~670	36~38	22~25	5	40
	背4	530~580	36~38	22~25	5	40

4）操作要点

施焊纵缝、环缝正面第一道焊缝时，背面（指锅筒外面）加焊剂垫，要求焊剂垫在焊缝整个长度上都与焊件紧密贴合，且压力均匀，以防止液态金属下淌。

焊完正面焊缝后接着焊背面焊缝，层间温度均控制为低于 250 ℃。环缝焊接时，无论是正面焊缝，还是背面焊缝，焊丝均与筒体中心线偏离 35~45 mm 的距离。

5）检验

对锅筒的纵缝、环缝进行 100% 的射线检测，结果应达到 Ⅱ 级。同时，对产品焊接试板也进行检验，接头的强度和塑性均应合格。

【学生学习工作页】

任务结束后，上交本项目学习工作页，见表 2-5。

表 2 – 5   Q245R 钢焊接工艺卡

任务名称				母材		保护气体	
学生姓名（小组编号）				时间		指导教师	
焊前准备 （如清理、坡口制备、预热等）							
焊后处理 （如清根、焊缝质量检测等）							

层次	焊接方法	焊接材料		电源及极性	焊接电流 /A	电弧电压 /V	焊接速度 /(cm·min^{-1})	热输入 /(J·cm^{-1})
		牌号	规格					

焊接层次、顺序示意图：焊接层次（正/反）：   技术要求及说明：

【学习评价】

采用自检、互检、教师检查的方式检查学习成果，评分标准见表 2 – 6。

表 2 – 6   项目评分标准

考评类别	序号	考评项目	分值	考核办法	评价结果	得分
平时考核	1	出勤情况	10	教师点名；组长检查		
	2	小组活动中的表现	10	学生、小组、教师三方共同评价		
技能考核	3	分析焊接性情况	20	学生自查；小组互查；教师终检		
	4	制定焊接工艺情况	20	学生自查；小组互查；教师终检		

续表

考评类别	序号	考评项目	分值	考核办法	评价结果	得分
素质考核	5	工作态度	10	学生、小组、教师三方共同评价		
	6	个人任务独立完成能力	10	学生、小组、教师三方共同评价		
	7	团队成员间协作表现	10	学生、小组、教师三方共同评价		
	8	安全生产	10	学生、小组、教师三方共同评价		
	合计		100	任务一总得分		

项目三 中碳钢的焊接

【任务概述】

卷棉辊是由一根壁厚为 10 mm 的管子和两个轴头焊接而成的，如图 2 - 2 所示。轴头的材质是 45 钢，管子的材质是滚珠轴承钢（碳当量为 1.26%），为其制定合适的焊接工艺。

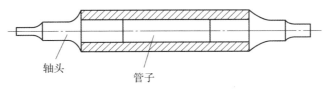

轴头   管子

图 2 - 2 卷棉辊结构简图

【任务分析】

查阅 45 钢的化学成分，碳当量为 0.45%，属于中碳钢，而滚珠轴承钢碳当量为 1.26%，属于高碳钢，因此本任务为中碳钢与高碳钢的焊接。

【学习目标】

（1）掌握中碳钢的焊接性特点；

（2）制定中碳钢管子与轴头焊缝的焊接工艺；

（3）焊接中碳钢焊缝并进行产品检验。

【知识准备】

一、中碳钢的成分特点与焊接性

中碳钢中碳的质量分数为 0.25% ~ 0.60%，其强度和硬度较高，塑性和韧性较差，淬硬性较大。当 ω_C 接近下限时焊接性良好，随着 ω_C 的增加焊接性逐渐恶化，同时在物理性能方面，中碳钢比低碳钢线胀系数略大，热导率稍低，这也就

中碳钢的焊接

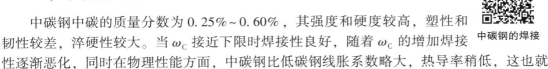

增加了中碳钢焊接时的热应力和过热倾向。

当钢中碳的质量分数大于 0.15% 时，碳本身的偏析以及促进硫等其他元素的偏析都明显起来，如果钢中的硫较多，则会因形成低熔点硫化物而导致热裂纹倾向增加。因此焊接碳钢时，必须首先严格控制硫的质量分数。其次，由于碳的质量分数较大，在焊接冶金反应中，C 和 FeO 反应生成的 CO 有可能产生 CO 气孔。最后，碳的增加提高了钢材的淬硬性，焊接时如果冷速较快，会在热影响区产生马氏体组织，且中碳钢的马氏体组织有较大的脆性，因此在焊接应力作用下容易发生冷裂纹和脆断。

总之，中碳钢的焊接性较差，且随碳的质量分数增加而越来越差。焊接的主要问题是热裂纹、冷裂纹、气孔和脆断，有时还会存在热影响区强度降低。钢中杂质越多、结构刚性越大，问题就越严重。

因此，中碳钢一般不用作焊接结构材料，而多用作机器部件和工具，多利用其坚硬耐磨的性能，而并非利用其高强度。这种坚硬耐磨的性能通常是通过热处理来达到的，因此焊接时就要注意母材的热处理状态。如果是焊接热处理后的部件，则必须采取措施防止裂纹的产生；如果是焊后进行热处理，则要求热处理后接头与母材性能相匹配，必须注意选择焊接材料。

二、中碳钢的焊接工艺要点

1. 焊接方法

中碳钢焊接性较差，一般用作机器部件，其焊接一般是修补性的，所以焊接中碳钢最合适的焊接方法是焊条电弧焊。

2. 焊接材料

一般情况下选用去硫能力强、熔敷金属扩散氢含量低、塑性较好的低氢型焊条。在要求焊缝金属与母材等强度时，选相应级别的低氢型焊条；在不要求等强度时，选用强度级别低于母材的低氢型焊条。例如：焊接强度级别为 490 MPa 的母材，可选择 E4315、E4316 焊条，切不可选择强度级别比母材高的焊条。

如果焊接时母材不允许预热，为了防止热影响区出现冷裂纹，可选奥氏体型不锈钢焊条，以获得塑性好、抗裂能力强的奥氏体组织焊缝金属。用于焊接中碳钢的奥氏体型不锈钢焊条有 E308 - 15(A107)、E308 - 16(A102)、E309 - 15(A307)、E309 - 16(A302)、E310 - 15(A407) 和 E310 - 16(A402) 等。

对强度不作要求的中碳钢工具、模具等，一般是通过热处理来达到所要求的高硬度和高耐磨性，焊接时要考虑其焊前状态：如果是在热处理前焊接，选用焊条时必须使焊缝金属与母材化学成分接近，以使焊后经热处理的焊缝金属与母材性能相同；如果是在热处理后的部件上焊接，则要选择低氢型焊条，并采取相应的工艺措施，以防止裂纹和热影响区软化。

3. 坡口制备

焊接中碳钢时为了限制焊缝金属中碳的质量分数，应减小熔合比，所以一般采用 U 形或 V 形坡口，并注意将坡口及两侧 20 mm 范围内的油污、铁锈等污物清理干净。

知识回顾　焊条的分类有哪些？

4. 预热与后热

焊接中碳钢时大多需要预热和控制层间温度,以降低焊缝金属和热影响区的冷却速度,抑制马氏体的形成,提高接头的塑性,减小残余应力。预热温度取决于碳当量、母材厚度、结构刚度和焊条类型等,见表2-7。

中碳钢焊后应立即进行消除应力热处理,不能立即进行热处理的,也应至少在冷却到预热温度或层间温度之前进行后热处理,特别是在工件厚度和结构刚度较大时更应如此,以便扩散氢逸出,降低裂纹倾向。中碳钢的热处理温度一般为600～650 ℃。

表2-7   焊接中碳钢的焊条、预热温度及焊后热处理温度

钢牌号	焊接性	选用焊条型号		预热温度/℃	焊后消除应力热处理温度/℃
		不要求等强度	要求等强度		
25	好	E4303、E4301	E5015、E5016	>50	600～650
30	较好	E4315、E4316	E5015、E5016	>100	
35 ZG270-500	较好	E4303、E4301 E4315、E4316	E5015、E5016	>150	
45 ZG310-570	较差	E4303、E4301、 E4315、E4316、 E5015、E5016	E5015、E5016	>250	
55 ZG340-640	较差	E4303、E4301、 E4315、E4316、 E5015、E5016	E5015、E5016	—	—

5. 施焊特点

焊接中碳钢,尤其是在不预热的情况下焊接时,应采取工艺措施来减小熔深,降低冷却速度,防止产生裂纹。例如:选U形坡口减小熔合比;多层焊第一层焊道采用小直径焊条、小电流焊接;将焊件置于立焊或半立焊位置,焊条横向摆动(摆动幅度取焊条直径的5～8倍,这样就相当于短段连续多道多层焊),使母材热影响区的任何一点都在短时间内多次重复受热,以取得预热和保温效果。

知 识 总 结

(1) 中碳钢的含碳量高,淬硬倾向大,焊接性较差。焊接时的主要问题是冷裂纹、热裂纹、气孔和脆断。钢中含碳量越高、杂质越多、结构刚度越大,焊接问题就越严重。

(2) 中碳钢焊接时大多需要预热和控制层间温度,焊后应立即进行消除应力热处理或后热。

【任务实施】

45 钢与滚珠轴承钢这两种材料焊接的主要困难是焊后极易产生裂纹。

1）焊前准备

将管子和轴头焊接处加工成 U 形坡口（见图 2-3），并将坡口及两侧 30 mm 范围内的铁锈、油污等清理干净。为防止产生裂纹，用氧乙炔焰将焊缝及其周围区域局部预热到 250 ℃。

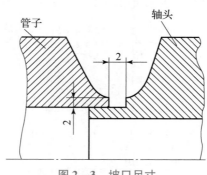

图 2-3　坡口尺寸

2）焊接工艺

采用低氢型奥氏体钢焊条，其熔敷金属的质量分数为：$\omega_{Cr}=20\%$，$\omega_{Ni}=10\%$，$\omega_{C}<0.1\%$，$\omega_{Si}<0.3\%$，$\omega_{Mn}=6\%$。将焊件装在滚轮架上，边转动边焊接，需多层连续施焊。为防止第一层焊道产生裂纹，在保证母材熔透的条件下，应尽量选用小直径焊条（$\phi3.2$ mm）、小电流（80～105 A）、慢焊速，以减小熔合比。以后各层的焊接均采用 $\phi4.0$ mm 焊条，电流为 110～150 A。焊接时应尽量压低电弧，焊条可做横向摆动，弧坑应填满，注意缓冷。

【学生学习工作页】

任务结束后，上交本项目学习工作页，见表 2-8。

表 2-8　卷棉辊结构焊接工艺卡

任务名称				母材		保护气体	
学生姓名（小组编号）				时间		指导教师	
焊前准备 （如清理、坡口制备、预热等）							
焊后处理 （如清根、焊缝质量检测等）							
层次	焊接方法	焊接材料		电源及极性	焊接电流 /A	电弧电压 /V	焊接速度 /(cm·min⁻¹)	热输入 /(J·cm⁻¹)
		牌号	规格					

续表

层次	焊接方法	焊接材料		电源及极性	焊接电流/A	电弧电压/V	焊接速度/(cm·min⁻¹)	热输入/(J·cm⁻¹)
		牌号	规格					

焊接层次、顺序示意图：焊接层次（正/反）：	技术要求及说明：

模块二 非合金钢（碳钢）及其焊接工艺

【学习评价】

采用自检、互检、教师检查的方式检查学习成果，评分标准如表 2-9 所示。

表 2-9 项目评分标准

考评类别	序号	考评项目	分值	考核办法	评价结果	得分
平时考核	1	出勤情况	10	教师点名；组长检查		
	2	小组活动中的表现	10	学生、小组、教师三方共同评价		
技能考核	3	分析焊接性情况	20	学生自查；小组互查；教师终检		
	4	制定焊接工艺情况	20	学生自查；小组互查；教师终检		
素质考核	5	工作态度	10	学生、小组、教师三方共同评价		
	6	个人任务独立完成能力	10	学生、小组、教师三方共同评价		
	7	团队成员间协作表现	10	学生、小组、教师三方共同评价		
	8	安全生产	10	学生、小组、教师三方共同评价		
合计			100	任务一总得分		

【典型实例】

焊条电弧焊焊接法兰长轴。法兰长轴的主要尺寸如图 2-4 所示，材料为 35 钢。采用焊条电弧焊焊接，选用 E5015 低氢型焊条，焊前经 300~350 ℃烘干保温 1 h；仔细清理焊件坡口两侧 20 mm 范围内的油污、铁锈等杂质；焊件水平放置，预热 150~200 ℃，焊固定焊缝 4~5 段，每段长 50 mm；圆周焊缝分成 6 段或 4 段，分段跳焊，以减小应力和变形，第一道焊缝焊速要稍慢，熄弧时注意填满弧坑。

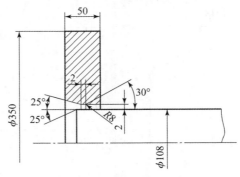

图 2－4　焊接法兰长轴

项目四　高碳钢的焊接

【任务概述】

在机加工中使用的车刀、刨刀等刀具是由刀头与刀体焊接而成的。刀头一般是合金工具（硬质合金）钢，其中 $\omega_C = 0.8\% \sim 1.4\%$，属于高碳钢；刀体一般由 $\omega_C = 0.4\% \sim 0.6\%$ 的中碳钢或低合金钢（40Cr）制造，制定其焊接工艺。

【任务分析】

该结构件为高碳钢和 40Cr 的焊接，其碳当量为 0.45%，焊接淬硬及冷裂倾向大，焊接性差。因此应根据高碳钢的焊接性制定合理的焊接工艺，防止焊接缺陷的产生，并满足焊接结构件的工艺和使用性能要求。

【学习目标】

（1）掌握刀头的焊接性特点；

（2）制定刀头与刀体焊缝的焊接工艺；

（3）焊接刀头与刀体焊缝并进行产品检验。

【知识准备】

一、高碳钢的成分特点与焊接性

高碳钢中碳的质量分数大于 0.6%，焊接性很差，在实际生产中不用作焊接结构，一般用作工具钢和铸钢，即要求高硬度和高耐磨性的部件、零件和工具，所以高碳钢的焊接大多为修复性焊接。其特点如下：

高碳钢的焊接

（1）由于碳的质量分数更大，因此焊接时比中碳钢更容易产生热裂纹。

（2）高碳钢对淬火更加敏感，焊接时热影响区极易产生脆硬的高碳马氏体组织，所以淬硬倾向和冷裂纹倾向都很大。

（3）高碳钢的导热性比低碳钢差，在焊接高温下晶粒长大快，且碳化物容易在晶界上集聚、长大，使焊缝脆性增大，从而使接头冲击韧度降低；同时在接头中引起的内应力也较大，更容易促使裂纹产生。

二、高碳钢的焊接工艺要点

1. 焊接方法

如前所述，高碳钢的焊接主要是高硬度、高耐磨性部件、零件和工具的修复，所以主要的焊接方法是焊条电弧焊和钎焊。

2. 焊接材料

高碳钢焊接一般不要求接头与母材等强度。焊接材料应根据钢中碳的质量分数、结构特点和使用条件来选择。高碳钢的抗拉强度一般在 675 MPa 以上，当要求接头强度较高时，可选择 E7015 - D2（J707）或 E6015 - D2（J607）焊条；当强度要求不高时，可选择 E5015（J507）或 E5016（J506）焊条，或者选择与以上焊条强度等级相当的低氢型低合金钢焊条；必要时可选用奥氏体型不锈钢焊条，牌号与焊中碳钢所选焊条相同。

3. 施焊工艺要点

（1）高碳钢零件一般经过淬火＋回火的热处理，因此焊接之前要先行退火，以减小裂纹倾向。

（2）采用结构钢焊条焊接时，焊前必须预热，预热和层间温度控制在 250～350 ℃。

（3）采取与中碳钢相同的焊接工艺措施，如减小熔合比、小电流、低焊速焊接，整个工件应连续施焊完成，并采取措施减小内应力。

（4）焊后将焊件立即放入炉中，在 650 ℃下保温，进行消除应力热处理。

【任务实施】

刀具在工作过程中承受巨大的应力，尤其是受压缩、弯曲和冲击，因此要求接头强度高、质量可靠。合金工具钢的高硬度和高强度是靠其中的高碳来保证的，因此，焊接时要保证其成分、组织和性能不受损害，特别是要防止材料高温氧化而脱碳。由于上述原因，合金工具钢一般采用钎焊，并常采用铜基或银基钎料。

火焰钎焊刀具如图 2 - 5 所示，应用最广泛的铜钎料是黄铜。为了提高钎料的强度和润湿性，常加入锰、镍和锆等元素，也可用脱水硼砂与硼酸混合作钎剂。除此之外，还可应用电阻、感应、炉中和浸渍钎焊。

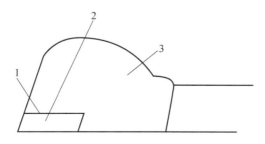

图 2 - 5　火焰钎焊刀具

1—钎焊焊缝；2—硬质合金刀头；3—刀体

刀具钎焊通常采用搭接接头或套接接头，钎焊应在淬火工序之前进行或同时进行。如果是在淬火之前进行，则要求钎料能在淬火温度下固化良好，铜钎料可满足这一要求。

知 识 总 结

（1）高碳钢的含碳量高，淬硬倾向大，焊接性差，用于要求高硬度高耐磨性的部件、零件和工具。

（2）高碳钢大多为修复性焊接，一般不要求接头与母材等强度。

（3）高碳钢用结构钢焊条焊接时，预热和层间温度须控制在 $250 \sim 350$ ℃，并且焊后将焊件立即放入炉中，进行消除应力热处理。

【榜样的力量】

"焊武大帝"曾正超（四川省五四青年奖章获得者、劳模、中国十九冶集团有限公司焊接工人）。

2015 年 8 月 16 日，第 43 届世界技能大赛在巴西圣保罗闭幕，焊接项目的冠军领奖台上，一副东方面孔和他手中的五星红旗显得格外夺目，他就是时年 19 岁的曾正超。在此次比赛中，曾正超所代表的中国队以焊接项目总分第一的成绩夺得金牌，中国队实现了在世界技能大赛上金牌零的突破。

世界技能大赛有"技能奥林匹克"的美誉，是当今世界地位最高、影响力最大的职业技能竞赛。曾正超小小年纪练就如此高超技能，与他平时的刻苦训练分不开。

凭借着自己的努力和坚持，他从一个对电焊一窍不通的少年到成为世界技能大赛中万众瞩目的世界冠军。做不成武林高手就做技术高手，他用自己的经历和实力告诉社会，技校学生也可以拥有光明开阔的前程。

在焊接专业的学生中，曾正超以特别能吃苦著称。艰苦的操作实践训练，反而激发了他的学习兴趣。他逐渐开始对电焊着迷，自身技能水平也不断提升。

从台下到台上，一小步的距离，凝结了曾正超无数个日日夜夜的历练和拼搏，从大山的孩子到世界冠军，这一段看似遥不可及的梦想，被他变成了现实。

被选拔参加技能大赛的集训期间，他每天 6：30 起床，进行 40 min 以上的体能训练，8：00 开始焊接技能训练，基本每天都要到晚上十一二点。刚进培训班的时候有 50 多个人，很快就只剩下了一半。训练的任务非常繁重，曾正超左臂上面全是被焊光灼伤后的疤痕，"这是成长必须要付出的代价。"曾正超腼腆地说。正是因为做了充分的准备，在比赛中，曾正超沉着冷静，在 18 h 之内出色地完成了比赛任务，并接受了焊接成品外部及内部的检验，以绝对优势获得了金牌。

"获奖对于我的人生是激励，希望让更多年轻人看到技能强国的重要性，吸引更多的农村子弟进入职业技能学校读书，用技能本领报效祖国，我也要把我学到的一些技术教给他们，贡献自己的一份力量。"曾正超说。

课后巩固

1. 习题

（1）什么是非合金钢？非合金钢是如何进行分类的？

（2）"低碳钢焊接性良好"的说法有无不妥之处？选用焊接方法与焊接材料的原则是什么？

（3）低碳钢在低温条件下焊接时的工艺要点是什么？

（4）板厚为 18 mm、材质为 20 g 的钢板对接，在环境温度 –20 ℃的条件下施工，采用埋弧焊进行焊接，试制定其焊接工艺。

（5）为何中碳钢在制造机器零件中应用普遍，而在焊接结构中尽量不用？

（6）焊接中碳钢时可能出现哪些问题？应如何解决？

（7）焊接中碳钢时，选择焊接材料的原则是什么？焊接工艺要点是什么？

（8）高碳钢焊接主要应用于哪些范围？焊接时应注意哪些问题？

2. 实训

（1）依据低、中碳钢焊接工艺，准备试验材料及工具；

（2）根据低、中碳钢焊接参数，进行钢板的焊接；

（3）按照低、中碳钢焊缝评定要求，进行焊接试验结果评定并给出评定结果。

模块二 非合金钢（碳钢）及其焊接工艺

知识目标

1. 掌握合金钢的成分、种类、性能特点及应用；
2. 掌握热轧及正火钢、低碳调质钢、中碳调质钢和低温钢的焊接性特点及焊接工艺要点。

技能目标

1. 能够根据合金钢的成分特点判断其焊接性；
2. 能够根据合金钢的成分、性能特点、板厚及使用条件正确制定和编制焊接工艺。

素质目标

1. 提高深研细琢、团队协作能力，树立精益求精、一丝不苟的工匠品质。
2. 植入质量强国理念，树立报效祖国的意志和信心。

职业素养

职业行为习惯——全国青年岗位能手、内蒙古向上向善好青年高磊的励志成长经历，培养学生踏实肯干、吃苦耐劳的匠人精神。

项目一　低合金钢概述

一、低合金钢中的合金元素

低合金钢是在碳素钢的基础上添加了少量合金元素的钢种，低合金钢的强度高，韧性、塑性、焊接性都比较好，被广泛应用于国民经济和国防建设的各个领域，如石油化工、建筑结构、高铁等。

合金钢中添加合金元素的种类和规定的质量分数界限值见表 3 – 1。当低合金钢同时含有 Cr、Cu、Mo、Ni 四种元素中的两种、三种或四种时，所有这些元素的质量分数总和应不大于表 3 – 1 中规定的两种、三种或四种元素中每种元素最高界限值总和的 70%，若超过 70%，即使每种元素的质量分数低于规定的最高界限值，也应划入合金钢，而不能划入低合金钢。

表 3 - 1 非合金钢、低合金钢和合金钢合金元素规定质量分数界限值

合金元素	合金元素规定质量分数界限值/%		
	非合金钢	低合金钢	合金钢
Al	< 0. 10	—	≥0. 10
B	< 0. 000 5	—	≥0. 000 5
Bi	< 0. 10		> 0. 10
Cr	< 0. 30	0. 30 ~ 0. 50（不含 0. 50）	≥0. 50
Co	< 0. 10	—	≥0. 10
Cu	< 0. 10	0. 10 ~ 0. 50（不含 0. 50）	≥0. 50
Mn	< 1. 00	1. 00 ~ 1. 40（不含 1. 40）	≥1. 40
Mo	< 0. 05	0. 05 ~ 0. 10（不含 0. 10）	≥0. 10
Ni	< 0. 30	0. 30 ~ 0. 50（不含 0. 50）	≥0. 50
Nb	< 0. 02	0. 02 ~ 0. 06（不含 0. 06）	≥0. 06
Pb	< 0. 40	—	≥0. 40
Se	< 0. 10		≥0. 10
Si	< 0. 50	0. 50 ~ 0. 90（不含 0. 90）	≥0. 90
Te	< 0. 10	—	≥0. 10
Ti	< 0. 05	0. 05 ~ 0. 13（不含 0. 13）	≥0. 13
W	< 0. 10	—	≥0. 10
V	< 0. 04	0. 04 ~ 0. 12（不含 0. 12）	≥0. 12
Zr	< 0. 05	0. 05 ~ 0. 12（不含 0. 12）	≥0. 12
La 系（每一种元素）	< 0. 02	0. 02 ~ 0. 05（不含 0. 05）	≥0. 05
其他元素（S、P、C、N 除外）	< 0. 05	—	≥0. 05

二、低合金钢的分类

按照 GB/T 13304. 2—2008《钢分类第 2 部分：按主要质量等级和主要性能或使用特性的分类》规定，常用来制造焊接结构的低合金钢有低合金高强度结构钢和专用钢。低合金高强度结构钢按钢的屈服强度级别和热处理状态不同，可分为热轧及正火钢、低碳调质钢和中碳调质钢；专用钢按用途不同，可分为低合金低温钢和珠光体耐热钢等。

国内外常见的低合金高强度结构钢的牌号见表 3 - 2。

合金钢的分类

表 3-2　国内外常见的低合金高强度结构钢的牌号

类型	类别	屈服强度/MPa	常用钢牌号
高强度钢	热轧及正火钢	295～490	Q295（Cu）、09Mn2Si、Q345、Q390、Q420、18MnMoNb、14MnMoV、WH530、X60、D36
	低碳调质钢	450～980	14MnMoVN、14MnMoNbB、WCF60、WCF62、HQ70、HQ80、HQ100、HY80、HY110
	中碳调质钢	880～1176	35CrMoA、35CrMoVA、30CrMnSiA、30CrMnSiNi2A、40CrMnSiMoVA、40CrNiMoA、34CrNi3MoA
专用钢	珠光体耐热钢	265～640	12CrMo、15CrMo、12Cr1MoV、15Cr1Mo1V、12Cr5M0、12Cr9Mo1、12Cr2MoWVB、12Cr3MoVSiTiB
	低合金低温钢	343～585	09Mn2V、06AlCuNbN、Q345DR、2.5Ni、3.5Ni

注：钢牌号前有"W"或"WH"的表示由武汉钢铁公司研制；"D"表示 Z 向钢，即抗层状撕裂钢；"X"表示管线用钢；"HQ"表示高强度钢；T-1、HY80、HY110 是美国的钢种

根据合金结构钢的使用场合，分为珠光体耐热钢、低温钢及低合金耐蚀钢。珠光体耐热钢是以 Cr、Mo 为基础的低中合金钢，有较好的高温强度和高温抗氧化性；低温钢大部分是一些 Ni 或无 Ni 的低合金钢，一般在正火或调质状态使用；低合金耐蚀钢除具有一般的力学性能外，必须具有耐腐蚀性能这一特殊要求。

> **想一想**
>
> 低合金结构钢的牌号怎么表示？各组成部分代表什么？

三、低合金高强度钢的性能及应用

把钢锭加热到 1 300 ℃左右，经热轧成板材，然后空冷即成为热轧钢；钢板轧制和冷却后，经 900 ℃正火即成为正火钢；热轧钢板经 900 ℃加热后水淬，再经 600 ℃回火处理即成为调质钢。另外，可采用控轧工艺（即控制钢板温度和轧制工艺）获得高强度、高韧性的控轧钢。

1. 热轧及正火钢

屈服强度为 295～490 MPa 的低合金高强钢，一般是在热轧、正火或控轧控冷状态下使用，属于非热处理强化钢，包括微合金化控轧钢和抗层状撕裂钢等。尽管它们采用了不同的冶炼和控轧技术，但从本质上讲都属于正火钢。这类钢广泛应用于常温下工作的各种焊接结构，如风电用的塔架 Q345D、塔筒 Q345E 及国家体育场（鸟巢）用的 Q345 系列、Q460E 等。

2. 低碳调质钢

低碳调质钢的屈服强度为 490～980 MPa，在淬火、回火的调质状态下使用，属于热处

理强化钢。它的特点是含碳量比较低（一般在 0.2% 以下），合金元素总的质量分数低于 5%，既有高的强度，又有良好的塑性和韧性，可以直接在调质状态下进行焊接，焊后也无须进行调质处理。这类钢在焊接结构中得到了越来越广泛的应用，主要用于大型机械工程、压力容器及舰船等，如船舶用钢 Q590。

3. 中碳调质钢

中碳调质钢的屈服强度一般为 880~1 176 MPa 或以上，钢中的含碳量（$\omega_C = 0.25\% \sim 0.5\%$）较高，并加入合金元素（如 Mn、Si、Cr、Ni、B 及 Mo、W、V、Ti 等），保证钢的淬透性及消除回火脆性，再通过调质处理获得综合性能较好的高强钢。其淬硬性比低碳调质钢高很多，具有很高的强度和硬度，但韧性较低，给焊接带来了很大的困难，一般是在退火状态下焊接，焊后再进行整体热处理来达到所要求的强度和硬度。这类钢主要用于强度要求很高的产品，如掘进机截齿用材料 30CrMnSiA 和 40Cr。

项目二 热轧及正火钢的焊接

【任务概述】

某大型车间按工艺要求布置，共设置 H 形 36 m 长钢梁 6 根，钢梁规格及截面形式如图 3 - 1 所示，其材质为 Q345，请对其进行组装并焊接。

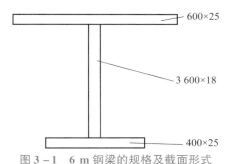

图 3 - 1   6 m 钢梁的规格及截面形式

【任务分析】

本任务需对材质为 Q345 钢的工字梁进行焊接操作，Q345 钢属于热轧钢，焊前需对该钢种的焊接性进行分析，制定合理的焊接工艺后再进行该结构件的焊接。

【学习目标】

1. 掌握热轧及正火钢的性能特点；
2. 分析热轧及正火钢的焊接性；
3. 制定热轧及正火钢的焊接工艺要点；
4. 完成该工字梁的焊接操作并进行质量检测。

【知识准备】

一、热轧及正火钢的成分和性能

几种典型热轧及正火钢的牌号及化学成分见表 3 - 3，力学性能见表 3 - 4。

表 3－3　　几种典型热轧及正火钢的牌号及化学成分

钢号	化学成分（质量分数）/%										
	C	Mn	Si	S（≤）	P（≤）	V	Nb	Ti	Cr	Ni	其他
Q345	≤0.20	≤1.70	≤0.50	≤0.035	≤0.035	≤0.15	≤0.07	≤0.20	≤0.30	—	—
Q390	≤0.20	≤1.70	≤0.50	≤0.035	≤0.035	≤0.20	≤0.07	≤0.20	≤0.30	—	—
Q420	≤0.20	≤1.70	≤0.50	≤0.035	≤0.035	≤0.20	≤0.07	≤0.20	≤0.30	—	—
18MnMoNb	0.17~0.22	1.35~1.65	0.17~0.37	0.035	0.035	—	0.025~0.05	—	—	—	Mo0.45~0.55
13MnNiMoNb	≤0.16	1.00~1.60	0.10~0.50	0.025	0.025		0.005~0.022	—	0.20~0.40	0.70~1.10	Mo0.20~0.40
WH530	≤0.18	1.20~1.60	0.20~0.55	0.030	0.030		0.01~0.040				
WH590	≤0.22	1.30~1.70	0.20~0.55	0.030	0.015	0.02~0.050			0.20~0.50		
D36	0.12~0.18	1.20~1.60	0.10~0.40	0.006	0.02	0.02~0.08	0.02~0.05				
X60	≤0.12	1.00~1.30	0.10~0.40	0.025	0.010	—	—	—	—	—	—

表 3－4　　几种典型热轧及正火钢的力学性能

钢号	热处理状态	力学性能			
		R_{el}/MPa	R_m/MPa	A/%	冲击吸收能量 kV_2/J
Q345	热轧	≥345	470~630	≥21	≥34
Q390	热轧	≥390	490~650	≥20	≥34
Q420	正火	≥420	520~680	≥19	≥34
18MnMoNb	正火＋回火	≥490	≥637	≥16	≥69
13MnNiMoNb	正火＋回火	≥392	569~735	≥18	≥39
WH530	正火	≥370	530~660	≥20	≥31（－20 ℃）
WH590	正火	≥410	590~730	≥18	≥34
D36	正火	≥353	≥490	≥21	≥34（－40 ℃）
X60	控轧	≥414	≥517	20.5~23.5	≥54（－10 ℃）

1. 热轧钢

屈服强度为 345 ~ 390 MPa 的钢大多属于热轧钢，其合金系比较简单，一般为 C - Mn 或 C - Mn - Si 系，强度靠 Mn、Si 的固溶强化作用来保证。热轧钢的组织为铁素体 + 珠光体，当板厚较大时，可以要求在正火条件下供货，经正火处理可使钢的化学成分均匀化，塑性、韧性提高，但强度略有下降。

Q345 是我国 1957 年研制生产和应用最广泛的热轧钢，按其中 C、S 和 P 的质量分数不同分为 A、B、C、D 和 E 共五个质量等级。我国低合金结构钢系列中许多钢种是在 Q345 基础上发展起来的，例如，加入少量的 V（0.03% ~ 0.2%）、Ti（0.10% ~ 0.20%）、Nb（0.01% ~ 0.05%），利用它们的碳化物和氮化物的析出来细化晶粒，进一步提高强度，得到 Q390 钢等。

2. 正火钢

当要求钢的屈服强度大于 390 MPa 时，必须在固溶强化的同时加强合金元素的沉淀强化作用。正火钢是在固溶强化的基础上，加入碳、氮化物形成元素（V、Ti、Nb 和 Mo 等），促使碳化物和氮化物质点从固溶体中沉淀析出并同时细化晶粒，通过沉淀强化和细晶强化进一步提高钢的强度和韧性。此外，碳化物的析出还降低了固溶在基体中的碳，使淬透性下降，焊接性也有所改善。

对于含 Mo 钢来讲，正火后必须进行回火才能保证良好的塑性和韧性，因此这类钢又分为以下几种：

（1）在正火状态下使用的钢，主要是含有 V、Ti、Nb 的钢，其屈强比较高，属于这类钢的有 Q420、WH530 和 WH590。

应用小知识： WH530 是武汉钢铁公司为满足市场需求研制的钢种，其强度、韧性优于目前应用的 Q345R，且焊接性良好。该钢的供货牌号为 15MnNbR（WH530），主要用于水电站压力钢管、球形储罐等结构。WH590 的供货牌号为 17MnNiVNbR（WH590），其抗拉强度 $R_m \geq 590$ MPa，具有高韧性和优良焊接性，可用于制造大型液化气槽车，改变我国液化气槽车壁厚大、自重系数高和容量比小的缺点，可以有力促进国产槽车的大型化。

（2）在正火 + 回火状态下使用的钢，钢中加入质量分数为 0.5% 的 Mo，如 14MnMoV、18MnMoNb 等。Mo 可以细化组织，提高钢的强度和中温性能，主要用于制造中温厚壁压力容器。含 Mo 钢在正火后的组织是上贝氏体 + 少量铁素体，塑性和韧性指标都不高，只有经过再回火后才能获得良好的塑性和韧性。大多数含 Mo 的低合金钢是在 Mn - Mo 系的基础上添加 Ni 或 Nb，以进一步提高钢的强度。

应用小知识： Z 向钢属于正火钢，它是保证厚度方向抗层状撕裂钢。例如，D36 钢在冶炼过程中采用了钙或稀土处理、真空除气等特殊工艺措施，具有含 S 量极低（$\omega_s \leq 0.005\%$）、Z 向断面收缩率高（$Z \geq 35\%$）的特点。

3. 微合金控轧钢

加入质量分数为 0.1% 左右并对钢的组织性能有显著或特殊影响的微量合金元素的钢，称为微合金钢。多种微合金元素的共同作用称为多元微合金化。微合金控轧钢就是采用微合金化和控制轧制等技术，达到细化晶粒与沉淀强化相结合的效果，同时从冶炼工艺上采取降碳、降硫、改变夹杂物形态、提高钢的纯净度等措施，使钢材具有细晶组织。微合金控轧钢具有高强度、高韧性和良好的焊接性等优点，是热轧及正火钢的一个新分支，是近年发展起来的一类新钢种。它主要用于石油和天然气的输送管线，如 X60、X65 和 X70 等管线钢。

二、热轧及正火钢的焊接性

热轧及正火钢的焊接性

钢的焊接性主要取决于化学成分，其中碳对钢的焊接性影响最大，热轧及正火钢中碳和合金元素的含量都较低，焊接性总体较好；但随着合金元素含量的增加，其焊接性变差。热轧及正火钢焊接时需要注意焊接裂纹和热影响区性能的变化。

1. 焊接裂纹

1) 焊接冷裂纹

在产生冷裂纹的淬硬组织、拘束度和扩散氢含量三要素中，淬硬组织与材料有关，因此钢材的淬硬倾向可以作为判断冷裂纹敏感性的标准之一。而淬硬倾向又可以通过碳当量、冷裂敏感指数、热影响区最高硬度等来判断。例如，钢材碳当量值越大，冷裂纹敏感性也越大，通常利用国际焊接学会推荐的碳当量计算公式来计算碳当量 CE 值。

一般认为：

当 $CE < 0.4\%$ 时，钢材在焊接过程中基本无淬硬倾向，冷裂敏感性小。屈服强度为 $345 \sim 390$ MPa 的热轧钢的碳当量一般都小于 0.4%，焊接性良好，除大厚度钢板和在环境温度很低等情况下焊接外，一般不需要预热和严格控制焊接热输入。

当 $CE = 0.4\% \sim 0.6\%$ 时，钢的淬硬倾向逐渐增加，属于有淬硬倾向的钢，对冷裂纹比较敏感，屈服强度为 $440 \sim 490$ MPa 的正火钢基本属于这一范围。其中在碳当量不超过 0.5% 时，淬硬倾向不太严重，焊接性尚好，在板厚较大（$\delta \geq 25$ mm）时需要采取预热措施，如 Q420 钢的焊接；当碳当量超过 0.5% 时，如 18MnMoNb 钢，淬硬倾向严重，对冷裂很敏感，焊接时需要采取严格的工艺措施来防止冷裂纹，如严格控制热输入、预热和焊后热处理等。

2) 焊接热裂纹

热轧及正火钢的含碳量都较低，而含锰量较高，Mn/S 的比值可以达到防止结晶裂纹的要求，具有较好的抗热裂纹能力。当母材中的碳与硫同时居上限或严重偏析时，则有可能产生结晶裂纹。选用碳含量少、锰含量高的焊接材料，以降低焊缝中的碳含量和提高焊缝中的锰含量，可以达到消除结晶裂纹的目的。反之，如果焊接时焊缝产生结晶裂纹，则是由母材中碳与硫的含量不正常造成的，需要从工艺上设法减小熔合比，选用碳含量少、锰含量高的焊接材料，以降低焊缝中的碳含量和提高焊缝中的锰含量，达到消除结晶裂纹的目的。如 $\omega_C = 0.12\%$ 时，Mn/S 比不应低于 10；$\omega_C = 0.16\%$ 时，Mn/S 比应大于 40 才能不出现热裂纹；Si 含量高时，热裂纹倾向也增加。

3) 消除应力裂纹

含有 Mo、Cr 元素的钢在焊后消除应力热处理或焊后再次高温加热（包括长期高温下使用）过程中，在热影响区的粗晶区及拘束度大的厚大工件或应力集中的部位可能出现裂纹，即消除应力裂纹，也称再热裂纹。正火钢中，18MnMoNb 和 14MnMoV 钢有轻微的消除应力裂纹倾向，可采取提高预热温度或焊后立即进行热处理等措施来防止消除应力裂纹的产生，即预热温度 180 ℃ 提高到 230 ℃ 即可防止消除应力裂纹产生，也可以在预热 180 ℃ 下焊后立即进行 180 ℃ × 2 h 的后热来达到同样的效果。

4）层状撕裂

层状撕裂主要与钢的冶炼轧制质量、板厚、接头形式和 Z 向应力有关，与钢材强度无直接关系。一般认为，钢中的含硫量和断面收缩率 Z 是衡量抗层状撕裂能力的判据。经验表明，当 Z > 20% 时，即使 Z 向拘束应力较大，也不会产生层状撕裂。因此对有可能在焊接过程产生层状撕裂的重要结构，可采用 Z 向钢（如 D36）。

2. 热影响区性能变化

热轧及正火钢焊接热影响区性能变化主要是过热区的脆化，在一些合金元素含量较低的钢中有时还可能出现热应变脆化问题。热影响区脆化是焊后产生裂纹、造成脆性破坏的主要原因之一。

1）过热区脆化

小知识 在被加热到 1 200 ℃ 以上的热影响区的过热区，会发生奥氏体晶粒的显著长大和一些难熔质点（如碳化物和氮化物）溶入基体。难熔质点溶入基体后，在随后的冷却过程中往往来不及析出而使材料变脆；过热的粗大奥氏体晶粒会增加本身的稳定性，在冷却过程中可能产生脆性较大的魏氏组织、粗大的马氏体组织和塑性很低的混合组织等。因此，过热区的性能变化不仅取决于焊接热输入（影响高温停留时间和冷却速度），而且与钢材的成分和强化方式有着密切关系。

热轧钢过热区脆化主要是由在热输入较大时产生的魏氏组织，或由含碳量偏高和冷却速度较快时产生的马氏体组织引起的。

正火钢过热区脆化主要是由于在 1 200 ℃ 高温下，起沉淀强化作用的碳化物和氮化物质点分解并溶入奥氏体，在随后的冷却过程中来不及析出而固溶在基体中，使铁素体基体的硬度上升而韧性下降所致。因此减小热输入就能减少过热区在高温的停留时间，抑制碳化物和氮化物的溶解，有效防止过热区脆化。

2）热应变脆化

在焊接过程中，在热和应变共同作用下产生的一种应变时效为热应变脆化。其一般发生在固溶氮含量较高而强度级别不高的低合金钢中，如抗拉强度为 490 MPa 的 C – Mn 钢。热应变脆化是由氮、碳原子聚集在金属晶格的位错周围造成的，一般认为在 200 ~ 400 ℃ 时最为明显。若在钢中加入足够的氮化物形成元素（Al、Ti、V 等），则可以有效降低热应变脆化倾向，如 Q420 钢比 Q345 钢的热应变倾向小。消除热应变脆化的有效措施是焊后热处理，如 Q345 钢经 600 ℃ × 1 h 退火处理后，其韧性可恢复到原有的水平。

三、热轧及正火钢的焊接工艺要点

1. 焊接方法

热轧及正火钢焊接时对焊接方法无特殊要求，不同焊接方法对焊接质量无显著影响，可以采用各种焊接方法进行焊接，如焊条电弧焊、埋弧焊、CO_2 气体保护焊和电渣焊等，一般是根据产品的结构特点、批量、生产条件和经济效益等综合情况进行选择。

热轧及正火钢
焊接工艺

模块三　合金钢及其焊接工艺

2. 下料、坡口加工和定位焊

热轧及正火钢可以采用各种切割方法下料，如气割、碳弧气刨、等离子切割等。坡口加工采用机械加工、气割或碳弧气刨。对强度级别较高、厚度较大的焊件，火焰切割或碳弧气刨的坡口应用砂轮仔细打磨，目的是消除氧化皮及凹槽，并在坡口两侧 20~30 mm 内清除油污、铁锈等。

定位焊缝长度应不小于板厚的 4 倍，以防开裂，定位焊选用与焊缝相同的焊接材料，同时焊缝应对称均匀分布，焊接顺序应能防止过大的拘束，允许工件有适当的变形，采用的焊接电流可稍大于焊接时的焊接电流。

3. 焊接材料

选择焊接材料时必须考虑两方面的问题：一是保证焊缝不产生裂纹等焊接缺陷；二是能满足使用性能的要求。根据对热轧及正火钢的焊接性分析，在正常情况下，其焊缝金属的热裂和冷裂倾向不大，因此选择焊接材料的主要依据是保证焊缝金属的强度、塑性和韧性等力学性能与母材相匹配，而不要求与母材成分相同，因此选择焊接材料时应考虑以下问题：

1）等强性原则

按照焊缝与母材等强匹配的原则选择焊接材料，一般要求焊缝与母材强度相等或略低于母材。焊缝中碳的质量分数应低于 0.14%，其他合金元素也要低于在母材中的含量，以防止裂纹及强度过高。例如：

15MnTi 与 15MnV，相同的 $\omega_C = 0.12\% \sim 0.18\%$，$\omega_{Mn} = 1.2\% \sim 1.6\%$，$\omega_{Si} = 0.2\% \sim 0.6\%$。15MnTi 中 $\omega_{Ti} = 0.12\% \sim 0.20\%$，15MnV 中 $\omega_V = 0.04\% \sim 0.16\%$，屈服强度 ≥ 529 MPa。采用焊条 J557 成分：$\omega_C \leqslant 0.12\%$，$\omega_{Mn} = 1.2\%$，$\omega_{Si} = 0.5\%$，不含 Ti、V，必须保证焊缝的屈服强度在 549~608 MPa。ω_C 低，ω_{Mn} 低于母材，同时具有很高的塑性和韧性。

小知识 焊接时冷却速度很快，焊缝金属将形成过饱和的铸态组织，而完全脱离了平衡状态，如果焊缝与母材化学成分相同，则焊缝金属的性能将表现为强度很高，而塑性和韧性都很低，这对焊缝金属的抗裂性能和使用性能都是不利的。例如，适合焊接 Q420 钢的焊条 E5515，其中 C、Mn 的含量都比母材低，且不含沉淀强化元素 V，但用它焊接的焊缝金属的抗拉强度可达 549~608 MPa，同时具有高的塑性和韧性。

> **想一想**
>
> 影响熔合比的因素有哪些？

2）考虑熔合比和冷却速度的影响

焊缝的力学性能取决于它的化学成分和组织状态。焊缝化学成分不仅取决于焊接材料，而且与母材的熔入量（即熔合比）有很大关系，而焊缝组织则与冷却速度有很大关系。采用同样的焊接材料，在熔合比和冷却速度不同时，所得焊缝的性能也会有很大差别。因此，选择焊条或焊丝时应考虑到板厚和坡口形式的影响。焊接薄板时因熔合比较大，应选用强度较低的焊接材料，焊接厚板时则相反。

例如：焊接 Q345 钢，当不开坡口对接焊时，由于母材熔入量较多，埋弧焊时用普通的低碳钢焊丝 H08A 配合高硅高锰焊剂即能达到要求；如采用大坡口对接，由于母材熔入

量较少，若继续采用 H08A 焊丝，则焊缝强度将偏低，此时需要采用含 Mn 量高的 H08MnA 或 H10Mn2 焊丝来提高焊缝中的含 Mn 量，以保证焊缝与母材的等强度。

3）考虑焊后热处理对焊缝力学性能的影响

焊后热处理（如消除应力退火）会使焊缝的强度有所降低，当焊缝强度余量不大时，焊后热处理后焊缝强度可能低于母材，因此，对于焊后要求正火处理的焊缝，应选择强度高一些的焊接材料。

此外，如果对焊缝金属的使用性能有特殊要求，则应同时加以考虑。例如，在焊接 Q345Cu 时，要求焊缝金属与母材具有相同的耐蚀性能，则需选用含铜的焊条。热轧及正火钢常用的焊接材料见表 3-5。

热轧及正火钢的
焊接工艺

表 3-5　热轧及正火钢常用的焊接材料

牌号	强度级别 R_{el}/MPa	焊条	埋弧焊		CO₂ 焊焊丝
			焊剂	焊丝	
Q355	355	E50×× 型	HJ431	I 形坡口对接 H08A	H08Mn2Si H08Mn2SiA
				中板开坡口对接 H10Mn2	
			HJ350	厚板深坡口对接 H10Mn2	
Q390	390	E50×× 型	HJ430 HJ431	不开坡口对接 H08MnA；中板开坡口对接 H10Mn2、H10MnSi	H08Mn2Si H08Mn2SiA
			HJ250 HJ350	厚板深坡口 H08MnMoA	
Q420	440	E55×× 型 E60×× 型	HJ431	H10Mn2	H08Mn2Si H08Mn2SiA
			HJ350 HJ250	H08MnMoA、H08Mn2MoA	
18MnMoNb	490	E70×× 型	HJ250 HJ350	H08Mn2MoA、H08Mn2MoVA	H08Mn2SiMoA
X60	414	E4311	HJ431 SJ101	H08Mn2MoVA	—

4. 焊接参数

1）焊接热输入

确定焊接热输入主要考虑热影响区的脆化和冷裂两个因素。根据焊接性分析，各类钢材的脆化倾向和冷裂倾向是不同的，因此对热输入的要求也不同。

对于 $CE < 0.40\%$ 的热轧及正火钢，Q295、09Mn2Si 和 Q345，焊接热输入的选择可适当放宽。

对于 $CE > 0.40\%$ 的钢种，随其碳当量和强度级别的提高，所适用的焊接热输入的范围随之变窄。

对于 $CE = 0.40\% \sim 0.60\%$ 的热轧及正火钢，由于淬硬倾向加大，马氏体含量也增加，小热输入时冷裂倾向会增大，过热区的脆化也变得严重，在这种情况下热输入宁可偏大一些比较好（当然也可以采取小热输入＋预热）。

对于一些含 Nb、V、Ti 的正火钢，为了避免焊接中由于沉淀析出相的溶入以及晶粒过热引起的热影响区脆化，焊接热输入应偏小一些。

2）预热温度

预热的目的是防止裂纹，同时还有一定的改善组织和性能的作用。预热温度与钢材的淬硬性、板厚、拘束度、环境温度等因素有关，工程中必须结合具体情况经试验后才能确定，推荐的预热温度只能作为参考。多层焊时应保证道间温度不低于预热温度，但也要避免焊道间温度过高而产生的不利影响，如韧性下降等。

常用热轧及正火钢推荐的预热温度见表 3-6 及表 3-7。

表 3-6　几种常用热轧及正火钢的预热温度和焊后热处理参数

牌号	预热温度	焊后热处理规范	
		焊条电弧焊	电渣焊
Q345	$100 \sim 150$（$\delta \geqslant 30$ mm）	$600 \sim 650$ ℃退火	$900 \sim 930$ ℃正火 $600 \sim 650$ ℃回火
Q390	$100 \sim 150$（$\delta \geqslant 28$ mm）	550 ℃或 650 ℃退火	$950 \sim 980$ ℃正火 550℃或 650 ℃回火
Q420	$100 \sim 150$（$\delta \geqslant 25$ mm）	—	950 ℃正火 650 ℃回火
14MnMoV 18MnMoNb	$\geqslant 200$	$600 \sim 650$ ℃退火	$950 \sim 980$ T℃正火 $600 \sim 650$ 回火

表 3-7　板厚与预热温度的关系

板厚/mm	预热温度
16 以下	不低于 −10 ℃不预热，−10 ℃以下预热 $100 \sim 150$ ℃
$16 \sim 24$	不低于 −5 ℃不预热，−5 ℃以下预热 $100 \sim 150$ ℃
$25 \sim 40$	不低于 0 ℃不预热，0 ℃以下预热 $100 \sim 150$ ℃
40 以上	均预热 $100 \sim 150$ ℃

3）焊后热处理

除电渣焊由于接头严重过热需要进行焊后正火处理外，其他焊接接头应根据需要考虑是否进行焊后热处理。热轧及正火钢一般不需要进行焊后热处理，但对要求抗应力腐蚀的焊接结构、低温下使用的焊接结构和厚壁高压容器等，焊后需要进行消除应力的高温回火（550～650 ℃）。确定回火温度的原则如下：

1）不超过母材原来的回火温度，以免影响母材本身的性能。

2）对有回火脆性的材料，要避开出现回火脆性的温度区间。例如，对含 V 或 V + Mo 的低合金钢，在回火时要避免在 600 ℃ 左右的温度区间内停留较长时间，以防 V 的二次碳化物析出而造成脆化，如 Q420 钢的消除应力回火的温度为（550 ±25）℃。

小知识　钢的回火脆性

钢的回火脆性有两类：第一类回火脆性发生在 250～400 ℃ 温度区间，所有钢种都能出现；第二类回火脆性发生在 450～600 ℃ 温度区间，含有 Si、Mn、Cr 的钢缓慢冷却条件下容易出现，快冷时不会产生。

另外，对于抗拉强度大于 490 MPa 的高强度钢，由于产生延迟裂纹的倾向较大，为了在消除应力的同时起到消氢处理的作用，要求焊后立即进行回火处理。如焊后不能及时进行热处理，应立即在 250～350 ℃ 保温 2～6 h，以便焊接区的氢逸出。

常用热轧及正火钢的焊后热处理规范见表 3 - 6。

知　识　总　结

（1）热轧及正火钢的碳当量 $CE < 0.4\%$ 时焊接性良好；当 $CE = 0.4\% \sim 0.6\%$ 时，对冷裂纹较敏感，需选择小热输入 + 预热的焊接工艺。

（2）热轧及正火钢可以采用各种焊接方法进行焊接。

（3）焊接材料的选择遵循等强原则，对于焊后要求正火处理的焊缝，应选择强度高一些的焊接材料。

【任务实施】

钢梁上、下翼板及腹板的拼装，装配 H 形梁，四条角焊缝采用埋弧自动焊。上翼板与腹板的连接焊缝要求焊透，其中下翼受拉区的对接焊缝质量等级为 I 级，其他部位等强拼接，级别为 U 级。焊接材料见表 3 - 8。

表 3 - 8　焊接材料

焊接方法	焊接材料	焊条（丝）牌号	焊条（丝）直径/mm
手工焊	Q345	E5015	4.0
埋弧焊	Q345	H08MnA	4.0

1. 组装要求

（1）梁的高度误差不得超过 15 mm；

（2）接口截面错位 ≤2 mm；

（3）两端支承面最外侧距离为 10 mm ±0.5 mm。

2. 梁焊接

坡口一律采用半自动切割，坡口形式根据经验选择，因 36 m 钢梁板厚为 18～30 mm，故坡口加工宜开单面或双面坡口（见图 3－2），当钝边 $P=\delta/3$ 拼接及 H 形梁装配焊接时，为减少起弧、熄弧时对焊缝质量的影响，焊接前必须加引弧、熄弧板，工艺规范与母材相同。对打底焊焊缝，实施反面清根工艺。通过焊接模拟试验，得出反面气刨清根是焊透必备的工艺，清根后用砂轮打磨，形成 U 形坡口，对可能出现焊偏的部位用直径为 $\phi3.2$ mm 低氢型焊条打底，再实施焊接。

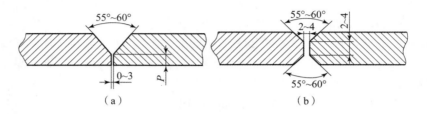

图 3－2　坡口形式

（a）腹板加工坡口形式；（b）上、下翼板坡口形式

3. 钢梁装配

工字梁装配需保证翼缘板中心与腹板中心相对位置，即中心重合，盖板与腹板相互垂直。加工现场采用制作简易的装配胎具，要求采用腹板水平，上、下翼板垂直地面，并可调节高度的装配方法，装配后的工字梁，点焊要牢固。几何尺寸检查合格后，可吊至船形胎具上待焊。点焊焊缝要求 $K\geq6$ mm，长 30～50 mm。

4. 焊接工艺

对钢梁工地拼装、腹板装配等不便于自动施焊的焊缝采用手工电弧焊，其余均采用埋弧自动焊，其最大焊角高度为 16 mm，钢梁材质为 Q345，碳当量为 0.345%～0.491%。在低温下或大刚性、大厚度结构上施焊，应适当降低焊接速度，增加焊接电流，有助于避免淬硬组织或裂纹。多数情况下，裂纹往往出现在头道焊缝或焊根上，所以头道焊缝及点固焊的焊接工艺很关键。施焊要求必须等同正式焊接要求。

5. 焊接顺序

腹板焊接：腹板拼焊时为减少焊后变形，原则上先焊短焊缝，后焊长焊缝，焊接顺序为 1－2－3，如图 3－3 所示。工字梁焊接顺序为 1－4－2－3，如图 3－4 所示。

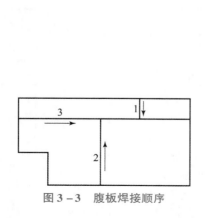

图 3－3　腹板焊接顺序　　　　图 3－4　工字梁焊接顺序

焊后的工字梁仍有少量的角变形，可用火焰矫正，在翼缘表面采用 5 号加热嘴中性焰，长条形法加热，加热温度为 $700 \sim 900 \, ℃$，以母材出现樱红色为宜。在 36 m H 形钢梁施工过程中，由于采取了有效的工艺措施，故保证了焊接质量。

【学生学习工作页】

任务结束后，上交本项目学习工作页，见表 3 – 9。

表 3 – 9　工字梁焊接工艺卡

任务名称		母材		保护气体	
学生姓名（小组编号）		时间		指导教师	
焊前准备 （如清理、坡口制备、预热等）					
焊后处理 （如清根、焊缝质量检测等）					

层次	焊接方法	焊接材料		电源及极性	焊接电流 /A	电弧电压 /V	焊接速度 /(cm·min⁻¹)	热输入 /(J·cm⁻¹)
		牌号	规格					

焊接层次、顺序示意图：焊接层次（正/反）：	技术要求及说明：

【学习评价】

采用自检、互检、教师检查的方式检查学习成果。评分表见表 3 – 10。

表 3 – 10　项目评分标准

考评类别	序号	考评项目	分值	考核办法	评价结果	得分
平时考核	1	出勤情况	10	教师点名；组长检查		
	2	小组活动中的表现	10	学生、小组、教师三方共同评价		
技能考核	3	分析焊接性情况	20	学生自查；小组互查；教师终检		
	4	制定焊接工艺情况	20	学生自查；小组互查；教师终检		
素质考核	5	工作态度	10	学生、小组、教师三方共同评价		
	6	个人任务独立完成能力	10	学生、小组、教师三方共同评价		
	7	团队成员间协作表现	10	学生、小组、教师三方共同评价		
	8	安全生产	10	学生、小组、教师三方共同评价		
合计			100	任务一总得分		

【典型实例】

　　Q345R 热轧钢制液化石油气球罐的容积为 1 000 m³，设计使用的最大压力为 1.74 MPa，设计使用温度为 0 ~ 40 ℃，板厚为 38 mm，坡口形式及尺寸如图 3 – 5（a）所示。

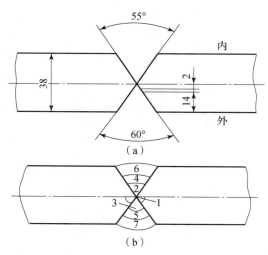

图 3 – 5　坡口形式、尺寸及焊接顺序

（a）坡口形式及尺寸；（b）焊接顺序

　　1. 定位焊

　　采用的 E5015（J507）焊条，由于球罐钢板较厚、拘束度较大，虽然是在夏季施工，但为了防止冷裂，仍要预热至 100 ~ 150 ℃，焊接电流为 160 ~ 180 A，焊缝长度为 100 mm，焊缝间距为 400 mm。

2. 球板接料

连接两块球板的对接焊缝时，用焊条电弧焊打底，焊条电弧焊或埋弧焊填充坡口。焊接最好在专用胎具上进行，焊条电弧焊所用的焊条和焊接参数与定位焊相同。埋弧焊采用 H10Mn2 焊丝与 HJ431 焊剂配合，焊接电流为 650 A，电弧电压为 36～38 V，焊接速度为 16～20 mm/h。焊条电弧焊打底时在坡口两侧各 100 mm 范围内预热到 100～150 ℃。后面焊缝无论是采用焊条电弧焊还是埋弧焊，层间温度均不得低于预热温度。施焊顺序如图 3－5（b）所示，先用焊条电弧焊施焊 1、2 两焊道，然后用碳弧气刨在外侧清理焊根，以后用焊条电弧焊或埋弧焊施焊 3、4、5、6、7 各焊道。

3. 球体装配焊接

球板压制成形以后，进行球体装配，经检验完全合格后，即可开始焊接。焊接时全部采用焊条电弧焊，采用 E5015（J507）焊条，焊接顺序为先焊纵缝、后焊环缝。焊接每条焊缝时先由一名焊工从外侧打底，然后由另一名焊工在内侧清根，待清根后由两名焊工同时在内、外侧焊接。焊接前，必须将焊缝两侧 100 mm 范围内预热到 100～150 ℃，层间温度均不得低于这个温度范围。每焊完一条焊缝立即进行 250～300 ℃×2 h 或 300～350 ℃× 1.5 h 的后热处理。

4. 焊后热处理

为了降低焊接残余应力、防止冷裂纹产生，焊后及时进行 600～650 ℃ 消应力退火热处理，恒温 2 h。

项目三　低碳调质钢的焊接

【任务概述】

球形高压容器采用 15MnMoVN 低碳调质钢制造，壁厚为 66 mm，环缝焊接坡口形状和尺寸如图 3－6 所示，制定其焊接工艺。

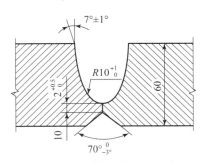

图 3－6　环缝焊接坡口形式

【任务分析】

15MnMoVN 属于低碳调质钢，该钢种经淬火＋高温回火热处理工艺，属于热处理强化钢。这类钢既具有较高的强度，又有良好的塑性和韧性。该钢种最高的碳的质量分数不超过 0.18%，其焊接性较好；但因强度较高，焊接接头的残余应力明显增高，加剧了冷裂纹倾向。制定合理的焊接工艺可有效降低钢种焊接残余应力和冷裂纹倾向。

【学习目标】

（1）掌握低碳调质钢的焊接性；

（2）能够正确制定低碳调质钢的焊接工艺。

【知识准备】

热轧及正火钢是依靠添加合金元素并通过固溶强化、沉淀强化途径来提高钢的强度的，但当这种强化作用达到一定程度后，会导致塑性和韧性的降低。因此屈服强度大于490 MPa 的高强钢必须采用调质处理，通过组织强化获得很高的综合力学性能。低碳调质钢属于热处理强化钢，这类钢既有较高的强度，又有良好的塑性和韧性，在工程结构中的应用日益广泛。

一、低碳调质钢的成分和性能

为了保证良好的综合性能和焊接性，低碳调质钢要求钢中碳的质量分数不大于0.22%（实际上一般 $\omega_C \leqslant 0.18\%$），此外要添加一些合金元素，如 Mn、Cr、Ni、Mo、V、Nb、B、Cu 等，目的是提高钢的淬透性和马氏体的耐回火性。这类钢由于含碳量低，淬火后得到低碳马氏体，而且会发生"自回火"，脆性小，具有良好的焊接性。

部分低碳调质钢的化学成分和力学性能见表 3 - 11 和表 3 - 12。其中抗拉强度为600 MPa、700 MPa 的低碳调质钢 HQ60、HQ70 主要用于工程机械、动力设备、交通运输机械和桥梁等。这类钢可在调质状态下焊接，焊后不再进行调质处理，必要时可进行消除应力处理。抗拉强度为 800 MPa 的低碳调质钢（如 14MnMoNbB、HQ80 和 HQ80C）在工程中也获得了广泛应用。

为了改善野外施工焊接条件和提高低温韧性，开发了一种含碳量极低（$\omega_C \leqslant 0.09\%$）的调质钢，即焊接无裂纹钢（简称 CF 钢），焊接时采用超低氢焊接材料，在板厚为 50 mm 以下或 0 ℃时焊前均可不预热。

表 3 - 11   几种低碳调质钢的化学成分

钢号	化学成分（质量分数）/%										P_{cm}/%	CE/%
	C	Mn	Si	S	P	Ni	Cr	Mo	V	其他		
14MnMoVN	0.14	1.41	0.30	0.035	0.012	—	—	0.17	0.13	N：0.015 5	0.265	0.50
14MnMoNbB	0.12 ~ 0.18	1.30 ~ 1.80	0.15 ~ 0.35	≤0.03	≤0.03	—	—	0.45 ~ 0.7	—	Nb：0.02 ~ 0.06 B：0.000 5 ~ 0.003	0.275	0.56
WCF60[①]、WCF62	—	1.10 ~ 1.50	0.15 ~ 0.35	≤0.02	≤0.03	≤0.50	≤0.30	≤0.03	0.02 ~ 0.06	B≤0.003	0.226	0.47

续表

| 钢号 | 化学成分（质量分数）/% | | | | | | | | | | P_{cm}/% | CE/% |
	C	Mn	Si	S	P	Ni	Cr	Mo	V	其他		
HQ70A②	0.09 ~ 0.16	0.60 ~ 1.20	0.15 ~ 0.40	≤0.03	≤0.03	0.30 ~ 1.00	0.30 ~ 0.60	0.20 ~ 0.40	V + Nb ≤0.10	Cu：0.15～0.50 B：0.000 5～ 0.003	0.282	0.52
HQ80C	0.10 ~ 0.16	0.60 ~ 1.20	0.15 ~ 0.35	≤ 0.015	≤ 0.025	—	0.60 ~ 1.20	0.30 ~ 0.60	0.03 ~ 0.08	Cu：0.15～0.50 B：0.000 5～ 0.003	0.297	0.58

注：①WCF 表示武汉钢铁公司生产的无裂纹钢。

②HQ 表示高强度钢

表 3 – 12　几种低碳调质钢的力学性能

钢号	板厚/mm	屈服强度 R_{el}/MPa	抗拉强度 R_m/MPa	伸长率 A/%	冲击吸收能量/J
14MnMoVN	36	598	701	20	77（20 ℃） 77（–40 ℃）
14MnMoNbB	≤50	≥686	≥755	≥14	39（–40 ℃）
WCF60、WCF62	16 – 50	≥490	610～725	≥18	≥40（–40 ℃）
HQ70A	≥18	≥590	≥685	≥17	≥39（–20 ℃） ≥29（–40 ℃）
HQ80C	—	≥685	≥785	≥16	≥47（–20 ℃） ≥29（–40 ℃）

二、低碳调质钢的焊接性

低碳调质钢主要是作为高强度的焊接结构用钢，因此其中碳的质量分数较低，在合金成分的设计上也考虑了焊接性的要求。低碳调质钢是热处理强化钢，通过调质处理获得强化效果，因此焊接时在热影响区内除会发生脆化外，还有软化问题，在选择焊接材料时应着重考虑。

低碳调质钢的焊接性

1. 焊接裂纹

1）焊接热裂纹

低碳调质钢一般含碳量都较低，而含 Mn 量较高，且对 S、P 的限制也较严格，因此焊缝金属的热裂纹倾向较小。但对一些高 Ni 低 Mn 类型的低合金高强钢来讲，Ni 的作用会增加热裂纹倾向。此时，只要选择合适的焊接材料，提高焊缝金属的含 Mn 量，控制 C 和 S 的含量，保持高的 Mn/S 比，尤其是含 Ni 量较高时对此要求更为严格。焊接热输入对液化裂纹的形成也起着重要作用，热输入越大，过热区晶粒长得越大，晶界熔化越严重，液态晶间层存在的时间越长，液化裂纹产生的倾向也越大。因此在焊接时要严格控制焊接热输入。

2）焊接冷裂纹

低碳调质钢在严格控制焊缝扩散氢含量的情况下，对冷裂纹不敏感。该类钢中加入了较多的提高淬透性的合金元素，提高了过冷奥氏体的稳定性。在焊接条件下，焊缝组织为马氏体或贝氏体。马氏体虽然属于淬火组织，但由于含碳量低，故仍保持了较高的韧性。另外，这类钢的 M_s 点比较高（400 ℃），如果焊接时控制在 M_s 点附近的冷却速度比较低，马氏体形成后可以进行一次"自回火"过程，使韧性得到改善，因此可以避免产生冷裂纹；反之，如果在 M_s 点附近的冷却速度较快，不能实现"自回火"过程，则在焊接应力作用下可能产生冷裂纹。

低碳调质钢对扩散氢比较敏感，如果焊缝中扩散氢含量较多，冷裂纹敏感性还是相当高的。因此，焊接时必须选用低氢或超低氢焊接材料，并严格控制焊接区氢的来源。

3）消除应力裂纹

低碳调质钢中大多含有 Cr、Ni、Mo、V、Nb、B 等提高消除应力裂纹敏感性的元素，其中影响最大的是 V，其次是 Mo，二者共存时情况更严重。一般认为 Mo－V 系的钢，特别是 Cr－Mo－V 系的钢对消除应力裂纹最敏感；Mo－B 和 Cr－Mo 系的钢也有一定的敏感性。焊接时可通过一定的工艺措施，如控制预热和后热温度、降低消除应力退火温度等，来防止消除应力裂纹的发生。

> **想一想**
>
> 马氏体的转变温度 M_s 是恒定的吗？与哪些因素有关？

2. 热影响区性能

低碳调质钢热影响区的组织性能不均匀，突出特点是同时存在脆化和软化现象。

1）热影响区脆化

低碳调制钢经调质处理后的组织是低碳马氏体或下贝氏体，它们都有较高的韧性，因此产生正常的淬火组织不是引起脆化的原因。

低碳调质钢热影响区脆化的原因是，当过热区在 500～800 ℃ 温度区间，冷却速度较低时，会形成由铁素体和高碳马氏体或高碳贝氏体组成的混合组织，促使过热区严重脆化。冷却速度越低，析出的铁素体越多，晶粒越粗大，脆化就越严重。提高冷却速度，抑制铁素体的析出，可以得到韧性较高的低碳马氏体或贝氏体组织，但过分提高冷却速度会使塑性降低而引起冷裂纹。在实际生产中，焊接时应控制合适的冷却速度，保证焊接接头既有良好的韧性，又能防止冷裂纹的产生。

此外，低碳调质钢中 Ni 含量较高时，将形成高 Ni 马氏体或贝氏体，它们都具有较高的韧性，可以防止脆化的产生。

2）热影响区软化

热影响区软化是指其强度和硬度下降的现象，是焊接调质钢时普遍存在的问题。热影响区内凡是加热温度高于母材回火温度至 Ac_1 的区域，由于组织转变及碳化物的沉淀和聚集长大而引起软化，而且温度越接近 Ac_1 区域，软化越严重，如图 3-7 所示。从强度方面考虑，热影响区中的软化区是焊接接头中的一个薄弱环节，对焊后不再进行调质处理的调质钢来说尤为重要。钢材的强度级别越高，焊前母材强化程度越大（母材调质处理的回火温度越低），焊后热影响区的软化越严重。

低碳调质钢热影响区的软化是由母材的强化特性决定的，只能通过一定的工艺措施来防止。软化区的宽度和软化程度与焊接方法和热输入有很大关系，低碳调质钢焊接时不宜采用大的焊接热输入和较高的预热温度。

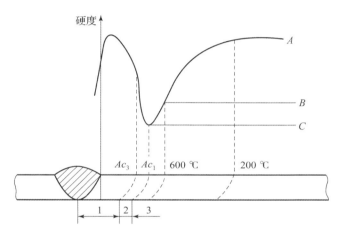

图 3-7　调质钢焊接热影响区的硬度分布

A—焊前淬火 + 低温回火；B—焊前淬火 + 高温回火；C—焊前退火

1—淬火区；2—部分淬火区；3—回火区

三、低碳调质钢的焊接工艺要点

低碳调质钢的
焊接工艺

低碳调质钢的特点是含碳量低，基体组织是强度和韧性都较高的低碳马氏体和贝氏体，这对焊接是有利的。但是对调质钢而言，只要加热温度超过它的回火温度，性能就会发生变化。焊接时由于热循环的作用，必然会使热影响区的强度和韧性下降，因此，低碳调质钢焊接时要注意两个基本问题：一是马氏体转变时的速度不能太快，使马氏体能够发生"自回火"过程，以免产生冷裂纹；二是要使热影响区在 800~500 ℃的冷却速度大于产生脆性混合组织的临界冷却速度。这两个问题是制定低碳调质钢焊接工艺的主要依据。

1. 焊前准备

对于屈服强度大于 600 MPa 的低碳调质钢，接头应力集中程度和焊缝布置都对接头质量有明显影响。在接头设计上应尽可能减小应力集中，并应便于进行焊后检验。接头形式尽量采用对接接头，坡口以 U 形或 V 形为好，为减小应力还可采用双 U 形或双 V 形坡口。强度较高的钢在焊缝成形不良时，在焊趾处易产生严重的应力集中，因此任何形式的接头或坡口都要求在焊缝与母材的交界处平滑过渡。

低碳调质钢可以用气割方法切割坡口，但切口边缘有硬化层，应通过加热或机械加工来消除。当板厚小于 100 mm 时，切割前无须预热；板厚大于 100 mm 时，应进行 100 ~ 150 ℃的预热。强度级别较高的钢，应尽量采用机械切割或等离子切割方法，以减小硬化层厚度。

2. 焊接方法

低碳调质钢在焊接时需要解决的问题：一是防止裂纹；二是在保证获得高强度的同时，提高焊缝金属和热影响区的韧性。对于低碳调质钢焊后出现的强度和韧性下降问题，可以通过重新调质处理进行解决；对焊后不能再进行调质处理的，要限制焊接过程中热量对母材的作用。下屈服强度 $R_{el} \geqslant 980$ MPa 的低碳调质钢焊接时，需要采用钨极氩弧焊或真空电子束焊才能获得满足要求的焊接接头；对于下屈服强度 $R_{el} \leqslant 980$ MPa 的低碳调质钢，焊条电弧焊、埋弧焊、熔化极气体保护焊和钨极氩弧焊等都可以采用，但对于下屈服强度 $R_{el} \geqslant 686$ MPa 的低碳调质钢，熔化极气体保护焊（如 Ar + CO_2 混合气体保护焊）是最合适的焊接方法。如果一定要采用多丝埋弧焊和电渣焊等热输入大、冷却速度慢的焊接方法，则焊后必须进行调质处理。

3. 焊接材料

低碳调质钢焊后一般不再进行调质处理，因此在选择焊接材料时要求焊缝金属在焊态下的力学性能应接近于母材。在特殊情况下，当结构的刚度很大、冷裂纹很难避免时，应选择比母材强度稍低一些的焊接材料。也就是说，低碳调质钢焊接材料的选择原则是"等强匹配"或"低强匹配"，任何情况下都不可选择"超强匹配"。不同强度级别低碳调质钢焊接材料的选用见表 3 – 13。

表 3 – 13　不同强度级别低碳调质钢焊接材料的选用

钢种	焊条电弧焊	埋弧焊		气体保护焊	
		焊丝	焊剂	焊丝	保护气体
14MnMoVN	E7015 – D2 E7015 – G	H08Mn2NiMoA H08Mn2NiMoVA	HJ250 HJ350	H08Mn2SiA H08Mn2MoA	CO_2 或 Ar + CO_2
14MnMoNbB	E7015 – D2 E7015 – G E7515 – G E8015 – G	H08Mn2MoA H08Mn2Ni2CrMoA	HJ350	H08Mn2MoA H08MnNi2Mo	CO_2 或 Ar + CO_2
HQ80	E8015 – G E7515 – G	—	—	H08MnNi2MoA	CO_2 或 Ar + CO_2（20%）
HQ100	E9015 – G E1005 – G	—	—	H08MnNi2CrMoA	Ar + CO_2（5% ~ 20%）

4. 焊接参数

在不预热的条件下焊接低碳调质钢，焊接参数对热影响区组织和性能影响很大，其中焊接热输入是决定接头性能的关键。

1）焊接热输入

从防止热影响区脆化的角度出发，要求冷却速度较快为好；而从防止冷裂角度来讲，要求冷却速度越慢越好。因此，确定冷却速度应该兼顾两者的要求，选择一个合适的范围，上限要不产生冷裂，下限要不产生引起脆化的混合组织。

选择焊接热输入的原则：在保证不出现裂纹和满足热影响区韧性的条件下，应选择尽可能大的焊接热输入。每种钢所能采用的最大焊接热输入可以通过试验确定，然后根据最大热输入时冷裂纹倾向大小再考虑是否需要预热和预热温度的大小。例如，HQ70 钢焊接时的预热温度和最大焊接热输入见表 3 – 14。

表 3 – 14　HQ70 钢焊接时的预热温度和最大焊接热输入

钢种	板厚/mm	预热温度/℃			焊道间温度/℃	最大焊接热输入/(kJ·cm^{-1})
		焊条电弧焊	气体保护焊	埋弧焊		
HQ70	6 ~ 13	50	25	50	≤150	≤25
	13 ~ 26	75 ~ 100	50	50 ~ 75	≤200	≤45
	26 ~ 50	125	75	100	≤220	≤48
HQ80C	6 ~ 13	50	50	50	≤150	≤25
	13 ~ 26	75 ~ 100	50 ~ 75	75 ~ 100	≤200	≤45
	26 ~ 50	125	100	125	≤220	≤48

为了限制过大的焊接热输入，低碳调质钢不宜采用大直径的焊条或焊丝施焊，应尽量采用多层多道焊工艺，采用窄焊道而不用横向摆动的运条技术。对双面施焊的焊缝，背面焊道应采用碳弧气刨清理焊根并打磨气刨表面后再进行焊接，这不仅可以使热影响区和焊缝有较好的韧性，还可以减小焊接变形。

2）预热和后热温度

低碳调质钢在板厚不大、接头拘束度较小的情况下焊接时可以不预热。例如，板厚小于 10 mm 的 HQ60、HQ70 钢在采用低氢型焊条电弧焊、CO_2 气体保护焊和 CO_2 + Ar 混合气体保护焊时，可以不预热进行焊接。

但当焊接热输入提高到最大允许值还不能避免裂纹时，就必须采取预热措施。对低碳调质钢预热的目的是防止冷裂，对改善热影响区的组织性能作用不大；同时，从它对 800 ~ 500 ℃ 的冷却速度的影响来看，对热影响区韧性还可能有不利的影响。因此，低碳调质钢一般采用较低的预热温度（$T_0 \leq 200$ ℃）。

预热主要是希望低碳调质钢能降低马氏体转变时的冷却速度，使马氏体能实现"自回火"来提高抗裂性能。预热温度过高，不仅对防止冷裂没有必要，反而会使 800 ~ 500 ℃ 的冷却速度低于出现脆性混合组织的临界冷却速度，而使热影响区韧性下降。所以要避免不必要的提高预热温度，包括道间温度。两种低碳调质钢的最低预热温度和焊道间温度见表 3 – 15。

表 3-15　两种低碳调质钢的最低预热温度和焊道间温度　　　　　　　℃

板厚/mm	14MnMoVN	14MnMoNbB
< 13	—	—
13 ~ 16	50 ~ 100	100 ~ 150
16 ~ 19	100 ~ 150	150 ~ 200
19 ~ 22	100 ~ 150	150 ~ 200
22 ~ 25	150 ~ 200	200 ~ 250
25 ~ 35	150 ~ 200	200 ~ 250

　　低碳调质钢焊接结构一般是在焊态下使用，正常情况下不进行焊后热处理，除非焊后接头区强度和韧性过低、结构要求耐应力腐蚀，以及焊后需要进行高精度加工来保证结构尺寸等时，才进行焊后热处理。为了保证材料的强度性能，焊后热处理温度必须比母材原调质处理的回火温度低 30 ℃。

知 识 总 结

　　(1) 焊接时选用低氢或超低氢焊接材料，并严格控制焊接区氢的来源。
　　(2) 低碳调制钢焊接方法的选择与钢材的屈服强度有关，根据钢材的强度级别选择最合适的焊接方法。
　　(3) 低碳调质钢焊接材料的选择原则是"等强匹配"或"低强匹配"。
　　(4) 低碳调质钢焊接一般采用较低的预热温度（$T_0 \leqslant 200$ ℃），使马氏体实现"自回火"，提高抗裂性。

【任务实施】

　　球形高压容器环缝焊接顺序如图 3-8 所示，其焊接工艺如下。

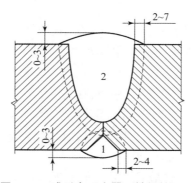

图 3-8　球形高压容器环缝焊接顺序

1. 焊接方法

　　焊接方法采用焊条电弧焊和埋弧焊。先用焊条电弧焊焊接第一面坡口，然后用碳弧气刨在背面清根后，用埋弧焊焊满坡口。

2. 焊接材料

焊条电弧焊用 E7015 – D_2（J707），$\phi4$ mm、$\phi5$ mm 焊条；埋弧焊采用 H08Mn2NiMo，焊丝配合 HJ431 焊剂。

3. 预热温度

焊前将焊件加热到 100~150 ℃，然后进行焊接，层间温度控制在 150~350 ℃。

4. 焊接参数

环形高压容器焊接参数见表 3 – 16。

表 3 – 16　环形高压容器焊接参数　　　　　　　　　　℃

焊接电源	焊接方法	焊接材料	焊材直径 /mm	焊接电流/A	电弧电压/V	焊接速度 /(m·h⁻¹)
直流反接	焊条电弧焊	E7015 – D_2（J707）	$\phi4$	170~190	22~26	—
直流反接	焊条电弧焊	E7015 – D_2（J707）	$\phi5$	220~240	22~26	—
直流反接	埋弧焊	H08Mn2NiMo（HJ431）	$\phi4$	550~600	35~37	26~29

5. 焊后热处理

焊后立即进行消氢处理，温度为 350~400 ℃，保温 3 h；然后进行消除应力热处理，加热温度为 600~620 ℃，恒温 4 h。

【学生学习工作页】

任务结束后，上交本项目学习工作页，见表 3 – 17。

表 3 – 17　球形高压容器环缝焊接工艺卡

任务名称				母材		保护气体		
学生姓名（小组编号）				时间		指导教师		
焊前准备 （如清理、坡口制备、预热等）								
焊后处理 （如清根、焊缝质量检测等）								
层次	焊接方法	焊接材料		电源及极性	焊接电流 /A	电弧电压 /V	焊接速度 /(cm·min⁻¹)	热输入 /(J·cm⁻¹)
		牌号	规格					

续表

焊接层次、顺序示意图：焊接层次（正/反）：	技术要求及说明：

【学习评价】

采用自检、互检、教师检查的方式检查学习成果，评分标准见表 3 - 18。

表 3 - 18　项目评分标准

考评类别	序号	考评项目	分值	考核办法	评价结果	得分
平时考核	1	出勤情况	10	教师点名；组长检查		
	2	小组活动中的表现	10	学生、小组、教师三方共同评价		
技能考核	3	分析焊接性情况	20	学生自查；小组互查；教师终检		
	4	制定焊接工艺情况	20	学生自查；小组互查；教师终检		
素质考核	5	工作态度	10	学生、小组、教师三方共同评价		
	6	个人任务独立完成能力	10	学生、小组、教师三方共同评价		
	7	团队成员间协作表现	10	学生、小组、教师三方共同评价		
	8	安全生产	10	学生、小组、教师三方共同评价		
合计			100	任务一总得分		

项目四　中碳调质钢的焊接

【任务概述】

某水轮机厂生产的出口水轮机，根据用户要求，法兰轴采用 42CrMo 中碳调质高强钢，外形尺寸如图 3 - 9 所示。基于法兰轴形状特殊、轴颈与法兰尺寸相差甚远，以及该厂的锻造条件有限等原因，该法兰轴宜在法兰和轴分体锻造加工后再焊接而成，试制定其焊接工艺。

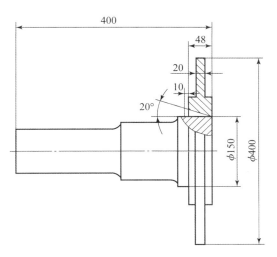

图 3 – 9　法兰轴结构示意图

【任务分析】

法兰轴采用 42CrMo 钢，属于中碳调质高强钢，含碳量高（$\omega_C = 0.42\%$）、合金元素多，钢的淬硬倾向大。焊后在热影响区的淬火区会产生大量的马氏体，导致严重脆化，增大了焊接接头的冷裂倾向。如果热影响区被加热到超过调质处理时回火温度的区域，将出现强度、硬度低于母材的软化区。所以，中碳调质高强钢可焊性较差，焊接时需特别注意焊条或焊接工艺选用，以最大程度降低裂纹倾向。

【学习目标】

（1）掌握中碳调质钢的焊接性特点；

（2）能够正确制定焊接工艺。

【知识准备】

中碳调质钢中碳和其他合金元素的含量都较高，通过调质处理可获得较高的强度。其中，加入合金元素的作用是保证淬透性和提高耐回火性，而其强度主要还是取决于含碳量。随着含碳量的增加，钢的焊接性明显变差，焊接时必须采取严格的工艺措施，焊后必须经过调质处理才能获得满足使用要求的接头性能。

一、中碳调质钢的成分和性能

小知识

比强度是指材料的抗拉强度与密度的比值。比强度高的材料可以在满足强度要求的条件下减轻结构自重。例如铝合金具有很高的比强度，可以用于航空航天领域的结构制造。

中碳调质钢都是在淬火＋回火状态下使用，屈服强度为 880 ~ 1 176 MPa，具有高的比强度和高硬度，可以用作火箭外壳和装甲钢等。其中碳的质量分数为 0.25% ~ 0.5%，并加入合金元素（如 Mn、Si、Ni、Cr、Mo、V、Ti 等），以保证钢的淬透性和消除回火脆性，再通过调质处理获得较好的综合性能。中碳调质钢的淬硬性比低碳调质钢高得多，淬火后得到马氏体组织，再经回火得到的是片状马氏体，属于硬脆组织，因此钢的韧性较

低，给焊接带来了很大困难。常用中碳调质钢的化学成分和力学性能分别见表 3 - 19 和
表 3 - 20。

表 3 - 19　中碳调质钢的化学成分（质量分数）　　　　　　　　%

钢牌号	C	Mn	Si	Cr	Ni	Mo	V	S	P
30CrMnSiA	0.28 ~ 0.35	0.8 ~ 1.1	0.9 ~ 1.2	0.8 ~ 1.1	≤0.30	—	—	≤0.030	≤0.035
30CrMnSiNi2A	0.27 ~ 0.34	1.0 ~ 1.3	0.9 ~ 1.2	0.9 ~ 1.2	1.4 ~ 1.8	—	—	≤0.025	≤0.025
40CrMnSiMoVA	0.37 ~ 0.42	0.8 ~ 1.2	1.2 ~ 1.6	1.2 ~ 1.5	≤0.25	0.45 ~ 0.60	0.07 ~ 0.12	≤0.030	≤0.025
35CrMoA	0.30 ~ 0.40	0.4 ~ 0.7	0.17 ~ 0.35	0.9 ~ 1.3	—	0.2 ~ 0.3	—	≤0.030	≤0.035
35CrMoVA	0.30 ~ 0.38	0.4 ~ 0.7	0.2 ~ 0.4	1.0 ~ 1.3	—	0.2 ~ 0.3	0.1 ~ 0.2	≤0.030	≤0.035
34CrNi3MoA	0.3 ~ 0.4	0.5 ~ 0.8	0.27 ~ 0.37	0.7 ~ 1.1	2.75 ~ 3.25	0.25 ~ 0.4	—	≤0.030	≤0.035
40CrNiMoA	0.36 ~ 0.44	0.5 ~ 0.8	0.17 ~ 0.37	0.6 ~ 0.9	1.25 ~ 1.75	0.15 ~ 0.25	—	≤0.030	≤0.030
30Cr3SiNiMoVA	0.32	0.70	0.96	3.10	0.91	0.70	0.11	0.003	0.019

表 3 - 20　中碳调质钢的力学性能

钢号	热处理规范	下屈服强度 R_{el}/MPa	抗拉强度 R_m/MPa	伸长率 A/%	断面收缩率 Z/%	冲击吸收能量/J	硬度/HBW
30CrMnSiA	870 ~ 890 ℃油淬 510 ~ 550 ℃回火	≥833	≥1 078	≥10	≥40	≥49	346 ~ 363
	870 ~ 890 ℃油淬 200 ~ 260 ℃回火	—	≥1 568	≥5	—	≥25	≥444
30CrMnSiNi2A	890 ~ 910 ℃油淬 200 ~ 300 ℃回火	≥1 372	≥1 568	≥9	≥45	≥59	≥444
40Cr	850 ℃油淬 520 ℃回火	≥785	≥980	≥9	≥45	≥47	≥207

钢号	热处理规范	下屈服强度 R_{el}/MPa	抗拉强度 R_m/MPa	伸长率 A/%	断面收缩率 Z/%	冲击吸收能量/J	硬度/HBW
40CrMnSiMoVA	890～970 ℃油淬 250～270 ℃回火，空冷	—	≥1 862	≥8	≥35	≥49	≥52 HRC
35CrMoA	860～880 ℃油淬 560～580 ℃回火	≥490	≥657	≥15	≥35	≥49	197～241
35CrMoVA	880～900 ℃油淬 640～660 ℃回火	≥686	≥814	≥13	≥35	≥39	255～302
34CrNi3MoA	850～870 ℃油淬 580～670 ℃回火	≥833	≥931	≥12	35	39	285～341
40CrNiMoA	840～860 ℃油淬 550～650 ℃水冷 或空冷	833	980	12	55	78	269
30Cr3SiNiMoVA	910 ℃油淬 280 ℃回火	—	≥1 666	≥9	—	—	—

按照合金系统，中碳调质钢大概可以归纳为以下几种。

1. Cr 钢

40Cr 是一种广泛使用的含 Cr 调质钢，具有良好的综合力学性能、较高的淬透性和较高的疲劳强度，用于制造较重要的在交变载荷下工作的机器零件，如齿轮和轴类。Cr 能增加高温或低温的耐回火性，但 Cr 钢有回火脆性。该钢中 $\omega_{Cr} \leqslant 5\%$ 时能有效提高钢的淬透性，继续增加则无实际意义；当 ω_{Cr} 为 1% 时，对钢的塑性和韧性略有提高；当 $\omega_{Cr} > 2\%$ 时，对塑性影响不大，而略使钢的冲击韧度降低。

2. Cr – Mo 钢

35CrMoA 和 35CrMoVA 属于 Cr – Mo 钢，是在 Cr 钢基础上发展起来的中碳调质钢，具有良好的强度与韧性匹配，一般在动力设备中用于制造一些承受负荷较高、截面较大的重要零部件，如汽轮机叶轮、主轴和发电机转子等。Cr 钢中加入少量 Mo（0.15% ～ 0.25%），可以消除 Cr 钢的回火脆性，提高其淬透性和高温强度；V 可以细化晶粒，提高强度、塑性和韧性，增加高温耐回火性。但由于钢中的含碳量较高，淬透性较大，因此焊接性较差，一般要求焊前预热和焊后热处理。

3. Cr – Mn – Si 钢

30CrMnSiA、30CrMnSiNi2A 和 40CrMnSiMoVA 都属于 Cr – Mn – Si 钢，这类钢的显著特

点是强度很高，但焊接性差，在飞机制造中应用较多。

Cr－Mn－Si 系钢具有回火脆性，在 300～450 ℃ 内出现第一类回火脆性，因此回火时必须避开这一温度范围。这类钢还有第二类回火脆性，因此高温回火时必须采取快速冷却的办法，否则韧性会显著降低。这类钢除了在调质状态下使用外，有时在损失一定韧性的情况下，为了提高钢的强度、减轻结构重量，采用 200～250 ℃ 的低温回火，以便得到具有很高强度的回火马氏体组织。当工件厚度小于 25 mm 时，可采用等温淬火得到下贝氏体组织，此时强度与塑性、韧性可得到良好配合。

30CrMnSiA 是一种典型的 Cr－Mn－Si 系中碳调质钢，其中不含贵重的 Ni，在我国得到了广泛应用。在退火状态下，它的组织是铁素体＋珠光体，调质状态下的组织为回火索氏体。

30CrMnSiNi2A 是在 Cr－Mn－Si 系的基础上增加 Ni，大大提高了钢的淬透性，与 30CrMnSiA 相比，其调质后的强度有较大提高，并保持了良好的韧性，但它的焊接性较差，具有较大的冷裂倾向。40CrMnSiMoVA 属于低 Cr 无 Ni 中碳调质高强度钢，其中增加了淬透性强的元素 Mo，与 30CrMnSiNi2A 相比，因含碳量高且不含 Ni，焊接性更差一些，可用来代替 30CrMnSiNi2A 制造飞机上的一些构件。

4. Cr－Ni－Mo 钢

40CrNiMoA 和 34CrNi3MoA 属于 Cr－Ni－Mo 系钢，具有良好的综合性能，如强度高、韧性好、淬透性大等，主要用于制造高负荷、大截面的轴类和承受冲击载荷的构件，如汽轮机、喷气涡轮机轴、喷气式客机的起落架及火箭发动机外壳等。

二、中碳调质钢的焊接性

1. 焊缝中的热裂纹

中碳调质钢中的碳及合金元素含量都较高，因此液－固相温度区间大，结晶时成分偏析也较严重，焊接时易产生结晶裂纹，具有较大的热裂纹倾向。为防止热裂纹，焊接时尽量采用含碳量低和杂质 S、P 含量低的焊接材料；在焊接工艺上，应注意填满弧坑和保证良好的焊缝成形，因为热裂纹容易出现在未填满的弧坑处，尤其是在多层焊第一层焊道的弧坑中以及焊缝的凹陷部位。

中碳调质钢的焊接性

2. 焊接冷裂纹

由于中碳调质钢含碳量及合金元素含量都较高，尤其是加入了增加淬透性的元素，因此淬硬倾向十分明显，焊接热影响区易出现硬脆的马氏体组织，增大了焊接接头的冷裂纹倾向。母材含碳量越高，淬硬性越大，焊接冷裂纹倾向也越大。同时，中碳调质钢由于 M_s 点较低，形成的马氏体难以产生"自回火"作用，并且马氏体中的含碳量较高，形态多为片状甚至针状，使得马氏体的硬度和脆性更大，因此中碳调质钢比低碳调质钢对冷裂纹的敏感性更大。

屈服强度为 590～980 MPa 的低碳调质钢和中碳调质钢的碳当量（C_{eq}）一般超过了 0.5%，多数超过了 0.6%，属于高淬硬倾向的钢。从碳当量来看，低碳调质钢和中碳调质钢的差别不是很显著，但二者的焊接性差别却很大，其原因在于马氏体的类型和性能不同。低碳马氏体呈板条状且有"自回火"作用，韧性好，因此冷裂纹倾向小。

焊接中碳调质钢时，为了防止产生冷裂纹，应尽量降低焊接接头的含氢量，除采取焊前预热外，还必须在焊后及时进行回火处理。

3. 热影响区脆化

如前所述，中碳调质钢的淬硬倾向很大，在焊接热影响区的过热区容易产生大量脆硬的高碳马氏体组织，导致过热区脆化。生成的马氏体越多，脆化越严重。为减小过热区脆化，从减小淬硬倾向出发，应该采用大的焊接热输入；但是这类钢的淬硬倾向又很大，仅仅通过加大焊接热输入也难以避免马氏体的形成，相反却增大了奥氏体的过热，促使形成粗大的马氏体，使过热区的脆化更为严重。因此，中碳调质钢为防止过热区脆化应采用小的焊接热输入，同时采取预热、缓冷和后热等措施。因为小的焊接热输入可减少高温停留时间，避免奥氏体晶粒的过热长大；同时，采取预热和缓冷措施来降低冷却速度，这对改善过热区的性能是非常有利的。

4. 热影响区软化

对于必须在调质状态下焊接的中碳调质钢，需要考虑热影响区的软化问题。

钢材在调质状态下被加热到该钢调质处理的回火温度以上时，焊接热影响区将出现强度、硬度低于母材的软化区，一般加热温度在 $Ac_1 \sim Ac_3$ 的部位软化最明显，调质状态的 30CrMnSi 钢焊接接头区的强度分布如图 3-10 所示。中碳调质钢的强度级别越高，软化越严重，并且软化程度和软化区的宽度与焊接热输入、焊接方法有很大关系。焊接热输入越小，加热和冷却速度越快，软化程度越小，软化区的宽度也越窄。从图 3-10 中可以看出，30CrMnSi 采用气焊时，软化区的抗拉强度降为 590~685 MPa，而采用焊条电弧焊时软化区强度为 880~1 030 MPa，气焊时的软化区比焊条电弧焊时宽得多。因此，焊接热源越集中，对减少软化越有利。

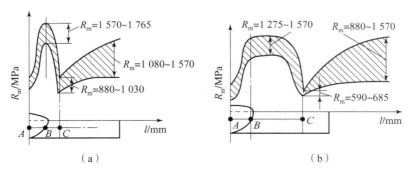

图 3-10　调质状态的 30CrMnSi 钢焊接接头区的强度分布
（a）焊条电弧焊；（b）气焊

三、中碳调质钢的焊接工艺要点

中碳调质钢的
焊接工艺要点

中碳调质钢的淬透性很大，焊后的淬火组织是脆硬的高碳马氏体，不仅对冷裂敏感，而且焊后如果不经过热处理，热影响区的性能将达不到母材性能。因此这类钢一般在退火状态下焊接，焊后经过整体调质处理以获得满足要求的焊接接头；但有时必须在调质状态下进行焊接，这种情况下热影响区的性能恶化很难解决。因此，中碳调质钢焊前所处的状态是非常重要的，它决定了焊接时出现问题的性质和应采取的工艺措施。

1. 在退火状态下焊接

1）焊接方法

中碳调质钢焊接的合理工艺方案是在退火（或正火）状态下进行焊接，焊后进行整体调质处理，实际上，大多数中碳调质钢焊接均采用该方案。焊接时的主要问题是裂纹，热影响区性能可以通过焊后调质处理来保证，因此对焊接方法几乎没有限制。常用的焊接方法有焊条电弧焊、埋弧焊和气体保护焊等。采用热量集中的脉冲氩弧焊、等离子弧焊及电子束焊等，有利于减小热影响区宽度，获得细晶组织，提高接头力学性能。焊接薄板时，多采用气体保护焊、钨极氩弧焊和微束等离子弧焊等方法。

2）焊接材料

在选择焊接材料时，除应保证焊接时不产生冷裂纹、热裂纹外，还应考虑焊缝金属的主要合金系统应尽量与母材相似，并对能使焊缝金属热裂倾向增加和促使金属脆化的元素（C、Si、S、P 等）严格加以限制，以使焊缝金属在焊后经过与母材相同的调质处理后，性能与母材相同。常用钢种焊接材料的选用见表 3-21。

表 3-21　常用钢种焊接材料的选用

钢牌号	焊条电弧焊	气体保护焊		埋弧焊	
		保护气体	焊丝	焊丝	焊剂
30CrMnSiA	E8515-G E10015-G	CO_2	H08Mn2SiMoA H08Mn2SiA	H20CrMoA H18CrMoA	HJ431 HJ260
		Ar	H18CrMoA		
30CrMnSiNi2A	—	Ar	H18CrMoA	H18CrMoA	HJ350 HJ260
35CrMoA	E8515-G	Ar	H20CrMoA	H20CrMoA	HJ260
35CrMoVA	E8515-G E10015-G	Ar	H20CrMoA	—	—
34CrNi3MoA	E8515-G	Ar	H20Cr3MoNiA		
40Cr	E8515-G E9015-G E10015-G	—	—	—	—

3）焊接参数

在焊后进行调质处理的情况下，确定焊接参数的出发点主要是保证在调质处理前不出现裂纹，接头性能可不必考虑太多。一般中碳调质钢应采用尽可能小的焊接热输入，这样可以降低热影响区脆化，同时采用预热和后热等措施，以提高抗冷裂性能。常用中碳调质钢的焊接参数见表 3-22。

表 3 – 22 常用中碳调质钢的焊接参数

焊接方法	钢号	板材厚度/mm	焊丝或焊条直径/mm	焊接参数					说明
				焊接电压/V	焊接电流/A	焊接速度/$(m \cdot h^{-1})$	送丝速度/$(m \cdot h^{-1})$	焊剂或保护气流量/$(L \cdot min^{-1})$	
焊条电弧焊	30CrMnSiA	4	φ3.2	20~25	90~110	—	—	—	—
	30CrMnSiNi2A	10	φ3.2	21~32	130~140	—	—	—	预热 350 ℃，焊后 680 ℃ 回火
			φ4.0		200~220				
埋弧焊	30CrMnSiA	8	φ2.5	21~38	290~400	27	—	HJ431	焊接 3 层
	30CrMnSiNi2A	26	φ3.0	30~35	280~450			HJ350	焊接 1~3 层
			φ4.0						
CO$_2$ 气体保护焊	30CrMnSiA	2	φ0.8	17~19	75~85	—	120~150	CO$_2$ 7~8	短路过渡
		4			85~110		150~180	CO$_2$ 10~14	
钨极氩弧焊	45CrNiMoV	4	φ1.6	9~12	100~200	60	30~52	Ar10~20	预热 260 ℃，焊后 650 ℃ 回火
		23		12~14	250~300	4.5	30~57	Ar14，He5	预热 300 ℃，焊后 670 ℃ 回火

4）预热和焊后热处理

预热和焊后热处理是中碳调质钢焊接时的重要工艺措施。除了拘束度小、结构简单的薄板结构不需要预热外，一般情况下焊接中碳调质钢时都需要进行预热和焊后热处理，预热温度一般为 200~350 ℃。常用中碳调质钢的预热温度见表 3 – 23。如果采用局部预热，预热范围应在焊缝两侧不小于 100 mm。

表 3 – 23 常用中碳调质钢的预热温度

钢号	预热温度/℃	说明
30CrMnSiA	200~300	薄板可不预热
40Cr	200~300	—
30CrMnSiNi2A	300~350	预热温度应一直保持到焊后热处理

对于焊后不能立即进行调质处理的焊接结构，为了保证冷却到室温后在调质前不出现延迟裂纹，需要在焊后及时进行一次中间热处理，即焊后在等于或高于预热温度下保温一段时间的热处理，如低温回火或 650~680 ℃ 的高温回火。常用中碳调质钢的焊后热处理温度见表 3-24。

表 3-24　常用中碳调质钢的焊后热处理温度

钢号	焊后热处理/℃	说明
30CrMnSiA	淬火 + 回火：480~700	使焊缝金属组织均匀化，焊接接头获得最佳性能
30CrMnSiNi2A	淬火 + 回火：200~300	
30CrMnSiA	回火：500~700	消除焊接应力，以便于冷加工
30CrMnSiNi2A		

例如，30CrMnSi 钢在退火状态下焊件厚度大于 3 mm 时，应将焊件预热到 200~350 ℃，并在整个焊接过程中保持该温度；焊后如果不能及时进行调质处理，应进行 680 ℃ 回火处理。如果产品结构复杂且焊缝数量很多，则要在焊完一定数量的焊缝后及时进行中间回火处理，以避免最后热处理时先焊部位已产生延迟裂纹。中间回火的次数要根据焊缝的多少和产品结构的复杂程度来决定。对于淬火倾向更大的 30CrMnSiNi2A 钢，为了防止冷裂纹的产生，焊后必须立即（焊缝金属不能冷却到低于 250 ℃）将工件入炉加热到（650±10）℃ 或 680 ℃ 回火，然后按规定进行调质处理。

2. 在调质状态下焊接

当必须在调质状态下进行焊接时，主要的问题是焊接裂纹和热影响区的脆化及软化。高碳马氏体引起的热影响区脆化和硬化，可以通过焊后回火处理来解决；而高温回火区软化引起的强度下降，在焊后不能进行调质处理的情况下是无法挽救的。因此，在制定焊接工艺时，主要是防止裂纹和避免软化。

为减小热影响区软化，应尽量选择热量集中、能量密度大的焊接方法，而且焊接热输入越小越好。这一点与低碳调质钢的焊接是一致的，因此气焊最不合适；气体保护焊比较好，尤其是钨极氩弧焊，其热量容易控制，焊接质量容易保证；而脉冲氩弧焊、等离子弧焊和电子束焊效果更好。但从经济性和方便性考虑，目前焊接这类钢时应用最多的还是焊条电弧焊。

为消除热影响区的淬硬组织和防止延迟裂纹的产生，必须选择合适的预热温度并在焊后及时进行回火处理。必须注意预热温度、焊道间温度和热处理温度，应控制在比母材淬火后的回火温度低 50 ℃。

由于焊后不再进行调质处理，因此选择焊接材料时没有必要考虑成分和热处理规范与母材的匹配问题。选择焊接材料时考虑的主要问题是防止冷裂，焊接时经常采用奥氏体铬镍钢焊条或银基焊条。例如，焊接调质状态下的 30CrMnSiA 和 30CrMnSiNi2A 钢，可采用塑、韧性好的奥氏体焊条，焊后进行 250 ℃、2 h 或更长时间的低温回火处理。在焊接如 30CrMnSiNi2A 这种淬硬倾向很大的钢种时，除焊后进行低温回火外，还要进行预热且保持焊道间温度为 240~260 ℃。

知 识 总 结

（1）中碳调质钢中碳和提高淬透性的合金元素含量都较高，淬硬倾向大，焊接性差，对热裂纹、冷裂纹敏感，还存在热影响区脆化和软化问题。

（2）中碳调质钢一般在退火状态下焊接，焊后进行整体调质处理，以获得满足要求的焊接接头。

（3）为了保证焊缝金属在调制处理后获得与母材相同的性能，焊接材料的选择需要考虑焊缝金属的主要合金系统与母材相近。

（4）当必须在调质状态下焊接时，制定焊接工艺主要考虑的问题是防止裂纹和避免软化。

【任务实施】

1. 42CrMo 中碳调质高强钢焊接性分析

42CrMo 钢是中碳调质高强钢，其下屈服强度 $R_{el} \geqslant 950$ MPa，要求在调质状态下进行焊接，其化学成分及调质处理温度见表 3 – 25。

表 3 – 25 化学成分及调质处理温度（质量分数）   %

C	Si	Mn	Cr	Mo	Ni	S、P	淬火温度/℃	回火温度/℃	
0.42	0.25	0.68	1.0	0.21	0.28	<0.025	850	法兰轴	580

由于该钢的含碳量较高，强度高，焊接接头淬硬倾向大，故焊接时易出现冷裂纹。另外，该钢的 M_s 点较低，在低温下形成的马氏体一般难以产生"自回火"效应，这又增大了冷裂敏感性，可见其焊接性很差。因此须制定严格的工艺，焊接时须采取焊前预热及焊后处理等措施。

2. 焊接参数的选择

1）焊接方法

42CrMo 法兰轴要求在调质状态下焊接，为减少热影响区的软化，宜采用焊接热输入小的方法，又考虑到经济性和方便性，决定采用焊条电弧焊，但焊接电流及焊接速度应得到严格控制。

2）焊接材料

按接头与母材等强度原则应选用 J907Cr 焊条，这里采用强度略低于母材的 J807 焊条，一方面可降低焊接接头的冷裂倾向，另一方面也降低了成本。

3）焊前预热温度

为了有效地防止 42CrMo 钢焊接冷裂纹的产生及减小焊接热影响区的软化，工件在焊前必须进行预热，焊前预热温度为 300 ℃。

4）焊后热处理方案

对于冷裂纹倾向较大的高强度钢的焊接，氢是引起焊接冷裂纹的重要因素之一。焊接生产中常采用较高温度的去应力退火处理，以使焊缝和热影响区的扩散氢含量及内应力降到很低的水平，从而达到避免出现延迟裂纹的目的。按照调质钢在调质状态下焊接时，热处理温度应比调质处理时的回火温度低 50 ℃的原则，选择 530 ℃的热处理温度，保温 3 h。

　3. 焊接工艺

（1）焊前严格清除坡口及其附近的油污、铁锈、水渍、毛刺及其他杂质。

（2）将工件整体入炉预热，预热温度为 300 ℃，升温速度为 80 ℃/h，保温 2 h。

（3）焊条使用前在（400±10）℃的条件下烘干 2 h，随后放入 100～150 ℃焊条保温箱内，随用随取。

（4）采用直流反接，选用 J807 焊条，焊条直径为 φ4 mm，焊接电流为 160～180 A，电弧电压为 23～25 V，焊接速度为 160～170 mm/min。

（5）焊接采用多层多道焊，两面交替进行，如图 3-11 所示。焊接时，在不产生裂纹的情况下，每个焊层应尽量薄，一般不大于焊条直径。每条焊道的引弧、收弧处要错开，收弧时填满弧坑。在施焊过程中，要保持层间温度不低于预热温度。

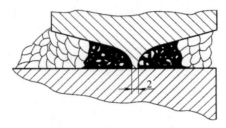

图 3-11　法兰轴的焊接

在多层多道焊接中，后一焊道对前一焊道起到热处理的作用，最后一道焊层需熔敷一层退火焊道，以改善焊缝的组织和提高抗裂性。退火焊道采用 J427、φ4 mm 焊条焊接。

（6）每条焊道焊后应清渣，仔细检查有无气孔、裂纹、夹渣等缺陷，发现缺陷应彻底清除后重焊。

（7）进行焊后热处理，其工艺曲线如图 3-12 所示。

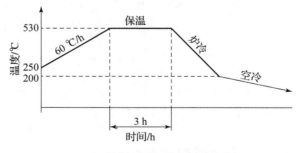

图 3-12　焊后热处理工艺曲线

【学生学习工作页】

任务结束后，上交本项目学习工作页，见表 3-26。

表 3 - 26　法兰轴焊接工艺卡

任务名称				母材		保护气体	
学生姓名（小组编号）				时间		指导教师	
焊前准备 （如清理、坡口制备、预热等）							
焊后处理 （如清根、焊缝质量检测等）							

层次	焊接方法	焊接材料		电源及极性	焊接电流 /A	电弧电压 /V	焊接速度 /(cm·min⁻¹)	热输入 /(J·cm⁻¹)
		牌号	规格					

焊接层次、顺序示意图：焊接层次（正/反）：　　　　　　　技术要求及说明：

【学习评价】

采用自检、互检、教师检查的方式检查学习成果，评分表如表 3 - 27 所示。

表 3 - 27　项目评分标准

考评 类别	序 号	考评项目	分值	考核办法	评价 结果	得分
平时 考核	1	出勤情况	10	教师点名；组长检查		
	2	小组活动中的表现	10	学生、小组、教师三方共同评价		

续表

考评类别	序号	考评项目	分值	考核办法	评价结果	得分
技能考核	3	分析焊接性情况	20	学生自查；小组互查；教师终检		
	4	制定焊接工艺情况	20	学生自查；小组互查；教师终检		
素质考核	5	工作态度	10	学生、小组、教师三方共同评价		
	6	个人任务独立完成能力	10	学生、小组、教师三方共同评价		
	7	团队成员间协作表现	10	学生、小组、教师三方共同评价		
	8	安全生产	10	学生、小组、教师三方共同评价		
		合计	100	任务一总得分		

项目五　低温钢的焊接

【任务概述】

某公司设计生产的储气罐属Ⅰ类压力容器，该设备材料为 Q345DR 低温钢，容器规格为 ϕ1 800 mm×7 200 mm×26 mm，设备焊后需整体热处理。制定该储气罐的焊接工艺。

【任务分析】

低温钢是适于在 0 ℃以下应用的合金钢，钢焊接性能与普通结构钢相似，焊接工艺基本与碳钢相同，但是因其使用温度较低，要求焊后其韧性－脆性转变温度低于使用温度，能够满足设计要求的强度和使用温度下稳定的组织结构。在焊接过程中，需根据焊后结构使用条件合理选择焊接材料，制定合适的焊接工艺。

【学习目标】

（1）掌握低温钢的焊接性特点；
（2）能够根据使用条件正确制定低温钢焊接工艺。

【知识准备】

低温钢是指工作温度为 －196 ～ －10 ℃的钢，工作温度低于 －196 ℃（直到 －273 ℃）的钢称为超低温钢。低温钢的主要性能特点是在低温工作条件下具有足够的强度、塑性和韧性，同时具有良好的加工性，主要用于制造石油化工中的低温设备，如液化石油气和液化天然气等的储存和运输容器、管道等。

一、低温钢的分类、成分和性能

1. 低温钢的分类

低温钢的钢种很广泛，分类方法也很多。

（1）按使用温度等级，可分为 -90 ~ -50 ℃、-120 ~ -100 ℃ 和 -273 ~ -196 ℃ 等级的低温钢。

（2）按低温钢组织，可分为铁素体型低温钢、马氏体型低温钢和奥氏体型低温钢。

（3）按有无 Ni、Cr 元素，可分为无 Ni、Cr 低温钢和含 Ni、Cr 低温钢。

（4）按热处理方法，可分为非调质低温钢和调质低温钢。

常用低温钢的类型及适用温度范围如图 3 - 13 所示。

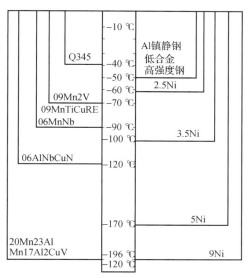

图 3 - 13　常用低温钢的类型及适用温度范围

2. 低温钢的成分、组织和性能

低温钢的钢种很多，包括从低碳铝镇静钢、低合金高强度钢、低 Ni 钢，直到 Ni 含量为 9% 的钢。常用低温钢的温度等级和化学成分见表 3 - 28，力学性能见表 3 - 29。

表 3 - 28　常用低温钢的温度等级和化学成分（质量分数）　　　　　%

分类	温度等级/℃	钢号	组织状态	C	Mn	Si	V	Nb	Cu	Al	Cr	Ni	其他
无镍低温钢	-40	Q235	正火	≤0.20	1.20 ~ 1.60	0.20 ~ 0.60	—	—	—	—	—	—	—
	-70	09Mn2VRE	正火	≤0.12	1.40 ~ 1.80	0.20 ~ 0.50	0.04 ~ 0.10	—	—	—	—	—	—
		09MnTiCuRE	正火		1.40 ~ 1.70	≤0.40	—	—	0.20 ~ 0.40	—	—	—	Ti：0.30 ~ 0.80 RE：0.1

续表

分类	温度等级/℃	钢号	组织状态	C	Mn	Si	V	Nb	Cu	Al	Cr	Ni	其他
无镍低温钢	−90	06MnNb	正火	≤0.07	1.20~1.60	0.17~0.37	—	0.02~0.04	—	—	—	—	—
	−100	06MnVTi	正火	≤0.07	1.40~1.80	0.17~0.37	0.04~0.10	—	—	0.04~0.08	—	—	—
	−105	06AlCuNbN	正火	≤0.08	0.80~1.20	≤0.35	—	0.04~0.08	0.30~0.40	0.04~0.15	—	—	N：0.010~0.015
	−196	26Mn23Al	固溶	0.10~0.25	21.0~26.0	≤0.50	0.06~0.12	—	0.10~0.20	0.7~1.2	—	—	N：0.030~0.08 B：0.001~0.005
	−253	15Mn26Al4	固溶	0.13~0.19	24.5~27.0	≤0.80	—	—	—	3.8~4.7	—	—	—
含镍低温钢	−60	0.5NiA	正火或调质	≤0.14	0.70~1.50	0.10~0.30	0.02~0.05	0.15~0.50	≤0.35	0.15~0.50	≤0.25	0.30~0.70	Mo≤0.80
		1.5NiA		≤0.14	0.30~0.70							1.30~1.60	
		1.5NiB		≤0.18	0.50~1.50							1.30~1.70	
		2.5NiA		≤0.14	≤0.80							2.00~2.50	
		2.5NiB		≤0.18	≤0.80							2.00~2.50	

模块三 合金钢及其焊接工艺

续表

分类	温度等级/℃	钢号	组织状态	C	Mn	Si	V	Nb	Cu	Al	Cr	Ni	其他
含镍低温钢	−100	3.5NiA	正火或调质	≤0.14	≤0.80	0.10~0.30	0.02~0.05	0.15~0.50	≤0.35	0.10~0.50	≤0.25	3.25~3.75	—
		3.5NiB		≤0.18									
	−120~−170	5Ni	淬火+回火	≤0.12	≤0.80	0.10~0.30	0.02~0.05	0.15~0.50	≤0.35	0.10~0.50	≤0.25	4.75~5.25	—
	−196	9Ni	淬火+回火	≤0.10	≤0.80	0.10~0.30	0.02~0.05	0.15~0.50	≤0.35	0.10~0.50	≤0.25	8.0~10.0	—

表 3 − 29　常用低温钢的力学性能

钢号	热处理状态	试验温度/℃	下屈服强度 R_{el}/MPa	抗拉强度 R_m/MPa	伸长率 A/%	冲击吸收功/J
Q235	正火	−40	≥343	≥510	≥21	≥34
09Mn2V	正火	−70	≥343	≥490	≥20	≥47
09MnTiCuRE	正火	−70	≥343	≥490	≥20	≥47
06MnNb	正火	−90	≥294	≥432	≥21	≥47
06AlNbCuN	正火	−120	≥294	≥392	≥20	≥20.5
2.5NiA	正火	−50	≥255	450~530	≥23	≥20.5
3.5NiB	正火	−101	≥255	450~530	≥23	≥20.5
5Ni	淬火+回火	−170	≥448	655~790	≥20	≥34.5
9Ni	淬火+回火	−196	≥517	690~828	≥20	≥34.5
		−196	≥585	690~828	≥20	≥34.5

　　具有面心立方晶格的金属材料，如铝、铜、镁和奥氏体型不锈钢等，其塑性和韧性很好，即使在低温下断裂仍为延性断裂；而一切具有体心立方晶格的金属材料均具有低温脆化现象，即随温度的降低，其断裂由延性转变为脆性。低温钢通常通过采取一定的措施来改善低温韧性，如细化晶粒、合金化和提高纯净度等。

　　低温钢大部分是接近铁素体型的低合金钢，其含碳量较低，主要通过加入 Al、V、Nb、Ti 和稀土（RE）等元素进行固溶强化和细化晶粒，再经过正火、回火处理来获得晶粒细而均匀的组织，以得到良好的低温韧性。如果在钢中加入 Ni，可提高钢的强度，同时可进一步改善低温韧性，但在提高 Ni 的同时要相应降低含碳量和严格控制 S、P 含量，才能充分发挥 Ni 的有利作用。

1）铁素体型低温钢

显微组织为铁素体 + 少量珠光体，使用温度范围为 - 100 ～ - 40 ℃，如 Q345DR、09Mn2VDR、06MnNbDR、3.5Ni 和 06MnVTi 等，有"DR"标示的为低温容器专用钢，一般在正火状态下使用。Q345DR 是制造 - 40 ℃ 低温设备用的细晶粒钢；09Mn2VDR 也属细晶粒钢，主要用于制造 - 70 ℃ 的低温设备，如冷冻设备、液化气储罐、石油化工低温设备等；06MnNbDR 是具有较高强度的 - 90 ℃ 用细晶粒钢，主要用于制造 - 90 ～ - 60 ℃ 的制冷设备、容器和储罐。3.5Ni 钢一般经过 870 ℃ 正火和 635 ℃ ×1 h 消除应力回火，其最低使用温度达 - 100 ℃；调质处理可提高其强度，改善韧性和降低韧脆转变温度，其最低使用温度可达 - 129 ℃。

2）马氏体型低温钢

含 Ni 较高的钢如 9Ni 钢，淬火后组织为低碳马氏体，正火后的组织除低碳马氏体外，还有少量铁素体和少量奥氏体。此钢具有较高的强度（高于奥氏体型不锈钢）、塑性和低温韧性，能用于 - 196 ℃ 的低温，适于制造储存液化气的大型储罐。

3）奥氏体型低温钢

具有很好的低温性能，其中以 18 - 8 型铬镍奥氏体型不锈钢应用最广泛，25 - 20 型可用于超低温条件。我国为了节约铬、镍贵重金属而研制了以铝代镍的 15Mn26Al14 的奥氏体型不锈钢。

二、低温钢的焊接性

1. 无 Ni 低温钢的焊接性

无 Ni 低温钢即铁素体型低温钢，其中 ω_C = 0.06% ～ 0.20%，合金元素的总质量分数不大于 5%，碳当量为 0.27% ～ 0.57%，焊接性良好。在室温下焊接不易产生冷裂纹，当板厚小于 25 mm 时焊前不需要预热；板厚超过 25 mm 或接头刚性拘束较大时，应预热 100 ～ 150 ℃，注意预热温度过高（超过 200 ℃）会引起热影响区晶粒长大而降低韧性。

2. 含 Ni 低温钢的焊接性

含 Ni 较低的低温钢，如 2.5Ni 和 3.5Ni 钢，虽然加入 Ni 提高了钢的淬透性，但由于含碳量限制得较低，冷裂倾向并不严重，焊接薄板时可不预热，焊接厚板时须进行 100 ℃ 的预热。

含 Ni 高的低温钢，如 9Ni 钢，其淬硬性很大，焊接时热影响区产生马氏体组织是不可避免的，但由于含碳量低，并采用奥氏体焊接材料，因此冷裂倾向不大。但焊接时应注意以下几个问题：

1）正确选择焊接材料

9Ni 钢具有较大的线胀系数，选择的焊接材料必须使焊缝与母材线胀系数大致相近，以免因线胀系数差别太大而引起焊接裂纹。通常选用镍基合金焊接材料，焊后焊缝组织为奥氏体组织，其低温韧性好，且线胀系数与 9Ni 钢接近。

2）避免磁偏吹现象

9Ni 钢具有强磁性，采用直流电源焊接时会产生磁偏吹现象，影响焊接质量。其防止措施是在焊前工件避免接触强磁场，并尽量选用可以采用交流电源的镍基焊条。

3）注意焊接热裂纹

Ni 能提高钢材的热裂纹倾向，因此应该严格控制钢材及焊接材料中的 S、P 含量，以免因 S、P 含量偏高在焊缝结晶过程中形成低熔点共晶，而导致形成结晶裂纹。含 Ni 钢的另一个问题是具有回火脆性，因此应注意这类钢焊后回火的温度和控制其冷却速度。

9Ni 钢是典型的低碳马氏体型低温钢，其淬硬性较大。焊前应进行淬火 + 高温回火或 900 ℃水淬 + 570 ℃回火处理，其组织为低碳板条状马氏体，具有较高的低温韧性，焊接性也优于一般低合金高强钢。板厚小于 50 mm 的焊接结构在焊接时不需要预热，焊后可不进行消除应力的热处理。

对这类易淬火的低温钢，通常采用控制焊道间温度及焊后缓冷等工艺措施，以降低冷却速度，避免淬硬组织产生；采用较小的焊接热输入，避免热影响区晶粒过分长大，以达到防止冷裂和改善热影响区低温韧性的目的。

三、低温钢的焊接工艺要点

低温钢焊接时，除了要防止产生裂纹外，关键是保证焊缝和热影响区的低温韧性。热影响区的韧性是通过控制焊接热的输入来保证的，而焊缝的韧性不仅与热输入有关，还取决于焊缝的成分。由于焊缝金属是铸态组织，其性能低于同样成分的母材，故焊缝成分不能与母材完全相同。因此，应针对不同类型的低温钢应选择不同的焊接方法和焊接材料。

1. 焊接方法

焊接低温钢时，焊条电弧焊和氩弧焊应用广泛，埋弧焊的应用受到限制，而气焊和电渣焊一般不用。为避免焊缝金属和热影响区形成粗大组织而使接头韧性降低，焊接热输入不能过大。多层焊时要控制焊道间温度不可过高，例如焊接 06MnNbDR 低温钢时，焊道间温度不可超过 300 ℃。

2. 焊接材料

焊条电弧焊焊接低温钢时一般选用高韧性焊条，焊接含 Ni 的低温钢所用焊条的含 Ni 量应与母材相当或比母材稍高；埋弧焊焊接低温钢一般选用中性熔炼焊剂配合 Mn – Mo 焊丝或碱性熔炼焊剂配合含 Ni 焊丝，也可采用 C – Mn 焊丝配合碱性非熔炼焊剂，由焊剂向焊缝过渡微量 Ti、B 合金元素，以保证焊缝获得良好的低温韧性。常用低温钢焊接材料的选用见表 3 – 30。

低温钢的
焊接工艺

表 3 – 30　常用低温钢焊接材料的选用

钢号	状态	焊条电弧焊		埋弧焊	
		型号	牌号	焊丝	焊剂
Q345DR	正火	E5016 – G E5015 – G	J506RH J507RH	H10Mn2A	SJ101

续表

钢号	状态	焊条电弧焊		埋弧焊	
		型号	牌号	焊丝	焊剂
09Mn2VDR	正火	E5015 – G E5515 – C1	W607A W707Ni	H08Mn2MoVA	HJ250
06MnNbDR	正火 800~900 ℃ 空冷	E5515 – C2	W907Ni	—	—
15MnNiDR	正火	E5015 – G	W507R	—	—

氩弧焊焊接低温钢一般选质量分数为 1.5%~2.5% 的含 Ni 焊丝，保护气可以是纯 Ar，或 Ar + O_2、Ar + CO_2 的混合气体。例如焊 C – Mn 钢可选用 Ni – Mo 焊丝，焊 3.5Ni 钢可选用 4NiMo 焊丝，焊 9Ni 钢可选用镍基焊丝 70Ni – Mo – W、60Ni – Mo – W 等。

3. 低温钢焊接操作要点

为减小热输入，焊条电弧焊通常采用小直径焊条（一般不大于 $\phi4$ mm），用尽量小的焊接电流，采用多层多道焊，焊接时采用快速不摆动的运条方法。快速多道焊可避免焊道过热，且多层焊时后续焊道对前焊道的再次加热作用可细化晶粒。低温钢焊条电弧焊平焊时的焊接参数见表 3 – 31。在其他位置焊接时，焊接电流应减小 10%。注意焊接时应在坡口内引弧，工件表面不允许有电弧擦伤。在横焊、立焊和仰焊时，为保证焊缝成形并与母材充分熔合，可做必要的摆动，如采用"之"字形运条法，但应控制电弧在坡口两侧的停留时间，收弧时要将弧坑填满。

表 3 – 31　低温钢焊条电弧焊平焊时的焊接参数

焊缝金属类型	焊条直径/mm	焊接电流/A	焊接电压/V
铁素体—珠光体型	$\phi3.2$	90~120	23~24
	$\phi4.0$	140~180	24~26
Fe – Mn – Al 奥氏体型	$\phi3.2$	80~100	23~24
	$\phi4.0$	100~120	24~25

知 识 总 结

（1）低温钢焊接时，焊条电弧焊和氩弧焊应用广泛。

（2）低温钢焊接时一般选用高韧性焊接材料。

（3）为减小焊接热输入保证焊缝和热影响区的韧性，通常采用小直径焊条，用尽量小的焊接电流，采用多层多道焊，焊接时采用快速不摆动的运条方法。

【任务实施】

1. 坡口形式及尺寸

坡口角度为 60°的 V 形坡口，钝边、装配间隙如图 3 - 14 所示。焊前要将坡口两侧 20 mm范围内的铁锈、油污及水分清除干净，并露出金属光泽。

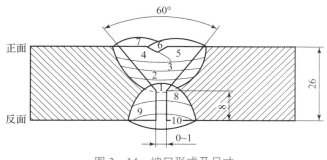

图 3 - 14 坡口形式及尺寸

2. 焊接方法及焊接材料

为提高生产率，决定采用埋弧焊，但埋弧焊的焊接热输入大，会使焊缝的低温冲击韧度降低，这对 Q345DR 低温钢的焊接是不利的。因此，必须选择合理的焊丝与焊剂组配，以提高焊接接头的低温韧性。

焊剂的碱度对低温韧性有很大的影响。碱度越大，焊缝中的含氧量越低，焊缝金属的冲击韧性越高。SJ101 氟碱型烧结焊剂属于碱性焊剂，焊剂中碱性氧化物 CaO 和 MgO 的含量较高，焊剂的碱度较高，且含硫、磷量较低。SJ101 还具有松装密度小、熔点高等特点，适用于大热输入的焊接。由于烧结焊剂具有碱度高、冶金效果好，能获得较好的强度、塑性和韧性配合的优点，因此选用 SJ101 烧结焊剂，配合 H10Mn2 焊丝作为焊接材料。焊剂焊前需在 350 ℃严格烘干，并保温 2 h。

3. 焊接工艺

焊接时应遵循小热输入、快速焊的原则，层（道）间温度应控制在 150 ℃以下，焊接参数见表 3 - 32。采用多层多道焊，焊接层数如图 3 - 14 所示。焊接完毕后需进行焊后热处理。

表 3 - 32　焊接参数

焊接层次	焊丝直径/mm	电源极性	焊接电流/A	电弧电压/V	焊接速度 /(cm·min^{-1})	焊接热输入 /(kJ·cm^{-1})
1、2、8、9	$\phi 4$	直流	480～500	30～33	50	17.3～19.8
3～7，10	$\phi 4$	直流	500～530	33～36	47	21.1～24.4

4. 焊接产品质量

采用此埋弧焊工艺进行产品 A、B 类焊缝的焊接，焊后经 X 射线检验合格率在 98%以上。此工艺既保证了产品的低温冲击韧性，又保证了焊缝的外观质量，提高了焊接生产率。

模块三　合金钢及其焊接工艺

【学生学习工作页】

任务结束后，上交本项目学习工作页，见表 3 – 33。

表 3 – 33　焊接工艺卡

任务名称			母材		保护气体	
学生姓名（小组编号）			时间		指导教师	
焊前准备 （如清理、坡口制备、预热等）						
焊后处理 （如清根、焊缝质量检测等）						

层次	焊接方法	焊接材料		电源及极性	焊接电流 /A	电弧电压 /V	焊接速度 /(cm·min^{-1})	热输入 /(J·cm^{-1})
		牌号	规格					

焊接层次、顺序示意图：焊接层次（正/反）：　　　　　技术要求及说明：

【学习评价】

采用自检、互检、教师检查的方式检查学习成果，评分标准如表 3 – 34 所示。

表 3 – 34　项目评分标准

考评类别	序号	考评项目	分值	考核办法	评价结果	得分
平时考核	1	出勤情况	10	教师点名；组长检查		
	2	小组活动中的表现	10	学生、小组、教师三方共同评价		

续表

考评类别	序号	考评项目	分值	考核办法	评价结果	得分
技能考核	3	分析焊接性情况	20	学生自查；小组互查；教师终检		
	4	制定焊接工艺情况	20	学生自查；小组互查；教师终检		
素质考核	5	工作态度	10	学生、小组、教师三方共同评价		
	6	个人任务独立完成能力	10	学生、小组、教师三方共同评价		
	7	团队成员间协作表现	10	学生、小组、教师三方共同评价		
	8	安全生产	10	学生、小组、教师三方共同评价		
合计			100	任务一总得分		

项目六　珠光体耐热钢的焊接

【任务概述】

　　某钢管厂高炉炼铁工程中，2×50 T/h、3.9 MPa、450 ℃燃气锅炉的过热器、集箱主蒸汽管采用12Cr1MoV材料，管子壁厚8 mm，制定其焊接工艺。

【任务分析】

　　查阅金属材料手册，12Cr1MoV钢中C的含量为0.12%，Mn的含量为0.4%~0.7%，Si的含量为0.17%~0.37%，Cr的含量约为1%，Mo的含量为0.25%~0.35%，V的含量为0.15%~0.30%，属于珠光体耐热钢。因此，学习完珠光体耐热钢的焊接，就可以制定12Cr1MoV钢的焊接工艺并进行焊接操作，焊后进行焊接产品的检验，确保焊接工艺的正确性及焊缝的质量。

【学习目标】

　　（1）分析12Cr1MoV钢的焊接性特点。

　　（2）制定12Cr1MoV钢焊缝的焊接工艺。

　　（3）焊接12Cr1MoV焊缝并进行焊缝检验。

【知识准备】

一、珠光体耐热钢的成分与性能特点

　　珠光体耐热钢是以Cr、Mo为主要合金元素的珠光体型耐热合金钢，其中铬的质量分数为0.5%~12.5%，钼的质量分数为0.5%或1%，随着使用温度的提高，钢中还加入V、W、Nb、Ti、B等微量合金元素，以进一步提高热强性，但是，合金元素总的质量分数小于13%。这类钢不仅具有良好的抗氧化性和热强性，还具有一定的抗硫和氢腐蚀的能力，同时具有很好的冷、热加工性能，主要应用于在 600 ℃以下工作的动力、石油化工等工业设备。

根据合金化方式将珠光体耐热钢分为以下三类：

1. Mo 钢

Mo 钢是最早使用的珠光体耐热钢，Mo 的质量分数为 0.5%。Mo 的主要作用是固溶强化，提高钢的热强性。Mo 钢在使用温度超过 450 ℃后容易出现石墨化问题（$Fe_3C \rightarrow 3Fe + C$），使钢的强度降低。故这类钢现在应用很少。

2. Cr – Mo 钢

为了改善 Mo 钢的石墨化问题，提高钢的组织稳定性，进而提高热强性，在 Mo 钢中加入一定量的 Cr 能使碳化物具有一定的热稳定性，阻止石墨化。Cr – Mo 钢的使用温度可以提高到 550 ℃。

3. 多元复合合金化的珠光体耐热钢

这类钢除固溶强化外，钢中还加入了 V、Ti、B 等微量元素进行时效强化和晶界强化，以进一步提高钢的热强性和高温组织的稳定性。其合金系有 Cr – Mo – V、Cr – Mo – W – V、Cr – Mo – W – V – B、Cr – Mo – V – Ti – B 等。

常用珠光体耐热钢的牌号及化学成分见表 3 –35，力学性能见表 3 –36。

表 3 –35　常用珠光体耐热钢的牌号及化学成分（质量分数）　　　　%

钢号	C	Mn	Si	Cr	Mo	V	W	其他
12CrMo	0.08 ~ 0.15	0.4 ~ 0.7	0.17 ~ 0.37	0.4 ~ 0.7	0.4 ~ 0.55	—	—	—
15CrMo	0.12 ~ 0.18	0.4 ~ 0.7	0.17 ~ 0.37	0.8 ~ 1.1	0.4 ~ 0.55	—	—	—
10Cr2Mo1	0.08 ~ 0.15	0.4 ~ 0.6	0.15 ~ 0.50	2.0 ~ 2.5	0.9 ~ 1.1	—	—	—
12Cr5Mo	0.10 ~ 0.15	W0.6	W0.5	4.0 ~ 6.0	0.5 ~ 0.6	—	—	—
12Cr9Mo1	0.10 ~ 0.15	0.3 ~ 0.6	0.5 ~ 1.0	8.0 ~ 10.0	0.9 ~ 1.1	—	—	—
12Cr1MoV	0.08 ~ 0.15	0.4 ~ 0.7	0.17 ~ 0.37	0.9 ~ 1.2	0.25 ~ 0.35	0.15 ~ 0.30	—	—
15Cr1Mo1V	0.08 ~ 0.15	0.4 ~ 0.7	0.17 ~ 0.37	0.9 ~ 1.2	1.0 ~ 1.2	0.15 ~ 0.25	—	—
17CrMo1V	0.12 ~ 0.20	0.6 ~ 1.0	0.3 ~ 0.5	0.3 ~ 0.45	0.7 ~ 0.9	0.3 ~ 0.4	—	—

钢号	C	Mn	Si	Cr	Mo	V	W	其他
20Cr3MoWV	0.17 ~ 0.24	0.3 ~ 0.6	0.2 ~ 0.4	2.6 ~ 3.0	0.35 ~ 0.50	0.7 ~ 0.9	0.3 ~ 0.6	—
12Cr2MoWVB	0.08 ~ 0.15	0.45 ~ 0.65	0.45 ~ 0.75	1.6 ~ 2.1	0.5 ~ 0.65	0.28 ~ 0.42	0.3 ~ 0.55	Ti0.08 ~ 0.18 B0.008
12Cr3MoVSiTiB	0.09 ~ 0.15	0.5 ~ 0.8	0.6 ~ 0.9	2.5 ~ 3.0	1.0 ~ 1.2	0.25 ~ 0.35	—	Ti0.22 ~ 0.38 B0.000 5 ~ 0.011

表 3 – 36　常用珠光体耐热钢的力学性能

钢牌号	热处理状态	抗拉强度 R_m/MPa	下屈服强度 R_{el}/MPa	伸长率 A/%	冲击吸收能量 /J
12CrMo	900 ~ 930 ℃正火 680 ~ 730 ℃回火（缓冷至 300 ℃空冷）	≥410	>265	224	≥135
15CrMo	900 ℃正火 650 ℃回火	≥440	>294	222	≥118
10Cr2Mo1	940 ~ 960 ℃正火 730 ~ 750 ℃回火	440 ~ 590	≥265	≥20	≥78.5
12Cr15Mo	900 ℃正火 540 ~ 570 ℃回火	≥980	—	≥10	—
12Cr9Mo1	900 ~ 1 000 ℃空冷或油淬 730 ~ 750 ℃空冷回火	590 ~ 735	≥392	≥20	278.5
12Cr1MoV	1 000 ~ 1 020 ℃正火 740 ℃回火	≥470	≥255	≥21	≥59
15Cr1Mo1V	1 020 ~ 1 050 ℃正火 730 ~ 760 ℃回火	540 – 685	≥345	>18	29
17CrMo1V	980 ~ 1 000 ℃正火或油淬 710 ~ 730 ℃回火	>735	≥640	216	≥59
20Cr3MoWV	1 040 ~ 1 060 ℃油淬或正火 650 ~ 720 ℃回火	≥785	≥640	≥13	49 ~ 68.5

模块三　合金钢及其焊接工艺

续表

钢牌号	热处理状态	抗拉强度 R_m/MPa	下屈服强度 R_{el}/MPa	伸长率 A/%	冲击吸收能量 /J
12Cr2MoWVB	1 000~1 035 ℃正火 760~780 ℃回火	≥540	2342	≥18	—
12Cr3MoVSiTiB	1 040~1 090 ℃正火 720~770 ℃回火	≥625	≥440	≥18	—

二、珠光体耐热钢的焊接性

低、中合金耐热钢的焊接性

珠光体耐热钢在焊接中出现的主要问题是焊缝及热影响区淬硬与冷裂纹敏感性、热影响区的软化。对某些珠光体耐热钢，接头还会出现消除应力裂纹及明显的回火脆性。

1. 热影响区淬硬性及冷裂纹

钢的淬硬性取决于碳的质量分数、合金元素种类及其质量分数。珠光体耐热钢的主要合金元素是 Cr 和 Mo，它们能显著提高钢的淬硬性。如果在焊接时冷却速度过快，则会在焊缝及热影响区形成对冷裂纹敏感的马氏体和上贝氏体等组织。

图 3-15 所示为 12Cr2MoWVTiB 钢氩弧焊焊接接头的过热区出现了粗大的马氏体组织。含铬量越高、冷却速度越快，则接头最高硬度越大，在热影响区可达 400 HBW 以上，将显著地增加焊接接头对冷裂纹的敏感性。

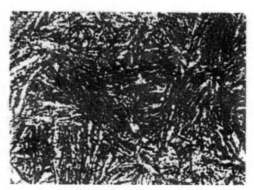

图 3-15　12Cr2MoWVTiB 钢过热区组织

2. 消除应力裂纹倾向

珠光体耐热钢产生消除应力裂纹（再热裂纹）的倾向，主要取决于钢中碳化物形成元素的特性及其质量分数，同时取决于焊接参数、焊接应力及热处理工艺。珠光体耐热钢中的 Cr、Mo、V、Nb、Ti 等元素属于强碳化物元素，若结构拘束度较大，那么在消除应力处理或高温下长期使用时，在热影响区的粗晶区容易出现消除应力裂纹。

图 3-16 所示为 10CrMo9 钢粗晶区的消除应力裂纹。

图 3 – 16   10CrMo9 钢粗晶区的消除应力裂纹（×200）

消除应力裂纹一般在 500 ~ 700 ℃ 敏感温度范围内形成，并且出现在残余应力较高的部位，如接头咬边、未焊透等应力集中处，这些部位在加热过程中残余应力释放，蠕变变形较大，更容易出现裂纹。

为了防止产生应力裂纹，可采取下列措施：

（1）选用高温塑性优于母材的焊接材料，严格控制母材和焊接材料的合金成分，特别是要将 V、Nb、Ti 等合金元素的含量限制到最低程度。

（2）将预热温度提高到 250 ℃ 以上，焊道间温度控制在 300 ℃ 左右。

（3）采用低热输入焊接工艺和方法，缩小焊接接头过热区的宽度，细化晶粒。

（4）选择合理的热处理工艺，避免在敏感温度区间停留较长时间。

3. 热影响区的软化

珠光体耐热钢焊接接头热影响区存在软化问题，其软化区的金相组织特征是铁素体加上少量碳化物，在粗视磨片上可观察到一条明显的"白带"，其硬度明显下降。

软化程度与母材焊前的组织状态、焊接冷却速度和焊后热处理有关。母材合金化程度越高，硬度越高，焊后软化程度越严重。焊后高温回火不但不能使软化区的硬度恢复，甚至还会使其稍有降低，只有经正火 + 回火后才能消除软化问题。软化区的存在对室温性能没有什么不利的影响，但在高温长期静载拉伸条件下，接头往往在软化区发生破坏。这是因为长期在高温条件下工作时，蠕变变形主要集中在软化区，容易导致在软化区发生断裂。

4. 回火脆性

Cr – Mo 耐热钢及焊接接头在 350 ~ 500 ℃ 温度区间长期运行过程中发生脆化的现象，称为回火脆性。如 12Cr5Mo 钢和 12Cr12Mo 钢制造的炼油设备，在 332 ~ 432 ℃ 温度下工作 30 000 h 后，其冲击吸收能量为 40 J，所对应的韧脆转变温度从 – 37 ℃ 提高到 60 ℃，并最终导致灾难性脆性断裂事故。产生回火脆性的原因，是在回火脆性温度范围内长期受热后，杂质元素 P、As、Sn、Sb 等在奥氏体晶界偏析而引起晶界脆性。此外，钢中的 Mn、Si 会加剧回火脆性。因此对于基体金属来说，严格控制有害杂质元素的含量，同时降低 Mn、Si 含量是解决回火脆性的有效途径。

焊缝金属对回火脆性的敏感性比母材大，这是因为焊接材料中的杂质难以得到控制。试验结果表明，要获得低回火脆性的焊缝金属，就必须严格控制 S、P 和 Si 的含量，即

模块三   合金钢及其焊接工艺

$\omega_P \leqslant 0.015\%$、$\omega_{Si} \leqslant 0.15\%$。

三、珠光体耐热钢的焊接工艺要点

低、中合金
耐热钢的
焊接工艺

珠光体耐热钢一般在预热状态下焊接，焊后大多要进行高温回火处理。珠光体耐热钢定位焊和正式施焊前都需预热，若焊件刚性大，应整体预热。在进行焊条电弧焊时应尽量减小接头的拘束度，焊接过程中保持焊件的温度不低于预热温度（包括多层焊时的层间温度），尽量避免中断，当不得已中断焊接时，应保证焊件缓慢冷却。

1. 焊接方法

焊条电弧焊、埋弧焊、熔化极气体保护焊、电渣焊、钨极氩弧焊等均可用于珠光体耐热钢的焊接。常用的焊接方法以焊条电弧焊为主，埋弧焊和气体保护焊的应用也越来越多。

2. 焊接材料

珠光体耐热钢焊接材料的选择原则是：焊缝金属的合金成分及使用温度下的强度性能应与母材相应的指标一致，或应达到产品技术条件提出的最低性能指标，如焊件焊后需经退火、正火或热成形等热处理或热加工，应选择合金成分或强度级别较高的焊接材料。为了防止焊缝的热裂倾向，焊接材料中碳的质量分数应略低于母材，其含碳量小于0.12%，但不得低于0.07%，否则会造成焊缝金属的冲击韧度、热强性等降低。图3-17所示为含碳量对10CrMo910钢焊缝金属冲击韧度的影响。

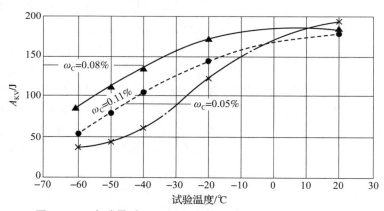

图3-17 含碳量对**10CrMo910**钢焊缝金属冲击韧度的影响

由图3-17所示，焊缝金属$\omega_C = 0.08\%$时的韧性明显高于$\omega_C = 0.05\%$的焊缝。

焊接珠光体耐热钢的焊条，可按焊条标准GB/T 5118—2012《热强钢焊条》选用。常用珠光体耐热钢的焊接材料可按表3-37选用。

表3-37 常用珠光体耐热钢的焊接材料选用

钢号	焊条	焊丝、焊剂牌号	气保焊焊丝牌号
12CrMo	E5515-CM（R207）	H10MoCrA + HJ350	H08CrMnSiMo
15CrMo	E5515-1CM（R307）	H08MoCrA + HJ350	H08CrMnSiMo
12Cr1MoV	E5515-1CMV（R317）	H08CrMoV + HJ350	H08CrMnSiMoV

续表

钢号	焊条	焊丝、焊剂牌号	气保焊焊丝牌号
2.25Cr - Mo	E6215 - 2C1M（R407）	H08Cr3MoMnA + HJ350	H08Cr3MoMnSi
12Cr2MoWVTiB	E5515 - 2CMWVB（R347）	H08Cr2MoWVNbB + HJ250	H08Cr2MoWVNbB

为控制焊接材料的含水量，在焊接工艺要求中应规定焊条与焊剂的保存和烘干温度，常用珠光体耐热钢焊条和焊剂的烘干温度见表 3 - 38。

表 3 - 38　常用珠光体耐热钢焊条和焊剂的烘干温度

焊条与焊剂		烘干温度/℃	烘干时间/h	保持温度/℃
型号	牌号			
E5015 - 1M3 E5515 - CM E5515 - 1CM	R107 R207 R307	350 ~ 400	1 ~ 2	127 ~ 150
E6215 - 2C1M E5515 - 1CMV E5515 - 2CMWVB	R407 R317 R347	—	—	—
HJ350，HJ250，HJ380		400 - 450	2 ~ 3	120 ~ 150
SJ101，SJ301，SJ601		300 - 350	2 ~ 3	120 ~ 150

3. 预热和焊后热处理

预热是防止珠光体耐热钢焊接冷裂纹和消除应力裂纹的有效工艺措施。生产中应结合具体条件，通过试验来确定预热及焊后热处理温度。预热温度的确定主要是依据钢的合金成分、接头的拘束度和焊缝金属的氢含量。母材碳含量大于0.45%，最高硬度大于350HV时，应考虑焊前预热。珠光体耐热钢的预热温度和焊后热处理见表 3 - 39。

表 2 - 39　珠光体耐热钢的预热温度和焊后热处理

钢号	预热温度/℃	焊后热处理温度/℃	钢号	预热温度/℃	焊后热处理温度/℃
12CrMo	200 ~ 250	650 ~ 700	12MoVWBSiRE	200 ~ 300	750 ~ 770
15CrMo	200 ~ 250	670 ~ 700	12Cr2MoWVB[①]	250 ~ 300	760 ~ 780
12Cr1MoV	250 ~ 350	710 ~ 750	12Cr3MoVSiTiB	300 ~ 350	740 ~ 760
17CrMo1V	350 ~ 450	680 ~ 700	20CrMo	250 ~ 300	650 ~ 700

续表

钢号	预热温度/℃	焊后热处理温度/℃	钢号	预热温度/℃	焊后热处理温度/℃
20Cr3MoWV	400~450	650~670	20CrMoV	300~350	680~720
Cr2.25Mo	250~350	720~750	15CrMoV	300~400	710~730
注：12Cr2MoWVB 气焊接头焊后应正火 + 回火处理，推荐：正火 1 000~1 030 ℃ + 回火 760~780 ℃。						

对于珠光体耐热钢来说，焊后热处理的目的不仅是消除焊接残余应力，更重要的是改善组织，提高接头的综合性能（包括提高接头的高温蠕变强度、组织稳定性、降低焊缝及热影响区的硬度）。珠光体耐热钢焊后一般做高温回火处理。回火参数主要是回火温度和保温时间，回火温度的范围为 580~760 ℃。选择回火参数时，应尽量避免在回火脆性及消除应力裂纹敏感温度范围内进行，并规定在危险温度区间内快速加热。

【项目实施】

焊接工艺如下：

（1）坡口 V 形 60°，钝边 1 mm。

（2）预热 150~200 ℃，层间温度不低于预热温度。

（3）采用 TIG 焊打底，手工电弧焊填充一层，盖面；焊后缓冷，用石棉布包扎。

（4）焊接材料：焊丝选用 TIG – R35，ϕ2.5 mm；焊条选用 E5515 – B2 – V（R317），ϕ3.2 mm。

（5）焊接参数：TIG 焊，电流 110~125 A，电压 12~14 V，喷嘴直径 ϕ12 mm，钨极直径 ϕ2.5 mm，氩气流量 12 L/min，焊接速度 3.0~4.0 cm/min；手弧焊，电流 100~120 A，电压 21~24 V，焊接速度 4.5~6.5 cm/min。

（6）焊后回火处理：温度 720~740 ℃，保温 0.5 h。

【学生学习工作页】

任务结束后，上交本项目学习工作页，见表 3 – 40。

表 3 – 40　12Cr1MoV 耐热钢管焊接工艺卡

任务名称		母材		保护气体	
学生姓名（小组编号）		时间		指导教师	
焊前准备 （如清理、坡口制备、预热等）					
焊后处理 （如清根、焊缝质量检测等）					

续表

层次	焊接方法	焊接材料		电源及极性	焊接电流/A	电弧电压/V	焊接速度/(cm·min⁻¹)	热输入/(J·cm⁻¹)
		牌号	规格					
焊接层次、顺序示意图：焊接层次（正/反）：					技术要求及说明：			

【学习评价】

采用自检、互检、教师检查的方式检查学习成果，评分标准如表 3 – 41 所示。

表 3 – 41　项目评分标准

考评类别	序号	考评项目	分值	考核办法	评价结果	得分
平时考核	1	出勤情况	10	教师点名；组长检查		
	2	小组活动中的表现	10	学生、小组、教师三方共同评价		
技能考核	3	分析焊接性情况	20	学生自查；小组互查；教师终检		
	4	制定焊接工艺情况	20	学生自查；小组互查；教师终检		
素质考核	5	工作态度	10	学生、小组、教师三方共同评价		
	6	个人任务独立完成能力	10	学生、小组、教师三方共同评价		
	7	团队成员间协作表现	10	学生、小组、教师三方共同评价		
	8	安全生产	10	学生、小组、教师三方共同评价		
合计			100	任务一总得分		

【全国向上、向善好青年：高磊】

高磊，男，中共党员，现任中国二冶集团钢结构工程技术分公司焊接实验室主任、中国冶金科工集团首席技师、电焊工高级技师。全国向上向善好青年、全国青年岗位能手、内蒙古自治区五一劳动奖章、内蒙古青年五四奖章、内蒙古自治区技术能手、包头工匠获得者。他充分发扬"踏实肯干、精益求精、追求极致"的匠人精神，刻苦钻研焊接技术，参与建设了由中国二冶承建的兰州柴家峡黄河大桥工程，被评为"全国优秀焊接工程奖"。在2021年全国行业职业技能竞赛第十五届全国工程建设焊工技能大赛，高磊荣获全国焊工个人单项金奖。

作为一名企业青年技术骨干，高磊踏实肯干、吃苦耐劳、精益求精的工匠精神影响了身边的每一个人。高于1 000 ℃滚烫的焊渣，飞溅出来烧穿衣服、烫伤皮肤，在高磊的手上、身上留下了十几处烫疤，最为惊险的一次是他眼球里还留下了2 mm的烫疤。

2014年，16岁的高磊进入中职学校开始学习并不被外界看好的焊接专业。每天一下课，高磊就会钻进车间练习焊接技术，对他来说没有周末也没有寒暑假。高磊每年快到除夕才回家，正月初三他又早早返回学校，这时家人都会给他带上很多饺子。那时，大多数学生都还没返校，食堂也没开门，结束了一天的实训后，高磊就用热水泡着饺子吃。焊枪溅起的火花好似烟花，盒饭里饺子的味道，是高磊对于过年的记忆。

2017年9月他升入高职学校。一年后，高磊参加了世界技能大赛，并通过市级、省级选拔赛，最终荣获第45届世界技能大赛全国焊工选拔赛二等奖。高磊记得，那次比赛规定要在8 h内完成3个模块的焊接，"当时是7月，天气特别的热，比赛结束之后浑身都湿透了，腰都直不起来。"

2019年，高磊毕业后进入中国二冶集团钢结构分公司工作，技术过硬的高磊经常面对最急最难的活儿。兰州柴家峡黄河大桥是目前国内曲率半径最小、跨度最大的"S"形曲线斜拉索桥。2020年，在兰州柴家峡黄河大桥焊接生产中，经检测发现桥梁箱体内部有焊缝缺陷，需仰脸焊接，难度极大。为了不耽误工期，高磊主动接下了这个难题，因桥梁箱体内部空间狭小，无法转身，高于40 ℃的热浪逼得他无法呼吸，但他还是克服困难顺利完成任务，焊口精美的成形和质量让在场专家惊叹不已，经第三方检测合格率达到100%，优良率为99.5%以上，高磊也因此获得"全国优秀焊接工程奖"。

课后巩固

1. 习题

（1）什么是合金结构钢？从方便焊接的角度出发是如何进行分类的？

（2）什么是高强度钢？按屈服强度级别和热处理状态分为哪几种？

（3）合金结构钢一般含有哪些合金元素？合金元素的作用如何？

（4）热轧与正火钢的主要强化元素和强化方式有何不同？其焊接性有何差异？

（5）低碳调质钢的成分和性能有何特点？

（6）低碳调质钢焊接时可能出现什么问题？

（7）低碳调质钢在什么情况下需要预热？为什么有最低预热温度的要求？

（8）简述低碳调质钢的焊接工艺要点。

（9）低合金高强度钢焊接时，选择焊接材料的原则是什么？

（10）中碳调质钢焊接时容易出现哪些问题？

（11）低碳调质钢和中碳调质钢都属于调质钢，它们的焊接热影响区脆化机理是否相同？为什么低碳调质钢在调质状态下焊接可以保证焊接质量，而中碳调质钢一般要求焊后调质处理？

2. 实训

（1）依据热轧及正火钢、低碳调质钢、中碳调质钢的焊接工艺，准备试验材料及工具；

（2）根据热轧及正火钢、低碳调质钢、中碳调质钢的焊接参数，进行钢板的焊接；

（3）按照热轧及正火钢、低碳调质钢、中碳调质钢的焊缝评定要求，进行焊接试验结果评定并给出评定结果。

模块四 不锈钢及其焊接工艺

知识目标

1. 掌握不锈钢的成分、种类、性能特点和应用。

2. 掌握奥氏体型不锈钢、铁素体型不锈钢和马氏体型不锈钢的焊接性特点和焊接工艺要点。

技能目标

1. 能够根据不锈钢的成分和性能特点判断其焊接性。

2. 能够根据不锈钢的成分、性能特点、板厚及使用条件正确制定焊接工艺并编制焊接工艺卡。

3. 能够根据焊接结构特点和焊接接头性能要求制定和编写常用典型不锈钢的焊接工艺。

素质目标

1. 具有良好的敬业精神、责任意识、竞争意识、创新意识。

2. 具有观察、发现、提出问题并运用所学的综合知识，认真思考、积极探索以及解决问题的能力。

职业素养

职业行为习惯——中华技能大奖获得者"江南船王"刘维新勇于钻研、迎难而上的职业素养，培养学生敢于探索、知难而进的攀登精神。

不锈钢是指能耐空气、水、酸、碱、盐及其溶液和其他腐蚀介质腐蚀的，具有高度化学稳定性的钢种。这类钢除了具有优良的耐蚀性能外，还具有优良的力学性能、工艺性能，以及很大的工作温度范围（$-269 \sim 1\,050\ ℃$），适于制造要求耐腐蚀、抗氧化、耐高温和超低温的零部件和设备，广泛应用于石油、化工、电力、仪表、食品、医疗、航空及核能等工业部门。

不锈钢中主加元素铬的质量分数一般大于 12%，通常还含其他合金元素，如 Ni、Mn、Mo 等。不锈钢之所以具有耐蚀性，一是因为不锈钢中含有一定量的 Cr 元素，能在钢材表面形成一层不溶于腐蚀介质的坚固的氧化钝化膜，使金属与外界介质隔离而不发生化学作用；二是因为大部分金属腐蚀均属于电化学腐蚀，铬的加入可提高钢基体的电极电位；三是因为 Cr、Ni、Mn、N 等元素的加入会促使形成单相组织，阻止形成微电池，从而提高耐蚀性。

按照合金元素对不锈钢组织的影响和作用的程度，将其分为两大类：一类是形成或稳定奥氏体的元素，如 C、Ni、Mn、N 和 Cu 等；另一类是缩小或封闭奥氏体区即形成铁素体的元素，如 Cr、Si、Mo、Ti、Nb、V、W 和 Al 等。

项目一　不锈钢的类型和性能

不锈钢及
耐热钢的分类

一、不锈钢的分类

不锈钢是指能耐空气、水、酸、碱、盐及其溶液和其他腐蚀介质腐蚀的，具有高度化学稳定性的合金钢的总称。耐热钢是抗氧化钢和热强钢的总称。在高温下具有较好的抗氧化性并有一定强度的钢种称为抗氧化钢；在高温下有一定的抗氧化能力和较高强度的钢种称为热强钢。一般来说，耐热钢的工作温度要超过 300 ~ 350 ℃。

如果将铬的质量分数高于 12% 的耐腐蚀钢统称为不锈钢的话，耐热钢中大部分也可称为不锈耐热钢，二者的区别主要是用途和使用环境条件不同。不锈钢主要是在温度不高的湿腐蚀介质条件下使用的，尤其是在酸、碱、盐等强腐蚀溶液中，耐腐蚀性能是其最关键、最重要的技术指标。耐热钢则是在高温气体环境下使用的，除耐高温腐蚀（如高温氧化，可谓干腐蚀的典型）的必要性能外，高温下的力学性能是评定耐热钢质量的基本指标。其次，不锈钢为提高耐晶间腐蚀等性能，碳含量越低越好，而耐热钢为保持高温强度，一般碳含量均较高，一些不锈钢也可作为热强钢使用。而一些热强钢也可用作不锈钢，可称为"耐热型"不锈钢。例如，同一牌号简称 18 – 8 的 1Cr18Ni9Ti 既可作为不锈钢，也可作为热强钢。而简称 25 – 20 的 Cr25Ni20，降低碳含量的 0Cr25Ni20 或 00Cr25Ni20、000Cr25Ni20 是作为不锈钢使用的，提高碳含量的 2Cr25Ni20 或 4Cr25Ni20 只能作为耐热钢。

> 想一想
>
> 　你的生活用品中哪些是由不锈钢制成的？

1. 按主要化学成分分类

1）铬不锈钢

铬不锈钢指 Cr 的质量分数介于 12% ~ 30% 的不锈钢，其基本类型为 Cr13 型。

2）铬镍不锈钢

铬镍不锈钢指 Cr 的质量分数介于 12% ~ 30%、Ni 的质量分数介于 6% ~ 12% 及含其他少量元素的钢种，基本类型为 Cr18Ni9 钢。

3）铬锰氮不锈钢

铬锰氮不锈钢中氮作为固溶强化元素，可提高奥氏体不锈钢的强度而并不显著降低钢的塑性和韧性，同时提高钢的耐腐蚀性能，特别是耐局部腐蚀，如晶间腐蚀、点腐蚀和缝隙腐蚀等，这类钢种有 1Cr18Mn8Ni5N、1Cr18Mn6Ni5N 等。

2. 按用途分类

1）不锈钢

不锈钢包括在大气环境下及在有侵蚀性化学介质中使用的钢，工作温度一般不超过

500 ℃，要求耐腐蚀，对强度要求不高。

应用最广泛的有高 Cr 钢（如 1Cr13、2Cr13）和低碳 Cr－Ni 钢（如 0Cr19Ni9、1Cr18Ni9Ti）或超低碳 Cr－Ni 钢（如 00Cr25Ni22Mo2、00Cr22Ni5Mo3N 等），耐蚀性要求高的尿素设备用不锈钢，常限定 $\omega_C \leqslant 0.02\%$、$\omega_{Cr} \geqslant 17\%$、$\omega_{Mo} \geqslant 2.2\%$。耐蚀性要求更高的不锈钢，还须提高纯度，如 $\omega_C \leqslant 0.01\%$、$\omega_S \leqslant 0.01\%$、$\omega_P \leqslant 0.01\%$、$\omega_{Si} \leqslant 0.1\%$，即所谓高纯不锈钢，例如 000Cr19Ni15、000Cr25Ni20 等。

2）抗氧化钢

抗氧化钢是指在高温下具有抗氧化性能的钢，它对高温强度要求不高，工作温度可高达 900～1100 ℃。常用的钢有高 Cr 钢（如 1Cr17、1Cr25Si2）和 Cr－Ni 钢（如 2Cr25Ni20、2Cr25Ni20Si2）。

3）热强钢

这类钢在高温下既要有抗氧化能力，又要具有一定的高温强度，工作温度可高达 600～800 ℃，广泛应用的是 Cr－Ni 钢，如 1Cr18Ni9Ti、1Cr16Ni25Mo6、4Cr25Ni20、4Cr25Ni34 等。以 Cr12 为基的多元合金化高 Cr 钢（如 1Cr12MoWV）也是重要的热强钢。

3. 按组织分类

按不锈钢使用状态的金相组织分有铁素体、马氏体、奥氏体、铁素体＋奥氏体和沉淀硬化型不锈钢五类，前两类基本属于 Cr 系不锈钢，后三者属于 Cr－Ni 系不锈钢。

1）铁素体型不锈钢

这类钢的室温组织为铁素体，ω_{Cr} 为 13%～30%，不含镍，有些加入铁素体稳定化元素，如 Al、Nb、Mo 和 Ti 等，无相变，故不能通过热处理方法强化，存在加热时晶粒长大的不可逆性。高铬（$\omega_{Cr} = 17\%～30\%$）铁素体型不锈钢在 475 ℃ 和 σ 相析出会产生脆性，钢的缺口敏感性和脆性转变温度较高，在加热后对晶间腐蚀也较敏感。

低铬铁素体不锈钢在弱腐蚀介质（如淡水）中，有良好的耐蚀性。高铬铁素体有良好的抗高温氧化能力，在氧化性酸溶液（如硝酸溶液）中有良好的耐蚀性，故其在硝酸和化肥工业中广泛使用。

铁素体型不锈钢的典型牌号有 022Cr2、10Cr17、10Cr17Mo、008Cr30Mo2 等，主要用于制造硝酸化工设备的吸收塔、热交换器、储运和运输硝酸用的槽罐，以及不承受冲击载荷的其他零部件和设备。

2）马氏体型不锈钢

这类钢室温组织为马氏体，$\omega_{Cr} \geqslant 13\%$，含碳量较高（$\omega_C = 0.1\%～0.4\%$），可采用热处理方法强化。其淬透性较高，含碳高的钢在空气中冷却也能得到马氏体。钢在淬火－回火状态下使用，有较高的强度、硬度和耐磨性，通常用于制造在弱腐蚀性介质（如海水、淡水、水蒸气等）中受力较大的零件和工具，其使用温度小于或等于 580 ℃，在汽轮机和燃气轮机中应用广泛。这类钢焊接性能不好，一般不用作焊接件。但是，经过复杂合金化的 12% 铬型马氏体钢具有很高的热强性，不仅中温瞬时强度高，而且中温持久性能及抗蠕变性能也相当优越，耐应力腐蚀及冷热抗疲劳性能良好，适于在 550～600 ℃ 以下及湿热条件下工件的承力件和焊接构件。

马氏体型不锈钢的牌号有 12Cr13、20Cr13、30Cr13、14Cr17Ni2 等。

3）奥氏体型不锈钢

这类钢是在高铬不锈钢中添加适当的镍（镍的质量分数为 8%～25%）而形成的室温组织为奥氏体组织的不锈钢，这类钢在不锈钢中应用最广，以高 Cr - Ni 钢最为典型，其中以 Cr18 - Ni8 为代表的系列简称为 18 - 8 钢，以 Cr25Ni20 为代表的系列简称 25 - 20 钢等。

奥氏体型不锈钢的 M_s 点降到室温以下，从室温到熔点基本上是无相变的奥氏体组织，无淬硬性。其屈服点较低，只能通过冷作硬化来提高强度。此外这类钢具有晶间腐蚀倾向。

奥氏体型不锈钢中添加钛和铌，可使碳化物稳定，提高钢的耐晶间腐蚀能力。此外，降低钢的含碳量也有相同的效果，如含碳量 0.02%～0.03% 的超低碳奥氏体不锈钢，不仅没有晶间腐蚀，而且不会产生含钛、铬不锈钢焊后常出现的刀状腐蚀。钢中添加 2%～3% 的钼，可提高钢的钝化范围，使之在硫酸、尿素、磷酸以及含氯离子介质中也能有较好的耐蚀性，并降低钢的晶间腐蚀倾向，提高耐点蚀能力。

4）奥氏体 - 铁素体型双相不锈钢

这类钢是在 18 - 8 型奥氏体不锈钢的基础上，添加更多的铬、钼、硅等有利于形成铁素体的元素，或降低钢的含碳量而获得室温组织为奥氏体 + 铁素体的不锈钢。钢中铁素体 δ 的体积分数为 60%～40%，而奥氏体 γ 的体积分数为 40%～60%，故又称双相不锈钢，如 022Cr19Ni5Mo3Si2N、12Cr21Ni5Ti 等。这类钢不能淬硬，有磁性，其屈服点为奥氏体型不锈钢的两倍，焊接性良好，韧性较高，应力腐蚀、晶间腐蚀及焊接时的热裂倾向均小于奥氏体型不锈钢。其缺点是在 550～900 ℃ 范围内使用或保温有 σ 相脆化倾向，多用于在一定温度范围下工作的焊接件，特别适用于各种工业用的热变换器，能解决化工和石油化工中许多严重的腐蚀问题。

5）沉淀硬化（PH）不锈钢

这是一类经过时效强化处理以形成析出硬化相的高强度不锈钢。最典型的有马氏体沉淀硬化钢，如 0Cr17Ni4Cu4Nb（简称 17 - 4PH）；半奥氏体（奥氏体 + 马氏体）沉淀硬化钢，如 0Cr17Ni7A1（17 - 7PH）。这类钢的优点是经沉淀硬化处理后具有高的强度、良好的耐蚀性，主要用于制造强度高、耐蚀的容器和构件。这类钢的缺点是热处理工艺相对复杂。

二、不锈钢的性能

1. 不锈钢的物理性能

不锈钢与低碳钢的物理性能有很大差别，一般来讲，具有同类组织状态的钢，其物理性能也基本相同。不同类别不锈钢和低碳钢的物理性能见表 4 - 1。由表 4 - 1 可以看出，奥氏体型不锈钢的线胀系数比低碳钢大将近 50%，而热导率仅为低碳钢的 1/3 左右；铁素体型不锈钢和马氏体型不锈钢的线胀系数与低碳钢相近，而热导率仅为低碳钢的 1/2 左右。由于奥氏体型不锈钢的特殊物理性能，故其在焊接过程中会产生较大的焊接变形，特别是在焊接异种钢时，由于两种材料的热导率和线胀系数有很大差别，故会产生很大的残余应力，其成为焊接接头产生裂纹的主要原因之一。

不锈钢及耐热钢的特性

表4-1　不同类别不锈钢和低碳钢的物理性能

物理性能	钢种			
	低碳钢	奥氏体不锈钢	铁素体不锈钢	马氏体不锈钢
密度/(g·cm^{-3})	7.8	7.8~8.0	7.8	7.8
线胀系数（0~538 ℃)/10^{-6}℃	11.7	17.0~19.2	11.2~12.1	11.2~12.1
热导率（100 ℃)/[W·(m·K)$^{-1}$]	60	18.7~22.8	24.4~26.3	28.7
比热容（0~100 ℃)/[J·(kg·K)$^{-1}$]	480	460~500	460~500	420~460
电阻率/(10^{-8}Ω·m^{-1})	12	69~102	59~67	55~72
熔点/℃	1 538	1 400~1 450	1 480~1 530	1 480~1 530

> **想一想**
>
> 焊接不锈钢时，是否会产生磁偏吹？

奥氏体型不锈钢不能利用热处理进行强化来提高硬度，而是通过冷加工硬化提高硬度，通常没有磁性，经过变形量较大的冷加工时，会产生形变诱导马氏体而具有较弱的磁性，可用热处理方法来消除马氏体和磁性。

2. 不锈钢的力学性能

不锈钢常温的力学性能与金相组织有着密切关系。马氏体不锈钢退火状态下强度低，塑性、韧性好，经淬火硬化，显示出很高的抗拉强度，但塑性、韧性降低。铁素体不锈钢没有淬硬性，抗拉强度几乎与碳素钢相同，但一般韧性较低。奥氏体不锈钢的抗拉强度高，塑性、韧性也好，但屈服点较低。典型不锈钢的力学性能见表4-2。

表4-2　典型不锈钢的力学性能

类型	牌号	热处理状态	抗拉强度 R_m/MPa	伸长率 A/%	硬度 /HBW
奥氏体型	06Cr19Ni10	固溶处理	≥520	≥40	≤187
	06Cr19Ni10N		≥550	≥35	≤217
	06Cr25Ni20		≥520	≥40	≤187
	06Cr17Ni12Mo2Ti		≥530	≥35	≤187
奥氏体–铁素体型	022Cr19Ni5Mo3Si2	固溶处理	≥590	≥20	—
	14Cr18Ni11Si4A1Ti		≥715	≥30	—
	12Cr21Ni5Ti		≥635	≥20	—
	022Cr25Ni6Mo2N		≥590	≥18	≤277

续表

类型	牌号	热处理状态	抗拉强度 R_m/MPa	伸长率 A/%	硬度 /HBW
铁素体型	06Cr13Al	退火处理	≥410	≥20	≤183
	10Cr15		≥450	≥22	≤183
	022Cr18Ti		≥365	≥22	≤183
	10Cr17Mo		≥410	≥20	≤217
	019Cr19Mo2NbTi		≥410	220	≤217
马氏体型	12Cr12	退火处理	≥440	≥20	≤200
	12Cr13		≥440	≥20	≤183
	30Cr13		≥540	≥18	≤235
	14Cr17Ni2[①]		≥1080	≥10	—

注：①14Cr17Ni2 为淬火回火状态下的抗拉性能

不锈钢比碳素钢高温强度高、耐氧化性好，适于高温使用，其中，铁素体和奥氏体不锈钢可作为耐热钢来使用。但必须注意 δ 相析出和 475 ℃脆性等问题。马氏体不锈钢因会发生相变，故使用温度受到限制。在高温强度上 18-8 型奥氏体不锈钢优于马氏体和铁素体不锈钢。若再添加 Nb、Mo 等元素或增加 Ni 和 Cr 含量，则高温强度将进一步提高。

奥氏体不锈钢与铁素体和马氏体不锈钢相比，显示了相当好的冲击韧度。因为奥氏体的晶粒构造是面心立方晶格，在极低的温度下也有良好的韧性，所以能用于制造液化天然气、液氯、液氧的容器设备；而马氏体和铁素体不锈钢的韧性低，不适于低温使用。

3. 不锈钢的耐蚀性能

金属受介质的化学及电化学作用而破坏的现象称为腐蚀。一种不锈钢可在多种介质中具有良好的耐蚀性，但在另外某种或某些介质中，却可能因化学稳定性低而发生腐蚀，所以一种不锈钢不可能对所有介质都具有耐蚀性。不锈钢的主要腐蚀形式有均匀腐蚀（表面腐蚀）、晶间腐蚀、点腐蚀、缝隙腐蚀和应力腐蚀五种。

1）均匀腐蚀

均匀腐蚀是接触腐蚀介质的金属表面全部产生腐蚀的现象。由于不锈钢中铬的质量分数在 12.5% 以上，在氧化性介质中容易在表面形成富铬氧化膜，该膜能够阻止金属的离子化而产生钝化作用，同时能提高基体的电极电位，因此提高了不锈钢的耐均匀腐蚀性能。

2）晶间腐蚀

晶间腐蚀是起源于金属表面沿金属晶界发生的有选择地深入金属内部的腐蚀。该种腐蚀是一种局部腐蚀，能够导致晶粒间结合力的丧失，使材料强度几乎消失。在所有的腐蚀形式中，晶间腐蚀的危害性最大，容易造成设备突然破坏，而在金属外形上没有任何变化。奥氏体型不锈钢和铁素体型不锈钢均会产生晶间腐蚀。

3）点腐蚀

点腐蚀是在金属表面产生的尺寸约小于 1.0 mm 的穿孔性或蚀坑性的宏观腐蚀。它是以腐蚀破坏形貌特征命名的，主要是由材料表面钝化膜的局部破坏引起的。试验研究表明，材料的阳极电位值越高，抗点腐蚀能力越好。超低碳高铬镍含钼奥氏体型不锈钢和超高纯度含钼高铬铁素体型不锈钢均有较高的耐点腐蚀性能。

4）缝隙腐蚀

缝隙腐蚀是在金属构件缝隙处发生的斑点状或溃疡形宏观蚀坑。它是以腐蚀部位的特征命名的，常发生在垫圈、铆接、螺钉连接缝、搭接的焊接接头等部位，主要是由介质的电化学不均匀性引起的。从材料试验结果分析上看，06Cr19Ni10 及 022Cr17Ni12Mo2 奥氏体型不锈钢、铁素体及马氏体型不锈钢在海水中均有缝隙腐蚀的倾向。适当增加铬、钼含量可以改善抗缝隙腐蚀的能力。实际上只有采用钛、高钼镍基合金和铜合金等，才能有效地防止缝隙腐蚀的发生。因此，改变介质成分和结构形式是防止缝隙腐蚀的重要措施。

5）应力腐蚀

应力腐蚀又称应力腐蚀开裂，是指在拉伸应力与电化学介质的共同作用下，由阳极溶解过程引起的断裂。其产生的条件如下：

（1）介质条件。应力腐蚀的最大特点之一是在腐蚀介质与材料的组合上有选择性，在特定组合以外的条件下不产生应力腐蚀。

作为奥氏体型不锈钢应力腐蚀的介质因素是溶液中 Cl^- 离子含量和含氧量的关系。尽管 Cl^- 离子含量很高，但含 O 量很少时，不会产生应力腐蚀裂纹；反之，也不会产生应力腐蚀裂纹，即强调了两者共存的条件。此种现象又常称为氯脆。

（2）应力条件。应力腐蚀破裂在拉应力作用下才能产生。引起应力腐蚀的应力主要是焊接残余应力，其次是零件冷、热加工中的残余应力。消除残余应力是防止应力腐蚀最有效的措施之一。

（3）材料条件。一般条件下纯金属不会产生应力腐蚀，应力腐蚀均发生在合金中。在晶界上的合金元素是引起合金晶间开裂应力腐蚀的重要原因。

应力腐蚀开裂在断裂部位上具有以下特征：一般在近介质表面出现；没有总体均匀腐蚀；宏观裂纹较平直，常常有分枝、花纹和龟裂；微观裂纹一般有分枝特征，裂纹尖端较锐利，根部较宽，且常起源于点蚀坑底和表面；有沿晶、穿晶与混合型裂纹。断口形貌特征：一般无显著的塑性变形；宏观断口粗糙，多呈结晶状、层片状、放射状和山形形貌。

> **想一想**
> 防止金属腐蚀的方法有哪些？

项目二　奥氏体型不锈钢的焊接

【任务概述】

某化工厂的甲基丙酮装置工程氢气压缩机及反应器配管母材材质为 1Cr18Ni9Ti，管内为氢气，介质属于易燃、易爆气体；设计工作压力为 70～140 kgf/cm²，最大管径为32 mm，最小管径为 12 mm，壁厚均为 3.5 mm。根据其材质及结构制定焊接工艺并进行焊接。

【任务分析】

1Cr18Ni9Ti 钢中，$\omega_C \approx 0.1\%$，$\omega_{Cr} \approx 18\%$，$\omega_{Ni} \approx 9\%$，$\omega_{Ti} \approx 1\%$，此钢为奥氏体不锈钢，由于含 Ni 量高，Ni 与 S 化合形成 NiS，NiS 与 Ni 形成 640 ℃低熔点共晶，热裂纹倾向增大；奥氏体不锈钢冷却过程中，不发生组织转变，晶粒粗大。

【学习目标】

（1）熟悉奥氏体不锈钢的焊接性。
（2）掌握奥氏体不锈钢的焊接工艺要点。
（3）学会制定奥氏体不锈钢的焊接工艺。
（4）学会编制焊接工艺卡片。

【知识准备】

一、奥氏体不锈钢的类型及特性

根据主加元素铬、镍含量的不同，奥氏体不锈钢可分以下几种类型：

1. 18 – 8 型钢

它是应用最多的奥氏体不锈钢，如 $\omega_C \leq 0.03\%$ 的 00Cr18Ni9 钢可用于超低温结构，添加稳定性元素的 1Cr18Ni9Ti 钢可用于 700 ~ 800 ℃以下受腐蚀介质作用的结构。这类钢由于含镍量较低，常温时所形成的奥氏体不稳定，因而冷作硬化倾向较大。

2. 18 – 12 型钢

一般这类钢中，$\omega_{Mo} = 2\% \sim 3\%$，如 Cr18Ni12Mo 钢，在各类酸（含有机酸和无机酸）中，尤其是在还原酸中能提高其耐蚀性，故一般作为耐酸钢使用。为进一步提高在还原酸中的耐蚀性，还可加入 2% ~ 2.5% 的 Cu。由于钼是缩小 γ 相区的元素，为了固溶处理后能得到单一的奥氏体组织，需将含镍量提高到 12% 左右。钼有明显细化晶粒的作用，能提高抗热裂能力并改善综合力学性能和耐热性能。因此，Cr18Ni12Mo 钢可作为热强钢使用。

3. 25 – 20 型钢

这类钢的铬、镍含量都很高，如 Cr25Ni20Si 钢，具有很好的高温抗氧化性、组织稳定性和耐热性，可以作为高温（达 1 050 ℃）腐蚀条件下工作的热稳定钢使用。钢中一般 $\omega_{Si} = 2\%$ 左右，以提高高温抗氧化性能和改善铸造性能。由于含镍最高，故奥氏体稳定性大，但焊接热裂纹倾向也较大，与高铬（$\omega_{Cr} > 16\%$）铁素体钢一样，具有高温下 σ 相析出而脆化的倾向。

由上可见，铬镍不锈钢可作为低温或超低温钢、耐蚀钢（抗大气或轻微介质腐蚀）、耐酸钢（耐化学介质腐蚀）、热强钢（< 700 ~ 800 ℃）及热稳定钢（< 1 050 ℃）使用。

二、奥氏体型不锈钢的焊接性

奥氏体不锈钢在任何温度下都不会发生相变，对氢脆不敏感，在焊态下也有较好的塑性和韧性。焊接的主要问题是：焊接热裂纹、脆化、晶间腐蚀和应力腐蚀等。此外，奥氏体不锈钢导热性能差，线膨胀系数大，焊接应力和变形较大。

奥氏体不锈钢的
焊接热裂纹

1. 焊接热裂纹

奥氏体型不锈钢焊接时，热裂纹敏感性较高，在焊缝及近缝区都有可能出现热裂纹。最常见的是焊缝凝固裂纹，也可能在热影响区（HAZ）或多层焊道间金属出现液化裂纹。

1）焊接接头产生热裂纹的原因

奥氏体型不锈钢热裂纹敏感性较高，主要取决于其化学成分、组织与性能。

（1）化学成分。

奥氏体型不锈钢中的镍易与硫、磷等杂质形成低熔点共晶，如 Ni－S 共晶熔点为 645 ℃，Ni－P 共晶熔点为 880 ℃，比 Fe－S、Fe－P 共晶的熔点更低，危害性也更大。其他元素如硅、硼、铌等，也能形成有害的易熔晶间层，这些低熔点共晶会导致热裂纹的产生。

（2）组织。

奥氏体型不锈钢焊缝易形成方向性强的粗大柱状晶组织，结晶过程中容易产生有害杂质元素的偏析，从而导致形成连续的低熔点晶间液态膜，增加热裂纹的敏感性。

（3）性能。

奥氏体不锈钢热导率小、线胀系数大，在焊接局部加热和冷却条件下，焊接接头高温停留时间长，易产生较大的焊接残余拉应力，促使焊接热裂纹的产生。

奥氏体型不锈钢的焊接热裂纹倾向比低碳钢大得多，尤其是高镍奥氏体型不锈钢。

> **想一想**
>
> 低合金高强钢防止热裂纹措施与奥氏体型不锈钢有何异同？

2）防止奥氏体型不锈钢产生热裂纹的主要措施

（1）冶金措施。

①严格控制焊缝金属中有害杂质元素的含量。钢中镍含量越高，越应该严格控制硫、磷、硼、硒等有害元素的含量。

②调整焊缝化学成分。加入铁素体化元素，使焊缝金属出现奥氏体－铁素体双相组织，能够有效地防止焊缝热裂纹的产生。如 18－8 钢焊缝组织中有少量铁素体（δ）相存在，则抗裂性能大大提高，如图 4－1 所示。这是因为 δ 相的存在打乱了奥氏体焊缝柱状晶的方向性（见图 4－2）、细化了晶粒，低熔点的杂质被铁素体分散和隔开，避免了低熔点杂质呈连续网状分布，从而阻碍热裂纹扩展和延伸；δ 相能溶解较多的硫、磷等微量元素，使其在晶界上的数量大为减少，从而提高焊缝抗热裂纹的能力。常用的铁素体化元素有铬、钼、钒等。

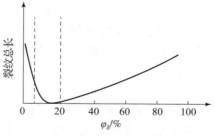

图 4－1　δ 相含量对焊缝热裂倾向的影响

φ—体积分数（后同）

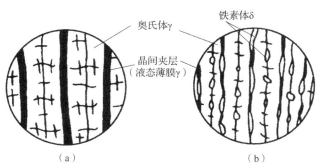

图 4-2 δ相在奥氏体基体上的分布

(a) 单相 γ；(b) γ+δ

③控制焊缝金属中的铬镍比。对于 18-8 型不锈钢来说，当焊接材料的铬镍比小于 1.61 时，容易产生热裂纹；而铬镍比达到 2.3~3.2 时，就可以防止热裂纹的产生。这一措施的实质也是为保证有一定量的铁素体存在。

④在焊缝金属中加入少量的铈、锆、钽等微量元素。这些元素可以细化晶粒，也可以减少焊缝对热裂纹的敏感性。

上述冶金因素主要是通过选择焊接材料来达到调整焊缝化学成分的目的。目前，我国生产的 18-8 型不锈钢焊条的熔敷金属都能获得奥氏体-铁素体双相组织。

（2）工艺措施。

焊接时应尽量减小熔池过热程度，以防止形成粗大的柱状晶。因此，焊接时宜采用小热输入及小截面的焊道；多层焊时，道间温度不宜过高，以免焊缝过热；焊接过程中焊条不允许摆动，应采用窄焊缝的操作技术。

此外，液化裂纹主要出现在 25-20 型奥氏体型不锈钢的焊接接头中。为防止液化裂纹的产生，除了严格限制母材中的杂质含量、控制母材的晶粒度外，在工艺上应尽量采用高能量密度的焊接方法、小热输入和提高接头的冷却速度等措施，以减少母材的过热和避免近缝区晶粒的粗化。

2. 焊接接头的晶间腐蚀

有些奥氏体型不锈钢的焊接接头在腐蚀介质中工作一段时间后可能发生局部沿着晶界的腐蚀，称为晶间腐蚀。06Cr19Ni10 不锈钢的晶间腐蚀如图 4-3 所示。根据母材类型和所采用焊接材料与焊接工艺不同，奥氏体型不锈钢焊接接头的晶间腐蚀可能发生在焊缝区、HAZ 敏化区（600~1 000 ℃）和熔合区，如图 4-4 所示。

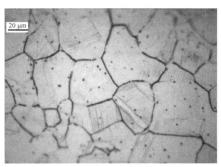

图 4-3 06Cr19Ni10 不锈钢的晶间腐蚀

奥氏体不锈钢的
分类及其焊缝的
晶间腐蚀

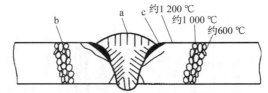

图 4 - 4　奥氏体型不锈钢焊接接头可能发生晶间腐蚀的部位

a—焊缝区；b—HAZ 敏化区；c—熔合区

1）产生晶间腐蚀的原因

（1）奥氏体型不锈钢焊缝和 HAZ 敏化区的晶间腐蚀，都与敏化过程使晶界形成贫铬层有关。

奥氏体型不锈钢在固溶状态下，碳以过饱和形式溶解在 γ 固溶体中。加热时，过饱和的碳与铬结合，以 $Cr_{23}C_6$ 的形式沿晶界析出。$Cr_{23}C_6$ 析出消耗了大量的铬，因而使晶界附近铬的质量分数降到低于钝化所需的最低质量分数，从而在晶界表面形成了贫铬层。贫铬层的电极电位比晶粒内低得多，当金属与腐蚀介质接触时，就形成了微电池，电极电位低的晶界成为阳极，因此被腐蚀介质溶解腐蚀。

奥氏体型不锈钢在加热到 450~850 ℃ 时，对晶间腐蚀最敏感，此温度区间称为敏化温度区。这是因为当温度低于 450 ℃ 时，碳原子活动能力很弱，$Cr_{23}C_6$ 析出困难，不会形成贫铬层；而当温度高于 850 ℃ 时，晶粒内部的铬获得了足够的动能，扩散到晶界，从而使已形成的贫铬层消失；在 450~850 ℃ 温度区间内，既有利于 $Cr_{23}C_6$ 的析出，晶粒内部的铬原子又不能扩散到晶界，最容易形成贫铬层，对晶间腐蚀最敏感。当然，如果在 450~850 ℃ 温度区间加热足够长的时间，晶内的铬原子也可以扩散到晶界使贫铬层消失。

（2）熔合区的晶间腐蚀（刀蚀）产生的原因也是在晶界上有 $Cr_{23}C_6$ 型碳化物沉淀而形成贫铬层所致。

熔合区的晶间腐蚀特点是沿焊接熔合线走向似刀削切口状向内腐蚀，故称刀状腐蚀，简称刀蚀。如图 4 - 5 所示。

图 4 - 5　刀状腐蚀形貌

在含有 Ti 或 Nb 的奥氏体不锈钢焊接接头的过热区内，加热温度超过 1 200 ℃ 的部位，TiC 或 NbC 将全部固溶于奥氏体内，冷却时将有部分固溶的碳原子扩散并偏聚于晶界附近，呈过饱和状态，而钛和铌则因扩散能力低而留在晶内。如果焊接接头在敏化温度区间再次加热，过饱和的碳将在奥氏体晶界以 $Cr_{23}C_6$ 形式析出，而 Ti、Nb 由于在奥氏体相的扩散速度非常慢，很难迁移到晶界与碳再次结合，这样 Ti、Nb 就失去了稳定化元素的作用，使晶界形成贫铬层，在腐蚀介质的作用下就会产生刀蚀。高温过热和中温敏化是导致焊接接头过热区产生刀蚀的必要条件。

2）防止焊接接头产生晶间腐蚀的措施

（1）冶金措施。

①降低母材和焊缝中的含碳量。碳是造成晶间腐蚀的主要元素，最大限度地降低碳在焊缝金属中的含量，降到碳在不锈钢中室温溶解极限值以下，使碳不可能与铬生成 $Cr_{23}C_6$，从根本上消除晶界的贫铬区。奥氏体不锈钢中碳的质量分数小于 0.03% 时，全部溶解在奥氏体中，即使在 450~850 ℃时加热或工作也不会形成贫铬层，不会产生晶间腐蚀。

②在钢中加入稳定的碳化物形成元素，改变碳化物的类型。如钛、铌、钽和锆等时，这些元素将优先与碳结合，从而避免了贫铬层的产生。以此目的而加入的合金元素称为稳定剂，在实际应用中以钛、铌最为普遍，如 S32168、S34778 及焊丝 H06Cr19Ni10Ti、H06Cr20Ni10Nb 等。

③改变焊缝的组织状态。在焊缝中加入铁素体形成元素，如铬、硅、铝、钼等，使焊缝形成奥氏体加铁素体的双相组织。铬在铁素体中的扩散速度比在奥氏体中快，因此铬在铁素体内较快地向晶界扩散，减轻了奥氏体晶界的贫铬现象。一般控制焊缝金属中铁素体的体积含量为 5%~10%，如铁素体过多，也会使焊缝变脆。

如上所述，为了使焊缝金属中含有恰当的合金元素种类和数量，只有从焊接材料着手，选择满足上述冶金因素条件的焊条、焊剂及焊丝，才能使焊缝金属达到不产生晶间腐蚀的目的。

（2）工艺措施。

①选择合适的焊接方法，即选择热量集中的焊接方法，让焊接接头尽可能地缩短在敏化温度区间停留的时间。对于薄件、小型、规则的焊接接头，应选用能量集中的真空电子束焊、等离子弧焊、钨极氩弧焊；对于中等厚度板材的焊缝，可采用熔化极气体保护焊；而大厚度板材的焊接，应选用埋弧焊、焊条电弧焊等常用的焊接方法，不宜采用气焊。

②焊接参数应在保证焊缝质量的前提下，采用小的焊接电流、快的焊接速度。

③在焊接操作时，尽量采用窄焊缝，一次焊成的焊缝不宜过宽，一般不超过焊条直径的三倍。采用多层多道焊时，每焊完一层要彻底清除焊渣，并控制层间温度，等到前层焊缝冷却后（≤150 ℃）再焊接下一层。在施焊过程中，焊接管子采用氩弧焊打底时，可以不加填充材料，在可能的条件下，管内通氩气保护，其作用是保护熔池不易氧化，加快焊缝的冷却速度，有利于背面焊缝的成形。对于接触腐蚀介质的焊缝，在有条件的情况下一定要最后施焊，以减少接触介质焊缝的受热次数。

④强制焊接区的快速冷却。奥氏体不锈钢不会产生淬硬现象，所以在焊接过程中可以设法增加焊接接头的冷却速度，如采用在焊缝背面加铜衬垫或直接浇水等措施使接头快速冷却。

⑤对焊接接头进行固溶处理。固溶处理是把钢加热到 1 050~1 150 ℃，此时碳重新溶解入奥氏体中，得到成分均匀的单相奥氏体组织，然后快速冷却，使高温过饱和固溶体组织状态保持到室温。固溶处理后，奥氏体型不锈钢具有最低的强度和硬度，最好的耐蚀性，是防止晶间腐蚀的重要手段。出现敏化现象的奥氏体不锈钢可再次采用固溶处理来消除晶间腐蚀倾向。

⑥进行稳定化处理。稳定化处理是针对含稳定剂的奥氏体型不锈钢而设计的一种热处理工艺。奥氏体型不锈钢中加稳定剂（Ti 或 Nb）的目的是让钢中的 C 与 Ti 或 Nb 形成稳定的 TiC 或 NbC，而不形成 $Cr_{23}C_6$，从而防止晶间腐蚀。稳定化处理加热温度高于 $Cr_{23}C_6$ 的溶解温度，低于 TiC 或 NbC 的溶解温度，一般在 850 ~ 900 ℃，并保温 2 ~ 4 h。稳定化处理也可用于消除因敏化加热而产生的晶间腐蚀倾向。

3. 应力腐蚀开裂（SCC）

金属在拉应力和特定腐蚀介质共同作用下发生的一种腐蚀破坏形式，称为应力腐蚀开裂。

1）产生原因

纯金属一般没有应力腐蚀开裂倾向，而在不锈钢中，奥氏体不锈钢比铁素体不锈钢或马氏体不锈钢对应力腐蚀更为敏感。

拉应力的存在是产生应力腐蚀开裂的必要条件。奥氏体型不锈钢由于导热性差、线胀系数大、屈服强度低，焊接时很容易产生变形，当焊接变形受到限制时，焊接接头中必然会残留较大的焊接残余拉应力，加速腐蚀介质的作用。因此，奥氏体型不锈钢焊接接头容易出现应力腐蚀开裂，这是焊接奥氏体型不锈钢时最不易解决的问题之一，特别是在化工设备中，应力腐蚀开裂现象经常出现。有关统计资料表明，由应力腐蚀开裂引起的事故占整个腐蚀破坏事故的 60% 以上。

应力腐蚀开裂的表面特征是：裂纹均发生在焊缝表面上；裂纹多相互平行且近似垂直焊接方向；裂纹细长并曲折，常常贯穿有黑色点蚀的部位；从表面开始向内部扩展，点蚀往往是裂纹的根源，裂纹通常表现为穿晶扩展，裂纹尖端常出现分枝，裂纹整体为树枝状；严重的裂纹可穿过熔合区进入热影响区。

> **想一想**
> 奥氏体型不锈钢的应力腐蚀开裂与金属的断裂是否相同？

2）防止措施

（1）合理地设计焊接接头。避免腐蚀介质在焊接接头部位聚集，降低或消除焊接接头应力集中。

（2）消除或降低焊接接头的残余应力。焊后进行消除应力处理是常用的工艺措施，加热温度在 850 ~ 900 ℃之间才可得到比较理想的消除应力效果；采用机械方法，如表面抛光、喷丸和锤击来造成表面压应力；进行结构设计时要尽量采用对接接头，避免出现十字交叉焊缝，单 V 形坡口宜改用双 Y 形坡口等。

（3）正确选用材料。选用母材和焊接材料时，应根据介质的特性选用对应力腐蚀开裂敏感性低的材料。

（4）对材料进行防蚀处理。通过电镀、喷涂、衬里等方法，利用金属或非金属覆盖层将金属与腐蚀介质隔离。

三、奥氏体型不锈钢的焊接工艺要点

1. 焊前准备

1）下料方法

奥氏体型不锈钢含铬量较高，用氧乙炔火焰切割有困难，可采用机械切割、等离子弧

奥氏体不锈钢的
焊接工艺特点

切割及碳弧气刨等方法进行下料或坡口加工。

机械切割中最常用的方法有剪切、刨削等，一般只限于直线形，切割曲线时受到限制。剪切下料时，由于奥氏体型不锈钢的韧性高，故容易发生冷作硬化，所需剪切力比剪切相同厚度的低碳钢大 1/3 左右。等离子弧切割的切割表面光滑、切口窄、切割速度快（最大切割速度可达 100 mm/min），是切割奥氏体型不锈钢最理想的方法。碳弧气刨具有设备简单、操作灵活等优点，特别适用于开孔、铲焊根或焊缝返修等场合；若操作不当，很容易在切割表面引起"粘渣"或"粘碳"，直接影响不锈钢钢的耐蚀性。

> **想一想**
> 奥氏体型不锈钢可以选用氧乙炔火焰切割方法下料吗？为什么？

2）焊前清理

为了保证焊接质量，焊前应将坡口及其两侧 20 ~ 30 mm 范围内的焊件表面清理干净，如有油污，可用丙酮或酒精等有机溶剂擦拭。对表面质量要求特别高的焊件，应在适当范围内涂上用白垩粉调制的糊糊，以防止飞溅金属损伤钢材表面。

3）表面防护

在搬运、坡口制备、装配及点焊过程中，应注意避免损伤钢材表面，以免使产品的耐蚀性能降低，如不允许在钢材表面随意打弧及用利器划伤钢板表面等。

2. 焊接方法

奥氏体不锈钢焊接性优良，几乎所有熔焊方法和部分压焊方法都可以焊接。但从经济、实用和技术性能方面考虑，最好采用焊条电弧焊、惰性气体保护焊、埋弧焊和等离子弧焊等。

1）焊条电弧焊

厚度在 2 mm 以上的不锈钢板仍以焊条电弧焊为主，因为焊条电弧焊热量比较集中，热影响区小，焊接变形较小；能适应各种焊接位置与不同板厚工艺要求；所用设备简单。此外，焊条类型、规格和品种多，且配套齐全。但是，焊条电弧焊对清渣要求高，易产生气孔、夹渣等缺陷；合金元素过渡系数较小，与氧亲和力强的元素如钛、硼、铝等易被烧损。

为提高焊缝金属抗热裂纹能力，宜选择碱性焊条；对于耐蚀性要求高、表面成形要求好的焊缝，宜选用工艺性能良好的钛钙型焊条。焊条电弧焊对接焊缝的常用焊接参数见表 4 – 3。

表 4 – 3 焊条电弧焊对接焊缝的常用焊接参数

| 板厚 /mm | 坡口 形式 | 焊接 位置 | 层数 | 坡口尺寸 | | | 焊接 电流/A | 焊接速度/ (mm·min⁻¹) | 焊条直径 /mm |
				间隙 /mm	钝边 /mm	坡口角度 /(°)			
2	I	平焊	2	0 ~ 1	—	—	40 ~ 60	140 ~ 160	$\phi 2.6$
			1	2	—	—	80 ~ 110	100 ~ 140	$\phi 3.2$
			1	0 ~ 1	—	—	60 ~ 80	100 ~ 140	$\phi 2.6$

续表

| 板厚/mm | 坡口形式 | 焊接位置 | 层数 | 坡口尺寸 | | | 焊接电流/A | 焊接速度/(mm·min^{-1}) | 焊条直径/mm |
				间隙/mm	钝边/mm	坡口角度/(°)			
3	I	平焊	2	2	—	—	80~110	100~140	ϕ3.2
			1	3	—	—	110~150	150~200	ϕ4
			2	2	—	—	90~110	140~160	ϕ3.2
5	I	平焊	2	3	—	—	80~110	120~140	ϕ3.2
	I	平焊	2	4	—	—	120~150	140~180	ϕ4
	V	平焊	2	2	2	75°	90~110	140~180	ϕ3.2
6	V	平焊	4	0	—	80°	90~140	160~180	ϕ3.2,ϕ4
		平焊	2	4	—	60°	140~180	140~150	ϕ4,ϕ5
		平焊	3	2	2	75°	90~140	140~160	ϕ3.2,ϕ4
9	V	平焊	4	0	2	80°	130~140	140~160	ϕ4
		平焊	3	4	—	60°	140~180	140~160	ϕ4,ϕ5
		平焊	3	2	2	75°	90~140	140~160	ϕ3.2,ϕ4
12	V	平焊	5	0	2	80°	140~180	120~180	ϕ4,ϕ5
		平焊	4	4	—	60°	140~180	120~180	ϕ4,ϕ5
		平焊	3	2	2	75°	90~140	130~160	ϕ3.2,ϕ4

2）氩弧焊

钨极氩弧焊（TIG）和熔化极氩弧焊（MIG）是焊接奥氏体不锈钢较为理想的焊接方法，因氩气保护效果好，合金元素过渡系数高，焊缝成分易于控制；由于热源较集中，又有氩气的冷却作用，其焊接热影响区较窄，晶粒长大倾向小，特别适宜对过热敏感的奥氏体型不锈钢进行焊接；焊后不需要清渣，可以全位置焊接和机械化焊接。

氩弧焊对接焊缝常用焊接参数见表4-4和表4-5。

表4-4 钨极氩弧焊对接焊缝常用焊接参数

| 板厚/mm | 坡口形式 | 焊接位置 | 层数 | 坡口尺寸 | | 电极直径/mm | 焊接电流/A | 焊接速度/(mm·min^{-1}) | 焊丝直径/mm | 氩气 | | 备注 |
				间隙/mm	钝边/mm					流量/(L·min^{-1})	孔径/mm	
1	I	平焊	1	0	—	ϕ1.6	50~80	100~120	ϕ4	4~6	ϕ11	单面焊
		立焊	1	0	—	ϕ1.6	50~80	80~100	ϕ4	4~6	ϕ11	

续表

板厚/mm	坡口形式	焊接位置	层数	坡口尺寸 间隙/mm	钝边/mm	电极直径/mm	焊接电流/A	焊接速度/(mm·min⁻¹)	焊丝直径/mm	氩气 流量/(L·min⁻¹)	孔径/mm	备注
4	I	平焊	2	0~2	1.6~2	φ2.4	150~200	100~120	φ3.2~φ4	6~10	φ11	双面焊
		立焊	2	0~2	1.6~2	φ2.4	150~200	80~120	φ3.2~φ4	6~10	φ11	
6	V	平焊	3 / 2	0~2	0~2 / 0~2	φ2.4 / φ2.4	150~200	100~150	φ3.2~φ4	6~10 / 6~10	φ11 / φ11	反面挑根焊
		立焊	2 / 2	0~2	0~2 / 0~2	φ2.4 / φ2.4	150~200	80~120	φ3.2~φ4	6~10 / 6~10	φ11	
12	V	立焊	6 / 8	0~2	0~2 / 0~2	φ2.4 / φ2.4	150~200	150~200	φ3.2~φ4	6~10 / 6~10	φ11~φ13	反面挑根焊
		平焊	6 / 8	0~2	0~2 / 0~2	φ2.4 / φ2.4	200~250	100~200	φ3.2~φ4	6~10 / 6~10	φ11~φ13	

表 4-5 熔化极氩弧焊对接焊缝常用焊接参数

板厚/mm	坡口形式	焊接位置	层数	坡口尺寸 间隙/mm	钝边/mm	焊接 电流/A	电压/V	速度/(mm·min⁻¹)	焊丝 直径/mm	送进速度/(m·min⁻¹)	氩气流量/(L·min⁻¹)	备注
4	I	平焊	1	0~2	—	200~240	22~26	400~550	φ1.6	3.5~4.5	14~18	垫板
		立焊		0~2	—	180~220	22~25	350~500	φ1.6	3~4		
6	I	平焊	2	0~2	—	220~260	22~26	300~500	φ1.6	4~5	14~18	反面挑根焊
		立焊				200~240	22~25	250~450		3.5~4.5		
	V	平焊	2	0~2	0~2	220~260	22~26	300~500	φ1.6	4~5	14~18	垫板
		立焊				200~240	22~25	250~450		3.5~4.5		
12	V	平焊	5	0~2	0~2	240~280	24~27	200~350	φ1.6	4.5~6.5	14~18	反面挑根焊
		立焊	6			220~260	23~26	200~400		4~5		
	V	平焊	4	0~2	0~2	240~280	24~27	200~350	φ1.6	4.5~6.5	14~18	垫板
		立焊	6			220~260	23~26	200~400		4~5		

3）埋弧焊

埋弧焊适于中厚板奥氏体不锈钢的焊接，有时也用于薄板的焊接。由于此方法焊接参数稳定，焊缝成分和组织均匀，且表面光洁，无飞溅，因而接头的耐蚀性能高。但是，埋弧焊的热输入大，熔池体积大，冷却速度小，高温停留时间长，均有促进奥氏体钢元素偏析和组织过热倾向，容易导致焊接热裂纹，其热影响区耐蚀性也受到影响。因此，对热裂纹敏感的纯奥氏体不锈钢，一般不推荐用埋弧焊。

4）等离子弧焊

等离子弧焊是焊接厚度在 10～12 mm 以下的奥氏体不锈钢板的理想方法。对于 0.5 mm 以下的薄板，采用微束等离子弧焊尤其合适。因为等离子弧热量集中、焊件加热范围小、焊接速度快、热能利用率高及热影响区窄等特点，故对提高接头的耐蚀性、改善接头组织非常有利。

CO_2 气体保护焊不适合焊接奥氏体型不锈钢，因为焊接时会使焊缝增碳，故对接头的耐蚀性不利。

3. 焊接材料

通常是根据不锈钢材质、工作条件（工作温度、接触介质）和焊接方法来选用焊接材料，表 4-6 所示为部分奥氏体不锈钢弧焊用焊接材料举例。

表 4-6　部分奥氏体不锈钢弧焊用焊接材料举例

牌号	电焊条		氧弧焊焊丝[①]	埋弧焊	
	型号	牌号		焊丝	焊剂
06Cr19Ni10 022Cr19Ni10	E308-16	A102	H08Cr21Ni10	H08Cr21Ni10	HJ260、HJ151 SJ601～SJ608
06Cr18Ni11Nb 07Cr19Ni11Nb	E347-16	A132	H0Cr20Ni10Nb	H0Cr20Ni10Nb	HJ172
06Cr17Ni12Mo2Ti	E316L-16	A022	H00Cr19Ni12Mo2	H00Cr19Ni12Mo2	HJ260，HJ172
022Cr17Ni12Mo2	E3I6L-16	A022	H00Cr19Ni12Mo2	H00Cr19Ni12Mo2 H0Cr20Ni14Mo3	HJ260，HJ172 SJ601
022Cr19Ni13Mo3	E308L-16	A002	H00Cr19Ni12Mo2	H00Cr20Ni14Mo3	SJ601
022Crl8Nil4Mo2Cu2	E317MoCuL-16	A032	—	—	—

注：TIG 焊时主要用纯 Ar 气体保护，焊稍厚工件时可采用 Ar＋He；MIG 焊射流过渡时用 Ar＋2% CO_2，短路过渡时用 Ar＋5% CO_2。

对于工作在高温条件下的奥氏体型不锈钢，焊接材料选择的原则是在无裂纹的前提下保证焊缝金属的热强性与母材基本相同，这就要求焊接材料成分大致与母材相同或相近，同时应控制焊缝金属中铁素体的含量。对于长期在高温条件下运行的奥氏体型不锈钢焊接接头，铁素体含量应在5%以内，以免出现脆化。在铬、镍的质量分数均大于20%的奥氏体型不锈钢中，一般选用 $\omega_{Mn} = 6\% \sim 8\%$ 的焊接材料，以获得抗裂性高的纯奥氏体组织。

对在腐蚀介质中工作的奥氏体型不锈钢，主要按腐蚀介质和耐蚀性要求来选择焊接材料，一般选用与母材成分相同或相近的焊接材料，且熔敷金属中碳的质量分数不能高于母材。腐蚀性弱或仅为避免锈蚀污染的设备，可选含 Ti 或 Nb 等稳定化元素或超低碳焊接材料；对于要求耐酸腐蚀性能较高的工件，常选用含 Mo 的焊接材料。

4. 焊接工艺要点

根据奥氏体型不锈钢对抗裂性和耐蚀性的要求，焊接时要注意以下几点：

1）焊前不预热

由于奥氏体型不锈钢具有较好的塑性，冷裂纹倾向较小，因此焊前不必预热。多层多道焊时，要避免道间温度过高，一般应冷到150 ℃以下再焊下一焊道。

2）控制焊接参数

焊接电流比焊低碳钢时低20%左右，短弧快速焊；条件允许时，强制冷却焊缝（加铜垫板、喷水冷却等）；与腐蚀介质接触的焊缝，应最后焊接。

3）要保证焊件表面完好无损

避免碰撞损伤，特别是要避免在焊件表面进行引弧，造成局部烧伤等。

4）焊后热处理

一般情况下，奥氏体型不锈钢焊接后不进行热处理。只有焊接接头产生了脆化或要进一步提高其耐蚀能力时，才根据需要选择固溶处理、稳定化处理或消除应力处理。

5. 焊后清理及钝化处理

不锈钢焊后，焊缝必须进行酸洗、钝化处理。酸洗的目的是去除焊缝及热影响表面的氧化皮；钝化的目的是使酸洗的表面重新形成一层无色的致密氧化膜，起到耐蚀作用。

常用的酸洗方法有两种：

1）酸液酸洗

酸液酸洗分为浸洗法和刷洗法。浸洗法是将焊件在酸洗槽中浸泡25~45 min，取出后用清水冲净，适用于较小焊件。刷洗法是用刷子或抹布反复刷洗，直到呈亮白色后用清水冲净，适用于大型焊件。

2）酸膏酸洗

酸膏酸洗是将配制好的酸膏敷于结构表面，停留几分钟后，再用清水冲净，适用于大型结构。

酸洗前必须进行表面清理及修补，包括修补表面损伤、彻底清除焊缝表面残渣及焊缝附近表面的飞溅物。

钝化在酸洗后进行，用钝化液在部件表面擦一遍，然后用冷水冲洗，再用抹布仔细擦洗，最后用温水冲洗干净并干燥。经钝化处理后的不锈钢制品表面呈白色，具有较好的耐蚀性。

【任务实施】

1Cr18Ni9Ti 为奥氏体不锈钢，根据管径不同但管壁厚均为 3.5 mm 的特点，考虑环境和焊接条件制定以下焊条电弧焊焊接工艺：

（1）选择采用了单面 V 形坡口，坡口角度 60°±2.5°；钝边 1~1.5 mm，坡口间隙2.5 mm。

（2）选用 A132、φ2.5 mm 的焊条，使用前进行 150 ℃烘干 2 h，烘干后在 100 ℃下恒温保存。

（3）焊接工艺参数：焊接电流为 45~60 A，电弧电压为 20~22 V；焊速为 8~10 cm/min；电源极性为反接。

（4）焊接及其预防措施。

①坡口加工，采用等离子弧切割机切割管件，切割后用砂轮机打磨，以防影响接头的耐腐蚀性。

②选用焊材时，为了防止焊接时的高温将母材中的稳定化元素烧损氧化，应选用含有稳定化元素的焊接材料，在此选用 A132 焊条。焊条在使用前严格按要求烘干，并放在保温筒内，随用随取，在焊条筒内的保留时间不应超过 4 h。

③工艺管道坡口角度为 60°±2.5°，钝边 1~1.5mm。为了防止熔化金属飞溅在钢管上损伤钢管壁而影响其耐腐蚀性，焊接前分别在坡口两侧各 100 mm 的范围内涂上白垩粉。

④奥氏体不锈钢的电阻率比较大，焊接时药皮容易发红和开裂。操作时，打底层采用灭弧焊，焊接电流在 50~60 A 之间，通过控制灭弧时间和熔滴大小控制焊接熔池的温度，防止低熔点共晶物的产生。焊接熄弧时，将弧坑填满，并认真处理缩孔，有效控制焊接缺陷的产生。

（5）在焊接时采用小电流、快速焊、短弧、多层焊，并严格控制层间温度，以尽可能地缩短焊接接头在危险温度区（450 ℃~850 ℃，特别是 650 ℃）的停留时间，以减小产生晶间腐蚀和热裂纹的倾向。

（6）锤击清渣，松弛接头中的残余应力，减少应力腐蚀，同时也使其在振动中二次结晶，防止产生热裂纹。

（7）盖面焊时不应做横向摆动，采用小电流、快速焊一次焊成，焊缝不应过宽，最好不超过焊条直径的 3 倍，尽量减小焊缝截面积。

（8）由于管径小、传热慢，盖面焊接时温度很高，整个焊口焊后都处于发红状态下，经测试，温度一般都在 950 ℃以上。针对奥氏体不锈钢散热慢的特点，采取了强制水冷的急冷办法来加快冷却速度，起到固溶处理的作用，防止晶间腐蚀的产生。为了控制熔池温度，防止杂质集中和合金元素分布不均而导致热裂纹的产生及晶间腐蚀，采用多层多道焊并严格控制层间温度，每一层焊完后，停止焊接，待冷却到 60 ℃以下时再焊下一层。

（9）焊后用铜丝刷对表面进行处理。

通过采用上述措施和方法，在对 φ32 mm 以下小口径不锈钢管的实际焊接施工中，达到了预期目的，取得了良好的效果。

知 识 总 结

（1）奥氏体不锈钢焊接的主要问题是：焊接热裂纹、脆化、晶间腐蚀和应力腐蚀等。另外，奥氏体不锈钢导热性能差，线膨胀系数大，焊接应力和变形较大。

（2）奥氏体不锈钢可以采用除 CO_2 气体保护焊之外的所有熔焊方法进行焊接。

（3）奥氏体不锈钢焊前无须预热，焊接中采用短弧快速焊，加铜垫板、喷水冷却等强制冷却焊缝。

（4）焊接过程中保证焊件表面的完好无损。焊后不进行热处理，如需提高接头耐蚀能力，可选择固溶处理、稳定化处理或消除应力处理。

【学生学习工作页】

任务结束后，上交本项目学习工作页，见表4-7。

表4-7　1Cr18Ni9Ti 奥氏体不锈钢管焊接工艺卡

任务名称				母材		保护气体	
学生姓名（小组编号）				时间		指导教师	
焊前准备 （如清理、坡口制备、预热等）							
焊后处理 （如清根、焊缝质量检测等）							
层次	焊接方法	焊接材料		电源及极性	焊接电流 /A	电弧电压 /V	焊接速度 /(cm·min^{-1})	热输入 /(J·cm^{-1})
		牌号	规格					

焊接层次、顺序示意图：焊接层次（正/反）：　　　　　技术要求及说明：

【学习评价】

采用自检、互检、教师检查的方式检查学习成果，评分标准如表 4-8 所示。

表 4-8 项目评分标准

考评类别	序号	考评项目	分值	考核办法	评价结果	得分
平时考核	1	出勤情况	10	教师点名；组长检查		
	2	小组活动中的表现	10	学生、小组、教师三方共同评价		
技能考核	3	分析焊接性情况	20	学生自查；小组互查；教师终检		
	4	制定焊接工艺情况	20	学生自查；小组互查；教师终检		
素质考核	5	工作态度	10	学生、小组、教师三方共同评价		
	6	个人任务独立完成能力	10	学生、小组、教师三方共同评价		
	7	团队成员间协作表现	10	学生、小组、教师三方共同评价		
	8	安全生产	10	学生、小组、教师三方共同评价		
合计			100	任务一总得分		

【典型实例】

材料为 00Cr19Ni10，管道规格为 $\phi60$ mm × 6 mm，分析奥氏体不锈钢管道焊接工艺方法、焊接缺陷及预防措施。

1. 焊接性分析

00Cr19Ni10 为奥氏体不锈钢，$\omega_C \leq 0.030\%$，$\omega_{Cr} = 18.0\% \sim 20\%$，$\omega_{Ni} = 9.0\% \sim 13.0\%$，热导率低，线膨胀系数大。

2. 焊接工艺

根据材料的焊接性分析，为了确保焊缝的焊接质量和操作方法，选用氩弧焊进行焊接。

1）焊前清理

使用汽油、丙酮等有机溶剂清洗焊件及焊丝的表面的油污和灰尘。

2）焊接工艺参数

（1）打底焊。

焊丝直径为 $\phi2.0$ mm，焊接电流为 90 ~ 95 A，焊接电压为 8 ~ 10 V，焊接速度为（60 ± 5）mm/min。

（2）填充和盖面焊。

焊丝直径为 $\phi2.4$ mm，焊接电流为 110 ~ 120 A，焊接电压为 10 ~ 12 V，焊接速度为（60 ± 5）mm/min。

（3）焊接层数。

由于材料的厚度为 6 mm，焊丝直径为 $\phi2$ mm，所以焊接层数为 3 层。

（4）坡口加工。

可以采用机械加工的方法，焊接坡口角度为75°±5°，结构示意图如图4-6所示。

（5）运条方式。

在实际焊接时，操作的实践性与理论知识有很大差别，如圆形管道的焊接，为了使得焊接均匀一致，氩弧焊焊接小管道操作示意图如图4-7所示。

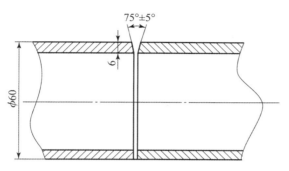

图4-6　坡口结构示意图

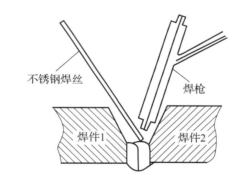

图4-7　氩弧焊焊接小管道操作示意图

3. 缺陷及其预防措施

在焊接奥氏体钢时，容易出现晶间腐蚀、层间未熔合和焊接热裂纹等缺陷，预防措施如下：

1）晶间腐蚀

焊接时在管道内充入适量氩气，在填充和盖面时也要充入氩气，防止金属氧化；焊接时采用小电流、快速焊，以降低焊接线能量；对有条件进行热处理的焊缝，在焊接后可以进行快速冷却，使焊缝温度低于450 ℃，防止晶间腐蚀。

2）层间未熔合

在焊接时相应地增大焊缝坡口角度，便于熔敷金属流动，通常坡口角度为75°±5°。另外在根部焊接中尽量采用小直径焊丝和小电流进行焊接，降低焊接线能量，提高熔敷金属的流动性。

3）焊接热裂纹

不锈钢焊接时，采用小热量输入，小电流快速焊接，可以防止热裂纹。

项目三　铁素体型不锈钢的焊接

【任务概述】

三效逆流强制循环蒸发器是氯碱工业的主要设备，其气、液相部分在高温强碱介质中运行，设备的腐蚀相当严重，是一般耐酸不锈钢所不能承受的。使用国产008Cr27Mo超纯高铬铁素体型不锈钢制造蒸发器内衬，可提高设备的耐蚀性，延长使用寿命，而且成本低。

【任务分析】

008Cr27Mo属于低碳铁素体型不锈钢，铁素体不锈钢在焊接时最大的问题是焊接接头的脆化和晶间腐蚀，因此焊接时需采取小电流、快焊速、不摆动、多层焊的焊接措施，以防止上述问题的发生。

【学习目标】

（1）掌握铁素体不锈钢的焊接性。

（2）会制定铁素体不锈钢的焊接工艺。

（3）能焊接铁素体不锈钢焊缝并进行焊缝检测。

【知识准备】

一、铁素体型不锈钢的类型和特性

铁素体型不锈钢中铬的质量分数为12%~30%，其化学成分特点是低碳、高铬，一般在室温下具有纯铁素体组织。铁素体不锈钢都存在着475 ℃脆性和σ相析出脆化倾向，因此，只能用作300 ℃以下的耐蚀钢和抗氧化钢，在氧化性酸类及大部分有机酸和有机酸的水溶液中具有良好的耐酸性。常用于制造化工容器。

铁素体不锈钢分普通铁素体钢和高纯铁素体钢两大类，后者是运用精炼技术生产出的含间隙元素（C和N）极低的一类铁素体钢。

1. 普通铁素体钢

（1）低铬（$\omega_{Cr} = 12\% \sim 14\%$）钢，如00Cr12、0Cr13、0Cr13Al等。

（2）中铬（$\omega_{Cr} = 16\% \sim 18\%$）钢，如0Cr17Ti、1Cr17Mo等；低Cr和中Cr钢，只有碳量低时才是铁素体组织。

（3）高Cr（$\omega_{Cr} = 25\% \sim 30\%$）钢，如1Cr25Ti、1Cr28等。

2. 高纯度铁素体钢

钢中C+N的含量限制很严，可有以下三种：

（1）$\omega_C + \omega_N \leqslant 0.035\% \sim 0.045\%$，如00Cr18Mo2等。

（2）$\omega_C + \omega_N \leqslant 0.03\%$，如00Cr18Mo2Ti等。

（3）$\omega_C + \omega_N \leqslant 0.01\% \sim 0.015\%$，如000Cr18Mo2Ti、000Cr26Mo1、000Cr30Mo2等。

铁素体型不锈钢在900 ℃以上温度加热时晶粒长大，铬的质量分数越高，长大倾向越严重。铁素体型不锈钢韧脆转变温度在室温以上，因此在室温下其韧性极低。铁素体型不锈钢铸态组织晶粒粗大，一般通过压力加工来细化晶粒。为消除由压力加工产生的应力和获得均匀成分的铁素体组织，压力加工后应进行温度不超过 900 ℃的淬火或退火处理。

二、铁素体型不锈钢的焊接性

铁素不锈钢的焊接性分析及焊接工艺

铁素体型不锈钢焊接时的主要问题是焊接过程中可能导致焊接接头的塑性、韧性降低，即发生脆化问题。铁素体不锈钢加热冷却过程中无同素异构转变，焊缝及 HAZ 晶粒长大严重，易形成粗大铁素体组织，且不能通过热处理来改善，导致接头韧性降低；多层焊时，焊道间重复加热，导致 σ 相析出和 475 ℃脆性，进一步增加接头的脆化；对于耐蚀条件下使用的铁素体型不锈钢，还要注意近缝区的晶间腐蚀倾向。

1. 焊接接头的晶间腐蚀

铁素体型不锈钢晶间腐蚀机理与奥氏体型不锈钢基本相同，也是形成贫铬层的结果。但由于钢的成分及组织不同，铁素体型不锈钢出现晶间腐蚀的部位和温度条件与奥氏体型不锈钢又有所差别。

铁素体型不锈钢的焊接接头出现晶间腐蚀的位置在接头熔合线附近（950 ℃以上），而且在快速冷却的条件下才能发生。焊后若经 650 ~ 850 ℃短时间加热保温并缓冷，耐晶间腐蚀的性能可以恢复。

铁素体型不锈钢一般是在退火状态下焊接，其组织为固溶微量碳和氮的铁素体及少量均匀分布的碳和氮的化合物，组织稳定、耐蚀性好。当焊接加热温度高于 950 ℃时，碳、氮的化合物逐步溶解到铁素体相中，得到碳、氮过饱和固溶体。由于碳、氮在铁素体中的扩散速度比在奥氏体中快得多，在焊后冷却过程中，甚至在淬火冷却过程中都能扩散到晶界。而晶界上碳、氮浓度高于晶内，导致晶界上沉淀 $Cr_{23}C_6$、Cr_2N。由于铬的扩散速度慢，导致晶界上出现贫铬区，在腐蚀介质的作用下就会产生晶间腐蚀。

防止晶间腐蚀的措施：

（1）焊后经过 700 ~ 900 ℃加热缓冷，铬自晶粒内扩散到晶界，使贫铬层消失，恢复其耐腐蚀性能。

（2）选用含有 Ti、Nb 等稳定化元素的焊接材料。

（3）降低母材中的碳和氮的总含量。

2. 焊接接头的脆化

铁素体型不锈钢焊接接头的脆化主要是由晶粒长大、σ 相脆化和 475 ℃脆性造成的。

（1）晶粒长大主要是在焊接热循环的作用下，在 950 ℃以上停留时间越长，晶粒长大越严重，同时碳、氮化物沿晶界偏析，导致焊接接头的塑性和韧性下降而产生脆化。铁素体型不锈钢加热时无固态相变，晶粒一旦脆化，无法用热处理方法进行细化消除。

（2）σ 相脆性是指铁素体不锈钢中 $\omega_{Cr} > 21\%$ 时，如果在 520 ~ 820 ℃长时间加热，析出 σ 相而使金属变脆的现象。σ 相是在长期加热条件下形成的，若温度过低，因原子活动困难，不会形成 σ 相；在 820 ℃以上高温时，σ 相分解，因此合金自高温快速冷却时，可

抑制 σ 相的形成，所以在焊接条件下一般不会出现 σ 相脆化。

（3）475 ℃脆性是指铁素体型不锈钢在 $\omega_{Cr} \geqslant 15.5\%$，并在 400～500 ℃长期加热时，出现强度升高而韧性下降的现象，一般随铬质量分数的增加，脆化倾向增加。由于在 475 ℃最容易出现这种脆化现象，因此称之为 475 ℃脆性。焊接接头在焊接热循环的作用下，不可避免地要经过该温度区间，特别是当焊缝金属和热影响区在此温度区停留时间较长时，均有产生 475 ℃脆性的可能。

防止焊接接头脆化的措施如下：

（1）采用小的热输入，即小电流、快速焊，禁止横向摆动，待前一道焊缝冷却到预热温度后再焊下一道焊缝。

（2）焊后进行 750～800 ℃退火处理，退火后应快冷，防止出现 σ 相和 475 ℃脆化。

（3）对超纯铁素体型不锈钢，主要是防止焊缝的污染，以避免焊缝增加 C、N、O 的含量。

三、铁素体型不锈钢的焊接工艺要点

为克服铁素体型不锈钢在焊接过程中出现的晶间腐蚀和焊接接头的脆化而引起的裂纹，应采用以下工艺措施。

1. 选择合适的焊接材料

若选用同质焊接材料，焊缝与母材具有的相同的颜色和形貌。但焊缝金属为粗大的铁素体组织，焊缝的塑性、韧性差。为了改善性能，可向焊缝中加入少量的变质剂 Ti、Nb 等元素来细化焊缝组织。若选用奥氏体型不锈钢焊接材料，则焊缝塑性好，可以改善接头性能，但在某些腐蚀介质中，耐蚀性可能低于同质接头。用于高温条件下的铁素体型不锈钢，必须采用成分基本与母材匹配的填充材料。

2. 焊前预热

预热温度为 100～200 ℃，目的在于使被焊材料处于较好的韧性状态和降低焊接接头的应力。随着钢中铬的质量分数增加，预热温度也相应提高。

3. 焊后热处理

焊后对接头区域进行 750～800 ℃的退火处理，使过饱和的碳、氮完全析出，铬来得及补充到贫铬区，以恢复其耐蚀性，同时也可改善焊接接头的塑性。退火后应快速冷却，以防止产生 475 ℃脆性。采用奥氏体焊接材料时，不需要进行焊前预热和焊后热处理。

4. 选择合适的焊接方法

应采用焊接热输入较小的焊接方法，如焊条电弧焊、钨极氩弧焊等。因为铁素体型不锈钢对过热敏感性大，故在焊接时应尽可能地减少焊接接头在高温停留时间，以减少晶粒长大和 475 ℃脆性。

5. 控制焊接工艺参数

要求用小电流、快速焊，焊条不横向摆动，多层多道焊，严格控制层间温度，待层间温度冷至预热温度时，再焊下一道。不宜连续施焊。厚大焊件焊接时，可在每道焊缝焊好后，用小锤轻轻锤击焊缝，以减少焊缝的收缩应力。

知 识 总 结

（1）铁素体型不锈钢焊接时的主要问题是晶粒长大、475℃脆化、σ相脆化倾向及晶间腐蚀。

（2）铁素体型不锈钢焊接时应采用热输入小的焊接方法，如焊条电弧焊、钨极氩弧焊和熔化极氩弧焊。焊接采用小电流、快焊速、不摆动、多层焊等工艺，并严格控制层间温度。

（3）铁素体型不锈钢焊接可以采用同质的铁素体型焊接材料，也可以采用抗裂性好的奥氏体型焊接材料。

【任务实施】

（1）008Cr27Mo钢的性能及焊接性分析。

008Cr27Mo钢的化学成分见表4-9。

表4-9　008Cr27Mo钢的化学成分（质量分数）　　　　%

C	Cr	Mo	Mn	Si	P	Cu	Ni	N	其他元素
0.003	26.77	1.22	0.04	0.18	0.016	0.03	0.023	0.011	0.12

008Cr27Mo钢中间隙元素C+N的总含量极低，对产生焊接裂纹和晶间腐蚀不敏感，对高温加热引起的脆化不显著，板厚小于5 mm时焊前不必预热，焊后也不必进行热处理，焊接接头有很好的塑性和韧性，耐蚀性很好，具有良好的焊接性。但当焊缝中C+N的总含量增加时，仍有可能产生晶间腐蚀。因此，焊接工艺的关键是防止焊接材料表面和熔池污染及空气侵入熔池，以免增加焊缝中C、N、O的含量，导致晶间腐蚀的产生。

（2）008Cr27Mo钢的焊接工艺。

①焊接材料。焊接材料中的间隙元素含量应低于母材，焊接时应采用与母材同成分的焊丝作为填充材料。焊丝可选用与母材匹配的专用焊丝或直接从母材板料上剪切成条状。专用焊丝的化学成分见表4-10。

表4-10　专用焊丝的化学成分（质量分数）　　　　%

C	N	O	Cr	Mo	Mn	Si	S	P	Cu	Ni
0.005	0.011	0.003 7	26.5	1.08	0.005	0.20	0.009	0.018	0.03	0.023

②焊接方法。采用手工TIG焊，焊机型号为WS-400、直流正极性，焊枪型号为气冷式QQ-85°/200A型，氩气纯度大于99.99%，$\omega_N < 0.001\%$，$\omega_O < 0.001\,5\%$，$\omega_H < 0.005\%$。

③焊接热输入。应采用小热输入施焊，在保证焊透的情况下可适当提高焊接速度，采用短弧不摆动或小摆动的操作方法。焊接时，焊丝的加热端应置于氩气的保护中，每层焊道的接头应错开。

多层焊时控制层间温度低于100 ℃，以减少焊接接头的高温脆化和475 ℃脆性。

④焊接参数。焊接参数见表4-11。

表 4 – 11　焊接参数

板厚/mm	焊丝直径 ϕ/mm	钨极直径 /mm	焊接电流 /A	电弧电压 /V	焊接速度 /(mm·min⁻¹)	氮气流量/(L·min⁻¹)		
						喷嘴	正面	背面
6	2.5	2.5	130 ~ 170	16 – 18	90 ~ 120	20	60	60

⑤焊接操作。焊接过程中，焊缝的正面和背面均需得到有效保护，增强熔池保护需采用焊枪后加保护气拖罩的办法进行。将清理好的工件置于有保护装置的平台上，通入氩气即可进行焊接。拖罩离工件的距离要保持在 0.05 ~ 1 mm，焊嘴与焊缝成 110°夹角，焊丝与焊嘴成 90°夹角，填丝时注意焊丝不宜拉出过长，高温端要始终置于氩气保护区内，以免由于送丝带入空气而影响保护效果。在施焊过程中应注意观察焊缝冷却后的颜色，发现有保护不良现象时应立即停止焊接，检查保护装置。

【学习工作页】

任务结束后，上交本项目学习工作页，见表 4 – 12。

表 4 – 12　焊接工艺卡

任务名称		母材		保护气体	
学生姓名（小组编号）		时间		指导教师	
焊前准备 （如清理、坡口制备、预热等）					
焊后处理 （如清根、焊缝质量检测等）					

层次	焊接 方法	焊接材料		电源及 极性	焊接电流 /A	电弧电压 /V	焊接速度 /(cm·min⁻¹)	热输入 /(J·cm⁻¹)
		牌号	规格					

焊接层次、顺序示意图：焊接层次（正/反）：　　　　技术要求及说明：

【学习评价】

采用自检、互检、教师检查的方式检查学习成果，评分表如表4-13所示。

表4-13 项目评分标准

考评类别	序号	考评项目	分值	考核办法	评价结果	得分
平时考核	1	出勤情况	10	教师点名；组长检查		
	2	小组活动中的表现	10	学生、小组、教师三方共同评价		
技能考核	3	分析焊接性情况	20	学生自查；小组互查；教师终检		
	4	制定焊接工艺情况	20	学生自查；小组互查；教师终检		
素质考核	5	工作态度	10	学生、小组、教师三方共同评价		
	6	个人任务独立完成能力	10	学生、小组、教师三方共同评价		
	7	团队成员间协作表现	10	学生、小组、教师三方共同评价		
	8	安全生产	10	学生、小组、教师三方共同评价		
合计			100	任务一总得分		

模块四 不锈钢及其焊接工艺

【典型实例】

1. 普通铁素体型不锈钢的焊条电弧焊工艺

在焊前准备工作中，下料方法的选择、焊前清理和表面保护与奥氏体型不锈钢的焊接工艺相同。

填充金属主要分为两类：一类是同质的铁素体型焊条；另一类为异质的奥氏体型（镍基合金）焊条。

用同质焊条的优点是：焊缝与母材金属具有一样的颜色和形貌、相同的线胀系数和大体相似的耐蚀性，但抗裂性不高。

用异质焊条的优点是：焊缝具有很好的塑性，应用较多，但要控制好母材金属对奥氏体焊缝的稀释。采用异质焊条施焊时，不能防止热影响区的晶粒长大和焊缝形成马氏体组织，而且焊缝与母材金属的色泽也不相同。

表4-14所示为常用焊接普通铁素体型不锈钢的同质和异质焊条。

表4-14 常用焊接普通铁素体型不锈钢的同质和异质焊条

母材牌号	对焊接接头性能的要求	焊条			预热及热处理温度/℃
		型号	牌号	合金系统	
Cr17 Cr17Ti	耐硝酸及耐热	E430-16	G302	Cr17	预热100~200；焊后750~800回火
Cr17 Cr17Ti Cr17Mo2Ti	提高焊缝塑性	E316-15	A207	18-12Mo2	不预热；焊后不进行热处理

续表

母材牌号	对焊接接头性能的要求	焊条			预热及热处理温度/℃
		型号	牌号	合金系统	
Cr25Ti	抗氧化性	E309－15	A307	25－13	不预热；焊后760~780回火
Cr28 Cr28Ti	提高焊缝塑性	E310－16 E310Mo－16	A402 A412	25－20 25－20Mo2	不预热；焊后不进行热处理

　　普通铁素体型不锈钢焊条电弧焊对接平焊的坡口形式及焊接参数见表4－15。从表中可以看出，采用小热输入的目的是抑制焊接区的铁素体晶粒过分长大。施焊时应尽量减少焊缝截面，不要连续多道施焊，要待前一道焊缝冷却到预热温度后再焊下一道焊缝。

表4－15　普通铁素体型不锈钢焊条电弧焊对接平焊的坡口形式及焊接参数

板厚/mm	坡口形式	层数	坡口尺寸			焊接电流 I/A	焊接速度 v/(mm·min^{-1})	焊条直径 ϕ/mm	备注
			间隙 b/mm	钝边 p/mm	坡口角度 α/(°)				
2	I	2	0~1	—	—	40~60	140~160	2.5	反面挑根焊
		1	2	—	—	80~110	100~140	3.2	垫板
		1	0~1	—	—	60~80	100~140	2.5	—
3	I	2	2	—	—	80~110	100~140	3.2	反面挑根焊
		1	3	—	—	110~150	150~200	4	垫板
		2	2	—	—	90~110	140~160	3.2	—
5	I V	2	3	—	—	80~110	120~140	3.2	反面挑根焊
		2	4	—	—	120~150	140~180	4	垫板
		2	2	2	75	90~110	140~180	3.2	—
6	V	4	0	2	80	90~140	160~180	3.2、4	反面挑根焊
		2	4	—	60	140~180	140~150	4、5	垫板
		3	2	2	75	90~140	140~160	3.2、4	—
9	V	4	0	3	80	130~140	140~160	4	反面挑根焊
		3	4	—	60	140~180	140~160	4、5	垫板
		4	2	2	75	90~140	140~160	3.2、4	—
12	V	5	0	4	80	140~180	120~180	4、5	反面挑根焊
		4	4	—	60	140~180	120~160	4、5	垫板
		4	2	2	75	90~140	130~160	3.2、4	—

续表

| 板厚 /mm | 坡口形式 | 层数 | 坡口尺寸 | | | 焊接电流 I/A | 焊接速度 v/(mm·min⁻¹) | 焊条直径 φ/mm | 备注 |
			间隙 b/mm	钝边 p/mm	坡口角度 α/(°)				
16	V	7	0	6	80	140~180	120~180	4、5	反面挑根焊
		6	4	—	60	140~180	110~160	4、5	垫板
		7	2	2	75	90~180	110~160	3.2、4	—

在焊接过程中，要尽量减少焊接接头在高温下的停留时间，抑制热影响区铁素体组织的晶粒很快长大，从而提高焊接接头的塑性，防止裂纹的形成。具体操作要点如下：

（1）无论采用何种焊接方法，都应采用小的热输入，选用小直径的焊接材料。

（2）采用窄焊缝技术和快的焊接速度进行多层多道焊，焊接时不允许摆动施焊。

（3）多层焊时，要严格控制道间温度在 150 ℃ 左右，不宜连续施焊。

（4）采用强制冷却焊缝的方法，以减小焊接接头的高温脆化和 475 ℃ 脆性，同时可以减少焊接接头的热影响区过热。其方法是通氩气冷却、通水冷却或加铜垫板冷却。

2. 超高纯度铁素体型不锈钢的焊接工艺

超高纯度铁素体型不锈钢的熔焊方法有氩弧焊、等离子弧焊和真空电子束焊。采用这些焊接方法的主要目的是使焊接熔池得到良好的保护，净化焊接熔池表面，使其不受污染。

其采用的工艺措施如下：

（1）增加熔池的保护，如采用双层气体保护、增大喷嘴直径、适当增加负气流量；或者采取在焊枪后面加保护气拖罩的办法，延长焊接熔池的保护时间。

（2）焊接时要采用提前送氩气、滞后停气的焊接设备，使焊缝末端始终在气体的有效保护范围内。

（3）提高氩气的纯度，用高纯度氩气施焊，以减少氮和氧的含量，提高焊缝金属的纯度。

（4）操作时，不允许将焊丝末端离开保护区。

（5）焊缝背面要通氩气保护，最好采用通氩气的水冷铜垫板，减少过热，增加冷却速度。

（6）尽量减小热输入，多层焊时要控制层间温度低于 100 ℃。

3. 022Cr18Ti 铁素体型不锈钢焊接生产实例

022Cr18Ti 铁素体型不锈钢焊接接头的形式为对接接头，开 V 形坡口，其尺寸如图 4-8 所示，采用焊条电弧焊进行焊接。由于 022Cr18Ti 钢含有 Ti，能固定钢中的碳，所以钢中是完全的铁素体组织。

为了保证焊透，接头的根部间隙为 2~2.5 mm。焊

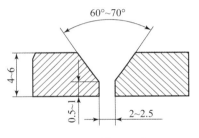

图 4-8 坡口尺寸

模块四 不锈钢及其焊接工艺

条采用 E308 – 15（A107），共焊两层，第一层焊条直径为 $\phi 2$ mm，焊接电流为 70 ~ 80 A，电弧电压为 23 ~ 25 V，焊接速度为 140 ~ 160 mm/min；第二层焊条直径为 $\phi 4$ mm，焊接电流为 120 ~ 140 A，电弧电压为 28 ~ 30 V，焊接速度约为 300 mm/min，在第一层冷却后再焊第二层。由于采用了小的焊接电流，故没有出现接头晶粒长大和脆化现象。

项目四　马氏体型不锈钢的焊接

【任务概述】

某厂生产油箱，材料为 20Cr13 马氏体不锈钢，厚度为 8 mm，结构如图 4 – 9 所示，试制定其焊接工艺。

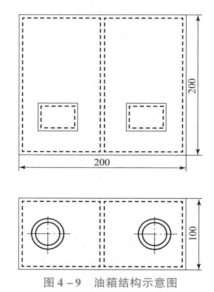

图 4 – 9　油箱结构示意图

【任务分析】

20Cr13 为马氏体不锈钢，其含碳量为 0.2%，焊接中有强烈的淬硬倾向，焊后残余应力也较大，容易产生裂纹。因此制定合理的焊接工艺，确保马氏体不锈钢焊后焊缝能满足工艺和使用性能要求。

【学习目标】

（1）掌握马氏体不锈钢的焊接性；

（2）会制定马氏体不锈钢的焊接工艺；

（3）能对马氏体不锈钢焊接并进行焊缝检测。

【知识准备】

一、马氏体型不锈钢的类型和特性

在铁素体型不锈钢的基础上，适当增加含碳量，减少含铬量，高温时可以获得较多奥氏体组织，快速冷却后，室温下得到具有马氏体组织的钢，即马氏体型不锈钢。马氏体不锈钢可以热处理强化，一般是在调质状态下使用，具有较高的强度、硬度、耐磨性、耐疲劳性和耐热性，并具有一定的耐蚀能力，主要用来制造各种工具和机器零件。马氏体型不锈钢既可作为不锈钢，又可作为热强钢。

按合金化特点不同，马氏体型不锈钢可分为以下三类：

（1）普通 Cr13 型马氏体型不锈钢，主要有 12Cr13、20Cr13、30Cr13、40Cr13 等。这类钢经高温加热后空冷即可淬硬，淬火后的强度、硬度随含碳量增加而提高，但耐蚀性及塑、韧性随之降低。前两种钢主要用于在中温腐蚀介质中工作，并要求中等强度的结构件，后两种钢主要用于要求高强度、高耐磨性，且具有一定耐蚀性要求的零件。

（2）热强马氏体型不锈钢，即以马氏体为基体的耐热钢，主要有 12Cr12、17Cr16Ni2、12Cr12Mo 等。这类钢不仅中温瞬时强度高，而且中温持久性能及蠕变性能也相当优越，耐应力腐蚀及冷热疲劳性能良好，很适于在 500~600 ℃ 以下及湿热条件下工作的承力件、复杂的模锻件及焊接件。

马氏体型不锈钢最大的特点是高温加热后空冷就有很大的淬硬倾向，经调质处理后，能充分发挥其性能特点。

（3）超低碳复相马氏体钢，这是一种新型马氏体高强钢，很有发展前途。其特点是含碳量降到 0.05% 以下，并添加 4%~7% 的镍，此外还可能加入少量 Mo、Ti 或 Si 等，经淬火及超微细复相组织回火处理，可获得高强度和高韧性，也可在淬火状态下使用，因低碳马氏体组织并无硬脆性。这类钢适用于筒体、压力容器及低温制件等。

> **想一想**
>
> 热强钢与不锈钢相比，各有什么特点及使用场合？

二、马氏体型不锈钢的焊接性

马氏体不锈钢
焊接性分析及
焊接工艺

马氏体不锈钢的焊接性与调质的中低合金钢相似，焊接的主要问题是冷裂纹和脆化问题。

1. 焊接冷裂纹

马氏体型不锈钢中铬的质量分数在 12% 以上，同时还含有适量的碳、镍等元素，其淬硬性和淬透性好，焊缝及热影响区焊态组织多为硬而脆的马氏体。

当焊接接头刚度大或含氢量高时，在焊接应力作用下，特别当从高温直接冷至 120~100 ℃ 以下时，很容易产生冷裂纹。含碳量越高，焊缝及热影响区硬度就越高，对冷裂纹就越敏感。对于低碳、超低碳马氏体不锈钢，冷裂纹的敏感性相对较小。

防止淬硬造成冷裂纹的最有效方法是预热和控制层间温度；为了获得最佳的使用性能和防止延迟裂纹，焊后要求热处理。

2. 焊接接头脆化

焊接接头脆化与钢材的化学成分有关。马氏体不锈钢特别是铁素体形成元素较高的马氏体不锈钢，具有较大的晶粒长大倾向，当冷却速度较小时，焊接热影响区易产生粗大的铁素体和碳化物；冷却速度较大时，热影响区会产生硬化现象，形成粗大的马氏体。这些粗大的组织会使马氏体不锈钢焊接热影响区塑性和韧性降低而脆化。

3. 热影响区容易软化

马氏体型不锈钢是调质钢，接头热影响区也存在明显的软化问题，长期在高温下使用时，软化层是接头的一个薄弱环节，因为软化层的持久强度低、抗蠕变能力差；高温承载时，接头蠕变变形集中于软化层，使整个接头的持久强度低。焊接热输入越大，焊后的回火温度过高，都会增加接头的软化程度。

为了避免冷裂纹及改善焊接接头的力学性能，应采取以下措施：

1）焊前预热

焊接马氏体型不锈钢，在使用与母材同成分的焊接材料时，为防止冷裂纹产生，焊前需要预热，预热温度一般为 $200 \sim 260$ ℃，且最好不要高于该钢材的马氏体开始转变温度。

2）焊后热处理

焊件焊后不应以焊接温度直接升温进行回火处理。对于刚度较小的结构，可以冷却至室温后再回火；对于刚度较大的结构，特别是含碳量较高时，须采用较复杂的工艺，如焊后冷至 $100 \sim 150$ ℃，保温 $0.5 \sim 1$ h，然后加热至回火温度。其目的是降低焊缝和热影响区的硬度，改善其塑性和韧性，同时减少焊接残余应力。回火温度一般选 $650 \sim 750$ ℃，至少保温 1 h 后空冷。

只有在为了得到最低硬度，如焊后进行机械加工时，才采用完全退火。退火温度为 $830 \sim 880$ ℃，保温 2 h 后随炉冷至 595 ℃，然后空冷。

三、马氏体型不锈钢的焊接工艺要点

马氏体型不锈钢的焊接性主要受淬硬性的影响，防止冷裂纹是最主要的问题；其次还可能出现焊接接头过热脆化及软化问题。马氏体型不锈钢的焊接性很差，必须采取严格的焊接工艺措施，才能获得满足要求的焊接接头。

1. 焊接材料

通常情况下，最好采用同质填充金属来焊接马氏体钢，但焊后焊缝和热影响区将会硬化变脆，有很高的裂纹倾向。因此，应考虑合理的合金化，如添加少量 Ti、Al、Nb 等合金元素以细化晶粒，降低淬硬性。例如 $\omega_{Nb} \approx 0.8\%$ 的焊缝可具有微细的单相铁素体组织。焊态或焊后热处理均可获得比较满意的性能，也可通过焊前预热、焊后缓冷及热处理来改善接头的性能。

焊接构件不能进行预热或不便进行热处理时，可采用奥氏体不锈钢焊接材料。焊后焊缝金属组织为奥氏体组织，具有较高的塑性和韧性，松弛焊接应力，并能溶入较多的固溶氢，降低接头形成冷裂纹的倾向。

但对于高温下运行的部件，最好采用成分与母材基本相同的同质焊接材料。若采用奥氏体型焊接材料，因奥氏体型不锈钢的线胀系数与马氏体型不锈钢有较大的差别，接头在高温下长期使用时，焊缝两侧始终存在较高的热应力，将使接头提前失效。采用同质填充材料时，控制焊缝金属中碳的质量分数非常重要，随母材中铬的质量分数的不同而不同。当 $\omega_{Cr} < 9\%$ 时，ω_C 也应控制在 $0.06\% \sim 0.01\%$，过低将明显降低焊缝韧性和高温力学性能；在 Cr12 钢中，ω_C 要达到 0.17% 以上，以防止因奥氏体化元素不足而使焊缝中出现铁素体组织，显著降低焊缝韧性。

超低碳复相马氏体钢宜采用同质焊接材料，但焊后如不经超微细复相化处理，则强韧性难以达到母材的水平。

2. 焊前预热和焊后热处理

对于同质焊缝，预热是防止冷裂纹的重要措施。钢的淬硬性越大，焊接接头的拘束度越大，则预热温度应选择得越高一些，一般为 150～400 ℃。多层焊时仍要保持焊道间温度不低于预热温度，焊后还要进行热处理。表 4-16 所示为马氏体型不锈钢推荐使用的预热温度、热输入及焊后热处理。

表 4-16　马氏体型不锈钢推荐使用的预热温度、热输入及焊后热处理

ω_C/%	预热温度/℃	热输入	焊后热处理
≤0.10	≤200	—	—
>0.10～0.20	200～250	一般	缓冷
>0.20～0.50	250～320	较大	必须焊后热处理（回火）
>0.50	250～320	大	必须焊后热处理（回火）

对于刚性小的焊接结构，焊后可以在冷却至室温后再回火；对于刚性大的焊接结构，特别是钢材中碳的质量分数较高时，需要采用复杂的热处理工艺。回火温度的选择，应根据工程项目对焊接接头力学性能和耐蚀性的要求而定，一般选择为 650～750 ℃，至少保温 1 h 后空冷。

高铬马氏体型不锈钢一般在淬火＋回火的调质状态下进行焊接，焊后经高温回火，使焊接接头具有良好的力学性能；如果在退火状态下焊接，会出现不均匀的马氏体组织，因此整个焊接结构焊后必须进行整体调质处理，使焊接接头具有均匀的力学性能。

3. 焊接方法

马氏体不锈钢可用各种电弧焊方法焊接，比如焊条电弧焊、氩弧焊和 CO_2 气体保护焊等焊接方法。马氏体型不锈钢与低合金结构钢相比，淬硬倾向较高，对焊接冷裂纹更为敏感。此外，必须严格保证低氢，甚至超低氢的焊接条件：采用焊条电弧焊时，要使用低氢碱性焊条；对于拘束度大的接头，最好采用氩弧焊。表 4-17 中列出了焊条电弧焊焊接马氏体型不锈钢对接平焊的焊接参数。

表 4-17　焊条电弧焊焊接马氏体型不锈钢对接平焊的焊接参数

板厚 /mm	坡口 形式	层数	坡口尺寸			焊接 电流 I/A	焊接速度 v/(mm·min^{-1})	焊条 直径 ϕ/mm	备注
			间隙 b/mm	钝边 p/mm	坡口角度 α/(°)				
3	I	2	2	—	—	80～110	100～140	3.2	反面挑根焊
		1	3	—	—	110～150	150～200	4	垫板
		1	2	—	—	90～110	140～160	3.2	—
5	I	2	3	—	—	80～110	120～140	3.2	反面挑根焊
		2	4	—	—	120～150	140～180	4	垫板
		2	2	2	75	90～110	140～180	3.2	—

续表

板厚/mm	坡口形式	层数	坡口尺寸			焊接电流 I/A	焊接速度 $v/(mm \cdot min^{-1})$	焊条直径 ϕ/mm	备注
			间隙 b/mm	钝边 p/mm	坡口角度 $\alpha/(°)$				
6	V	4	0	2	80	90~140	160~180	3.2、4	反面挑根焊
		2	4	—	60	140~180	140~150	4.5	垫板
		3	2	2	75	90~140	140~160	3.2、4	—
9	V	4	0	2	80	130~140	140~160	4	反面挑根焊
		3	4	—	60	140~180	140~160	4、5	垫板
		4	2	2	75	90~140	140~160	3.2、4	—
12	V	5	0	4	80	140~180	120~180	4、5	反面挑根焊
		4	4	—	60	140~180	120~160	4、5	垫板
		4	2	2	75	90~140	130~160	3.2、4	—
16	V	7	0	6	80	140~180	120~180	4、5	反面挑根焊
		6	4	—	60	140~180	110~160	4、5	垫板
		7	2	2	75	90~180	110~160	3.2、4	—

知 识 总 结

　　（1）马氏体型不锈钢焊接时的主要问题是冷裂纹、接头脆化及焊接热影响区软化。

　　（2）焊接马氏体型不锈钢时，采用低氢碱性焊条电弧焊；拘束度大的接头，采用氩弧焊。

　　（3）焊接马氏体型不锈钢时，可以采用与母材化学成分基本相同的焊接材料，也可采用奥氏体型焊接材料。

【任务实施】

　　马氏体不锈钢焊接性较差，有强烈的淬硬倾向，焊后残余应力也较大，容易产生裂纹，因此对焊接工艺要求比较严格。

　　其焊接工艺如下：

　　（1）采用的焊接方法是手工电弧焊，选择适当的焊接材料，确定适当的焊接工艺参数，确保焊缝的质量。在焊接之前，通过试验的方法得出合理的焊接工艺参数，焊接材料选用 G207 焊条。

（2）焊条经 150 ℃烘焙 2 h，并放在保温箱中备用。

（3）采用直流电源正接法，焊接电流为 80~110 A。

（4）将焊缝接头处用 φ2.5 mm 焊条垫出间隙，以保证焊透并省去开坡口的工序，然后点固焊并找正，每处点固焊的长度不小于 30 mm，以避免焊接时的撕裂。

（5）先焊箱体外表面的焊缝，然后再进入箱内进行封底焊。焊接过程中要保证焊道接头的重叠长度，并随时清除焊渣。

【学习工作页】

学生独立完成本项目学习工作页，见表 4 - 18。

表 4 - 18　20Cr13 马氏体不锈钢焊接工艺卡

任务名称			母材			保护气体	
学生姓名（小组编号）			时间			指导教师	
焊前准备 （如清理、坡口制备、预热等）							
焊后处理 （如清根、焊缝质量检测等）							
层次	焊接方法	焊接材料		电源及极性	焊接电流/A	电弧电压/V	焊接速度/(cm·min⁻¹)	热输入/(J·cm⁻¹)

层次	焊接方法	焊接材料		电源及极性	焊接电流 /A	电弧电压 /V	焊接速度 /(cm·min^{-1})	热输入 /(J·cm^{-1})
		牌号	规格					

焊接层次、顺序示意图：焊接层次（正/反）：　　　　技术要求及说明：

【学习评价】

采用自检、互检、教师检查的方式检查学习成果，评分标准如表 4 - 19 所示。

表4-19 项目评分标准

考评类别	序号	考评项目	分值	考核办法	评价结果	得分
平时考核	1	出勤情况	10	教师点名；组长检查		
	2	小组活动中的表现	10	学生、小组、教师三方共同评价		
技能考核	3	分析焊接性情况	20	学生自查；小组互查；教师终检		
	4	制定焊接工艺情况	20	学生自查；小组互查；教师终检		
素质考核	5	工作态度	10	学生、小组、教师三方共同评价		
	6	个人任务独立完成能力	10	学生、小组、教师三方共同评价		
	7	团队成员间协作表现	10	学生、小组、教师三方共同评价		
	8	安全生产	10	学生、小组、教师三方共同评价		
合计			100	任务一总得分		

【典型实例】

发电机复环与叶片的焊接实例。

发电机复环材质为20Cr13，叶片材质为10Cr13，均为马氏体型不锈钢。采取以下焊接工艺：

（1）预热温度。预热温度为100 ℃。

（2）焊接方法。采用焊条电弧焊，电源极性为直流反接。选用E316型（A207）焊条，直径为$\phi3.2$ mm，焊接电流为110~130 A。

（3）焊接。在引弧板上引弧，待电弧稳定后引入待焊处，采用短弧焊；收弧时要填满弧坑，减少弧坑裂纹，并使焊缝圆滑过渡。

（4）焊后热处理。焊后为防止焊件变形和开裂，需要进行回火热处理来消除焊接残余应力，回火温度为700 ℃，保温30 min，然后随炉冷却。

（5）检验。用超声波探伤仪对焊缝内部进行检测，发现有超标焊接缺陷时应立即返修。补焊工艺与焊接工艺相同，直至合格为止。

项目五 双相不锈钢的焊接

【任务概述】

022Cr22Ni5Mo3N双相不锈钢钢管，规格为$\phi219.1$ mm $\times 8.18$ mm，制定其焊接工艺。

【任务分析】

022Cr22Ni5Mo3N为铁素体和奥氏体的双相不锈钢，两项比例各占一半，兼有两者的优点。其中C的含量为0.022%，淬硬倾向较低，焊接性较好。双相不锈钢的耐蚀性强，因此焊接的关键是焊缝金属和焊接热影响区均保持有适量的铁素体和奥氏体的组织。制定焊接工艺时需选择合适的焊接方法、焊接材料及制定合理的焊接工艺，以满足焊接接头的工艺和使用性能要求。

【学习目标】

（1）掌握双相不锈钢的焊接性；

（2）制定双相不锈钢的焊接工艺；

（3）操作双相不锈钢焊缝并进行焊缝检测。

【知识准备】

双相不锈钢是在固溶体中铁素体相和奥氏体相各占一半，一般较少相的含量至少也需要达到30%的不锈钢。这类钢综合了奥氏体型和铁素体型不锈钢两者的优点，具有良好的韧性和强度，其屈服强度可达普通不锈钢的两倍，其优良的耐中性氯化物应力腐蚀的性能远远超过18-8型不锈钢，并具有良好的耐点蚀和缝蚀的能力。

一、双相不锈钢的类型

1. 低合金型双相不锈钢

00Cr23Ni4N 钢是瑞典最先开发的一种低合金型的双相不锈钢，不含钼，铬和镍的含量也较低。由于钢中含铬量为23%，有很好的耐孔蚀、缝隙腐蚀和均匀腐蚀的性能，故可代替 304L 和 316L 等常用奥氏体不锈钢。

2. 中合金型双相不锈钢

典型的中合金型双相不锈钢有 0Cr21Ni5Ti 和 1Cr21Ni5Ti。这两种钢是为了节约镍，分别代替 0Cr18Ni9Ti 和 1Cr18Ni9Ti 而设计的，但具有更好的力学性能，尤其是强度更高（约为 1Cr18Ni9Ti 的 2 倍）。

00Cr18Ni5Mo3Si2、00Cr18Ni5Mo3Si2Nb 双相不锈钢是目前合金元素含量最低、焊接性良好的耐应力腐蚀钢种，它在氯化物介质中的耐孔蚀性能与 00Cr19Ni13Mo3 （317L） 相当，耐中性氯化物应力的腐蚀性能显著，优于普通 18-8 型奥氏体不锈钢，具有较好的强度-韧性综合性能、冷加工工艺性能及焊接性能，适用作结构材料。

00Cr22Ni5Mo3N 属于第二代双相不锈钢，钢中加入适量的氮，不仅改善了钢的耐孔蚀和耐 SCC 性能，而且由于奥氏体数量的提高有利于两相组织的稳定，在高温加热或焊接热影响区能确保一定数量的奥氏体存在，从而提高了焊接热影响区的耐蚀和力学性能。这种钢焊接性良好，是目前应用最普遍的双相不锈钢材料。

3. 高合金双相不锈钢

这类双相不锈钢铬含量高达25%，在双相不锈钢系列中出现最早。20 世纪 70 年代以后发展了两相比例更加适宜的超低碳含氮双相不锈钢，除钼以外，有的牌号还加入了铜、钨等进一步提高耐腐蚀性的元素。典型的钢种有 00Cr25Ni6Mo2N、00Cr25Ni7Mo3N、00Cr25Ni7Mo3WCuN 和 0Cr25Ni6Mo3CuN 等。

4. 超级双相不锈钢

这种类型的双相不锈钢是指 PREN （PEE 是 Pitting Resistance Equivalent 的缩写，指抗点蚀当量，N 指含氮钢） 大于 40，$\omega_{Cr} = 2\%$ 和 Mo 含量高（$\omega_{Mo} > 3.5\%$）、氮含量高

（$\omega_N = 0.22\% \sim 0.30\%$）的钢，主要的牌号有 00Cr25Ni7Mo4N、00Cr25Ni7Mo3.5WCuN 和 00Cr25Ni6.5Mo3.5CuN 等。

二、双相不锈钢的焊接性

双相不锈钢具有良好的焊接性。选用合适的焊接材料不会发生焊接热裂纹和冷裂纹，焊接接头的力学性能基本上能够满足焊接结构的使用性能要求，焊接接头具有良好的耐应力腐蚀能力，耐点蚀和缝蚀的能力也均优于奥氏体不锈钢，抗晶间腐蚀的能力和奥氏体不锈钢相当。但焊接接头的近缝区受到焊接热循环的影响，其过热区的铁素体晶粒不可避免地会粗大，从而会降低该区域的耐蚀性。

双相不锈钢焊接的最大特点是焊接热循环对焊接接头组织的影响。无论是焊缝还是焊接 HAZ 都会有相变发生，因此，焊接的关键是要使焊缝金属和焊接热影响区均保持有适量的铁素体和奥氏体的组织。

三、双相不锈钢的焊接工艺要点

1. 焊前准备

为了保证焊接接头的耐蚀性，防止焊接缺陷，在焊前准备中应注意以下问题：

1）下料方法

双相不锈钢中含有较多的铬，用氧乙炔火焰切割有困难，可用机械切割、等离子弧切割及碳弧气刨等方法进行下料或坡口加工。机械切割最常用的方法有剪切、刨削等，这些方法一般只限于直线形，切割曲线时受到限制。剪切下料时，由于双相不锈钢韧性高，容易冷作硬化，故所需剪切力比剪切相同厚度的低碳钢应大1/3左右。等离子弧切割的切割表面光滑、切口窄、切割速度快，最大切割速度可达 100 mm/min，是切割奥氏体不锈钢和双相不锈钢最理想的方法。碳弧气刨具有设备简单、操作灵活等优点，特别适用于开孔、铲焊根或焊缝返修等场合，但若操作不当，则很容易在切割表面引起黏渣或黏碳，直接影响钢的耐蚀性。

2）焊前清理

为了保证焊接质量，焊前应将坡口及其两侧 20~30 mm 范围内的焊件表面清理干净。如有油污，则可用丙酮或酒精等有机溶剂擦拭。对表面质量要求特别高的焊件，应在适当范围内涂上用白垩粉调制的糊浆，以防止飞溅金属损伤钢材表面。

3）表面防护

在搬运、坡口制备、装配及定位焊过程中，应注意避免损伤钢材表面，以免使产品的耐蚀性降低。例如，不允许在钢材表面随意打弧及用利器划伤钢板表面。

4）自冷作硬化现象

双相不锈钢的线膨胀系数大，对冷作硬化敏感，在刚性固定条件下焊接时，焊缝在冷却中会产生较大的塑性变形而发生自发的冷作硬化现象。经自冷作硬化的焊缝，屈服强度提高40%左右，塑性有所下降。

2. 焊接方法

双相不锈钢可以采用所有的熔焊方法，如焊条电弧焊、氩弧焊、熔化极气体保护焊、埋弧焊、等离子弧焊等。

> **想一想**
>
> CO_2 气体保护焊能焊接双相不锈钢吗？为什么？

1）焊条电弧焊

焊条电弧焊是最常用的焊接方法，它具有操作灵活、方便等优点。为提高抗热裂纹能力，宜选择碱性药皮的焊条；对于耐蚀性要求高、表面成形要求好的焊缝，宜选用工艺性能良好的钛钙型药皮的焊条。焊条电弧焊对接焊缝的焊接参数见表 4 – 20。

表 4 – 20　焊条电弧焊对接焊缝的焊接参数

板厚 /mm	坡口形式	焊接位置	层数	坡口尺寸			焊接电流 /A	焊接速度 /(mm·min^{-1})	焊条直径/mm	备注
				坡口角度 /(°)	间隙 /mm	钝边 /mm				
2	I	平焊	2	0 ~ 1	—	—	40 ~ 60	140 ~ 160	2.6	反面清根垫板
			1	2	—	—	80 ~ 110	100 ~ 140	3.2	
3	I		1	0 ~ 1	—	—	60 ~ 80	100 ~ 140	2.6	
			2	2	—	—	80 ~ 110	100 ~ 140	3.2	
			1	3	—	—	110 ~ 150	150 ~ 200	4	
5	I		2	2	—	—	90 ~ 110	140 ~ 160	3.2	
	I		2	3	—	—	80 ~ 110	120 ~ 140	3.2	
	I		2	4	—	—	120 ~ 150	140 ~ 180	4	
	V		2	2	2	75	90 ~ 110	140 ~ 180	3.2	
6	V		4	0	—	80	90 ~ 140	160 ~ 180	3.2、4	
	V		2	4	—	60	140 ~ 180	140 ~ 150	4、5	
	V		3	2	2	75	90 ~ 140	140 ~ 160	3.2、4	
9	V		4	0	2	80	130 ~ 140	140 ~ 160	4	
	V		3	4	—	60	140 ~ 180	140 ~ 160	4.5	
	V		3	2	2	75	90 ~ 140	140 ~ 160	3.2、4	
12	V		5	0	2	80	140 ~ 180	120 ~ 180	4、5	
	V		4	4	—	60	140 ~ 180	120 ~ 160	4、5	
	V		3	2	2	75	90 ~ 140	130 ~ 160	3.2、4	

2）氩弧焊

氩弧焊是焊接双相不锈钢的理想方法，因为在焊接过程中合金元素烧损很小，焊缝表面洁净无渣，故焊缝成形好。此外，由于其焊接热输入较低，故特别适宜对过热敏感的奥氏体不锈钢和双相不锈钢进行焊接。钨极氩弧焊及熔化极氩弧焊对接焊缝的焊接参数分别见表 4 – 21 和表 4 – 22。

表 4－21　钨极氩弧焊对接焊缝的焊接参数

| 板厚/mm | 坡口形式 | 焊接位置 | 层数 | 坡口尺寸 | | 电极直径/mm | 焊接电流/A | 焊接速度/(mm·min⁻¹) | 焊丝直径/mm | 氩气 | | 备注 |
				间隙/mm	钝边/mm					流量/(L·min⁻¹)	口径/mm	
1	I	平焊	1	0	—	1.6	50～80	100～120	4	4～6	φ11	单面焊
	I	立焊	1	0	—	1.6	50～80	80～100	4		φ11	
4	I	平焊	2	0～2	1.6～2	2.4	150～200	100～120	3.2～4	6～10	φ11	双面焊
	I	立焊	2	0～2	1.6～2	2.4	150～200	80～120	3.2～4	6～10	φ11	
6	V	平焊	3	0～2	0～2	2.4	150～200	100～150	3.2～4	6～10	φ11	反面清根
	V	立焊	2	0～2	0～2	2.4	150～200	80～120	3.2～4	6～10	φ11	反面清根
	V	平焊	2	0～2	0～2	2.4	180～230	100～150	3.2～4	6～10	φ11	垫板
	V	立焊	2	0～2	0～2	2.4	180～230	100～150	3.2～4	6～10	φ11	垫板
12	V	平焊	6	0～2	0～2	2.4	150～200	150～200	3.2～4	6～10	φ11 φ11	反面清根
	V	立焊	8	0～2	0～2	2.4	150～200	150～200	3.2～4	6～10	φ11～	反面清根
	V	平焊	6	0～2	0～2	2.4	200～250	100～200	3.2～4	6～10	φ13	垫板
	V	立焊	8	0～2	0～2	2.4	200～250	100～200	3.2～4	6～10	φ11～ φ13	垫板

表 4－22　熔化极氩弧焊对接焊缝的焊接参数

| 板厚/mm | 坡口形式 | 焊接位置 | 层数 | 坡口尺寸 | | 焊接电流/A | 电弧电压/V | 焊接速度/(mm·min⁻¹) | 焊丝直径/mm | 送丝速度/(m·min⁻¹) | 氩气流量/(L·min⁻¹) | 备注 |
				间隙/mm	钝边/mm							
4	I	平焊	1	0～2	—	200～240	22～26	400～550	1.6	3.5～4.5	14～18	垫板
	I	立焊	1	0～2	—	180～220	22～25	350～500	1.6	3～4	14～18	
6	I	平焊 立焊	2	0～2	—	220～260 200～240	22～26 22～25	300～500 250～450	1.6	4～5 3.5～4.5	14～18	反面清根
	V	平焊 立焊	2	0～2	0～2	220～260 200～240	22～26 22～25	300～500 250～450	1.6	4～5 3.5～4.5	14～18	垫板
12	V	平焊 立焊	5 6	0～2	0～2	240～280 220～260	24～27 23～26	200～350 200～400	1.6	4.5～6.5 4～5	14～18	反面清根
	V	平焊 立焊	4 6	0～2	0～2	240～280 220～260	24～27 23～26	200～350 200～400	1.6	4.5～6.5 4～5	14～18	垫板

3）埋弧焊

埋弧焊是一种高效的焊接方法，其特点是热输入大，熔池尺寸较大，冷却速度和凝固速度慢，因此焊接热裂纹敏感性较大。埋弧焊对母材稀释率的变化范围大（10%～75%），这会对焊缝金属的成分产生重大影响，关系到焊缝组织中铁素体含量的控制。埋弧焊对接焊缝的焊接参数见表4-23。

表 4-23　埋弧焊对接焊缝的焊接参数

坡口形式	板厚/mm	坡口角度/(°)	正面坡口深度/mm	反面坡口深度/mm	钝边高度/mm	正面焊道			反面焊道			焊丝直径/mm
						焊接电流/A	电弧电压/V	焊接速度/(cm·min^{-1})	焊接电流/A	电弧电压/V	焊接速度/(cm·min^{-1})	
I	6	0	0	6	0	400	28	80	450	30	70	4.0
	9		0	9	0	550	29	70	600	30	60	
	12		0	12	0	600	30	60	700	32	50	
X	16	80	5	6	5	500	32	50	650	32	40	
	20		7	7	6	600	32	50	800	32	40	

CO_2 气体保护焊不适合焊接双相不锈钢，因为采用 CO_2 气体保护焊，当焊丝中 $\omega_C <0.1\%$ 时，可使焊缝增碳；当 ω_C 为 $0.02\%～0.04\%$ 时，对焊接接头的耐蚀性不利。等离子弧焊也属于惰性气体保护的熔焊方法，它以高能量密度的等离子弧为热源，由于具有能量集中、焊件加热范围小、焊接速度快、热能利用率高及热影响区窄等特点，故可用于无风条件下的焊接，对提高接头的耐蚀性、改善接头组织非常有利。

3. 焊接材料

对于工作在高温条件下的双相不锈钢，填充材料选择的原则是在无裂纹的前提下，保证焊缝金属的热强性与母材基本相同，这就要求其合金成分大致与母材成分匹配，同时应当考虑焊缝金属中铁素体含量的控制。对于长期在高温条件下工作的双相不锈钢焊接接头，铁素体的体积分数不应超过 5%，以免出现脆化。

对于在腐蚀介质下工作的双相不锈钢，主要按腐蚀介质和耐蚀性要求来选择焊接材料，一般选用与母材成分相同或相近的焊接材料。由于碳含量对耐蚀性有很大影响，因此熔敷金属的碳含量不要高于母材。环境腐蚀性弱或仅为避免锈蚀污染的设备，可选用含 Ti 或 Nb 等稳定化元素或超低碳焊接材料；对于耐酸腐蚀性能较高的工件，常选用含 Mo 的焊接材料。

4. 焊后清理

双相不锈钢焊接后，焊缝必须进行酸洗、钝化处理。酸洗的目的是去除焊缝及热影响区表面的氧化皮；钝化的目的是使酸洗的表面重新形成一层无色的致密氧化膜，起到耐蚀作用。常用的酸洗方法有两种：酸液酸洗和酸膏酸洗。酸液酸洗又分为浸洗和刷洗。浸洗法适用于较小的部件，即将部件在酸洗槽中浸泡 25～45 min，取出后用清水冲净；刷洗法适用于大型部件，即用刷子或拖布反复刷洗，直到呈白亮色后，再用清水冲净。酸膏酸洗也适用于大型结构，即将配制好的酸膏敷于结构表面，停留几分钟，再用清水冲净。酸洗前必须进行表面清理及修补，包括修补表面损伤、彻底清除焊缝表面残渣及焊缝附近表面的飞溅物。钝化在酸洗后进行，用钝化液在部件表面擦一遍，然后用冷水冲洗，再用抹布仔细擦洗，最后用温水冲净并干燥。经钝化处理后的不锈钢制品表面呈白色，具有较好的耐蚀性。

5. 焊接工艺要点

根据双相不锈钢对抗裂性和耐蚀性的要求，焊接时要注意以下几点：

1）焊前不预热

由于双相不锈钢具有较好的塑性，冷裂纹倾向较小，因此焊前不必预热。多层焊时要避免层间温度过高，一般应冷至 100 ℃以下再焊下一层，否则会产生焊接接头冷却速度慢、促使析出铬的碳化物等不利影响。在焊件刚度极大的情况下，为了避免裂纹的产生，可进行焊前预热。

2）防止焊接接头过热

防止焊接接头过热的具体措施有短弧快速焊、直线运条、减少起弧和收弧次数、尽量避免重复加热以及强制冷却焊缝（加铜垫板、喷水冷却等）等。

3）保证焊件表面完好无损

焊件表面损伤是产生腐蚀的根源，焊接时应避免焊件碰撞损伤和在焊件表面进行引弧，以免造成局部烧伤等。

4）焊后热处理

双相不锈钢焊接后，原则上不进行热处理，只有焊接接头产生了脆化或要进一步提高其耐蚀能力时，才根据需要选择固溶处理、稳定化处理或消除应力处理。

【任务实施】

1. 焊接性

022Cr22Ni5Mo3N 双相不锈钢的主要成分为 Cr、Ni、Mo 和 N。Ni 和 N 是促进和稳定奥氏体的元素，Cr 和 Mo 是铁素体的形成元素，保证了铁素体与奥氏体的双相组织结构。虽然双相不锈钢具有良好的焊接性，选用合适的焊接材料不会产生焊接热裂纹和冷裂纹，且焊接接头的力学性能基本上能满足使用性能要求，同时焊接接头具有耐应力、耐点蚀和缝蚀的能力，但是在焊缝热影响区高温段的铁素体晶粒会急剧长大，导致相比例和相分布状态发生变化，影响焊接接头的力学性能和耐蚀性，因此选择合适的焊接工艺是非常必要的。

2. 焊接工艺

1）焊接方法

022Cr22Ni5Mo3N 双相不锈钢可采用焊条电弧焊、钨极氩弧焊、熔化极氩弧焊和埋弧焊等多种方法焊接。

2）焊接材料

022Cr22Ni5Mo3N 双相不锈钢的焊接材料选用 H00Cr22Ni8Mo3N。

3）焊接工艺参数

焊接接头采用 V 形坡口，如图 4-10 所示。焊接时，无须对管件进行预热，但应严格控制层间温度和热输入。

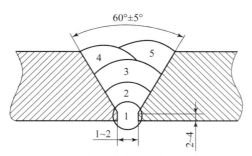

图 4 – 10　坡口形式、尺寸及焊道顺序

　　过大的热输入容易产生粗晶并会使焊接区的韧性下降，所以在焊接时应采用较小的线能量，控制热输入在 0.5 ~ 1.5 kJ/mm 范围内，层间温度小于 150 ℃。

　　焊接工艺参数见表 4 – 24。

表 4 – 24　022Cr22Ni5Mo3N 双相不锈钢的焊接工艺参数

焊道编号	焊丝直径 /mm	焊接电流 /A	电弧电压 /V	焊接速度 /(mm·min^{-1})	热输入 (kJ·mm^{-1})	层间温度 /℃
1	2.0	105	10	52.20	1.21	31
2	2.4	114	10	67.67	1.01	39
3	2.4	114	10	75.46	0.91	60
4	2.4	114	10	84.24	0.81	86
5	2.4	114	10	94.68	0.72	142

【学生学习工作页】

　　任务结束后，上交本项目学习工作页，见表 4 – 25。

表 4 – 25　焊接工艺卡

任务名称			母材		保护气体	
学生姓名（小组编号）			时间		指导教师	
焊前准备 （如清理、坡口制备、预热等）						
焊后处理 （如清根、焊缝质量检测等）						
层次	焊接方法	焊接材料		电源及极性	焊接电流 /A	电弧电压 /V	焊接速度 /(cm·min^{-1})	热输入 /(J·cm^{-1})
		牌号	规格					

续表

层次	焊接方法	焊接材料		电源及极性	焊接电流/A	电弧电压/V	焊接速度/(cm·min⁻¹)	热输入/(J·cm⁻¹)
		牌号	规格					

焊接层次、顺序示意图：焊接层次（正/反）：	技术要求及说明：

【学习评价】

采用自检、互检、教师检查的方式检查学习成果，评分标准如表 4-26 所示。

表 4-26　项目评分标准

考评类别	序号	考评项目	分值	考核办法	评价结果	得分
平时考核	1	出勤情况	10	教师点名；组长检查		
	2	小组活动中的表现	10	学生、小组、教师三方共同评价		
技能考核	3	分析焊接性情况	20	学生自查；小组互查；教师终检		
	4	制定焊接工艺情况	20	学生自查；小组互查；教师终检		
素质考核	5	工作态度	10	学生、小组、教师三方共同评价		
	6	个人任务独立完成能力	10	学生、小组、教师三方共同评价		
	7	团队成员间协作表现	10	学生、小组、教师三方共同评价		
	8	安全生产	10	学生、小组、教师三方共同评价		
合计			100	任务一总得分		

项目六　珠光体钢与奥氏体型不锈钢的焊接

【任务概述】

某厂生产的不锈钢化工容器，其规格为 $\phi200$ mm（内）× 10 mm，$\phi1\,400$ mm（内）× 12 mm 两种。壳体为 0Cr18Ni9 不锈钢材质，需要与 Q345 的法兰锻钢焊接。如图 4 – 11 所示的 B2 焊缝，制定其焊接工艺。

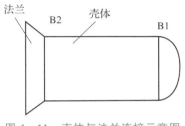

图 4 – 11　壳体与法兰连接示意图

【学习目标】

（1）分析 0Cr18Ni9 不锈钢与 Q345 钢异质焊缝的焊接性特点；

（2）制定 0Cr18Ni9 不锈钢与 Q345 钢异质焊缝的焊接工艺；

（3）焊接 0Cr18Ni9 不锈钢与 Q345 钢异质焊缝并进行焊缝检验。

【任务分析】

此结构为异种钢的焊接，其中 0Cr18Ni9 为奥氏体不锈钢，室温组织为奥氏体组织；Q345 为低合金钢，室温组织为珠光体组织。两种钢的化学成分、组织、性能不同，因此不能单纯按照 0Cr18Ni9 或 Q345 的焊接工艺去焊接。在制定焊接工艺时需考虑焊缝金属的稀释、过渡层、碳的迁移及残余应力等对焊缝质量造成的影响。

【知识准备】

现代工业制造中，为了满足不同工作条件下对材质的不同要求，通常将不同种类的金属焊接起来。例如，结构中的常温受力构件部分由珠光体钢（低碳钢或低合金钢）制造，而高温构件或与腐蚀介质接触的构件采用奥氏体型不锈钢，然后将二者焊接起来。珠光体钢与奥氏体型不锈钢虽然都是铁基合金，但二者成分相差较大，实质上属于异种金属的焊接。

珠光体钢与
奥氏体不锈钢
的焊接性

一、焊接性

当两种成分、组织、性能不同的金属通过焊接而形成连续的焊接接头时，接头部位实质上是成分与组织变化的过渡区，集中了各种矛盾，具体表现如下：

1. 焊缝金属化学成分的稀释

不同成分的钢焊接时，焊缝金属平均成分是由两种不同类型的母材和填充金属混合所组成的。由于珠光体钢中不含或只有少量的合金元素，如果珠光体钢熔入焊缝金属的比例增大，则会冲淡焊缝金属的合金浓度，从而改变焊缝金属的化学成分和组织状态。这种现象称为母材金属对焊缝金属的稀释作用。

稀释程度取决于母材金属在焊缝金属中所占的质量比。奥氏体型不锈钢与珠光体钢焊缝，希望母材在焊缝金属中所占的比例小些，即熔合比小一些。焊接时主要是通过焊接材料来控制焊缝金属的成分和组织，控制焊缝金属成分的目的是防止产生焊接裂纹，保证焊接接头性能。

例如，焊接12Cr18Ni9钢与Q235钢时，若不加填充金属或用E308-16（A102）焊条焊接，则焊缝金属不可避免地要出现硬而脆的马氏体组织，导致焊缝产生裂纹。用E309-15（A307）焊条焊接时，母材金属的熔合比要控制在30%以下，才能获得较为理想的奥氏体＋铁素体双相组织。

2. 凝固过渡层的形成

由于母材金属对焊缝金属熔池的稀释程度不均匀，在焊缝金属熔池边缘，金属在液态时间最短，温度较中部低，流动性较差，即最先结晶成为固态。在珠光体钢一侧熔池边缘，熔化的母材金属和填充金属不能充分混合，此侧的焊缝金属中珠光体钢所占比例较大，且越靠近熔合线稀释程度越大，而在焊缝金属熔池的中心，其稀释程度就小。这样，焊接珠光体钢与奥氏体型不锈钢时，在珠光体钢一侧熔合线的焊缝金属存在一个成分梯度很大的过渡层，宽为0.2~0.6 mm。这种成分上的过渡变化区是由熔池凝固特性造成的，故称为凝固过渡层，实际上是高硬度的马氏体脆性层。

3. 碳迁移过渡层的形成

由于珠光体钢与奥氏体型不锈钢焊接接头熔合区两侧的成分、组织相差悬殊，在焊后热处理或高温运行时，在一定的温度下会发生某些合金元素的扩散，碳的扩散能力最强。碳从珠光体母材通过熔合区向焊缝扩散，从而在靠近熔合区的珠光体母材上形成了一个软化的脱碳层，而在奥氏体型不锈钢焊缝中形成了硬度较高的增碳层，如图4-12所示。增碳层与脱碳层总称为碳迁移过渡层，过渡层的形成，使得脱碳层与增碳层的硬度有明显差别。在长时间高温下工作时，由于变形阻力不同，将产生应力集中，使接头的高温持久强度极限和塑性下降，可能导致沿熔合区断裂。

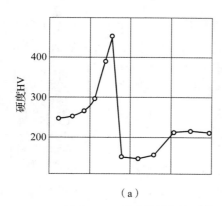
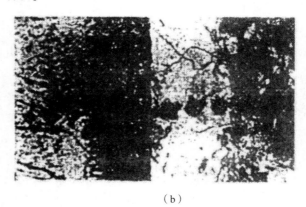

（a）   （b）

图4-12 珠光体钢与奥氏体型不锈钢焊缝熔合区的硬度分布及扩散层（×100）

（a）接头硬度分布；（b）接头组织（左侧—焊缝、右侧—母材）

4. 残余应力的形成

由于珠光体钢与奥氏体型不锈钢的线胀系数相差很大，焊接残余应力及工作中产生的交变热应力会导致焊接接头发生疲劳破坏，因此焊接时选用线胀系数与低合金钢相近的奥氏体焊接材料。

珠光体与奥氏体不锈钢的焊接工艺

二、焊接工艺要点

1. 焊接方法

进行异种钢焊接时应选用熔合比小、稀释率低的焊接方法，如焊条电弧焊、钨极氩弧焊、熔化极气体保护焊都比较合适。埋弧焊需注意限制热输入，控制熔合比；由于埋弧焊搅拌作用强烈，高温停留时间长，因此形成的过渡层较为均匀。

2. 焊接材料

选择焊接材料时必须考虑接头的使用要求、稀释作用、碳的迁移、残余应力及抗裂性等一系列问题。

珠光体钢与奥氏体型不锈钢焊接时的常用焊接材料见表 4 – 27。

表 4 – 27　珠光体钢与奥氏体型不锈钢焊接时的常用焊接材料

母材牌号		焊条电弧焊		焊丝
第一种材料	第二种材料	焊条型号	焊条牌号	（埋弧焊或氩弧焊）
低碳钢	Cr17Ni13Mo2Nb Cr23Ni18 Cr25Ni13Ti	E309 – 16 E309 – 15 E309Mo – 16 E16 – 25MoN – 16 E16 – 25Mo6N – 15	A302 A307 A312 A502 A507	—
铬钼钢 （12CrMo、15CrMo、 30CrMo）				
铬钼钒钢 （12Cr1MoV、15Cr1Mo1V）				
铬钼钢 Cr5Mo		—	—	H1Cr25Ni13 H1Cr20Ni10Mo6
铬钼钒钢 （Cr5MoV、25Cr3WMoV、 12Cr2Mo2VNiS）				H1Cr20Ni17Mn6Si2
12CrMo、15CrMo	Cr15Ni35W3Ti	E16 – 25MoN – 16	A502	—
30CrMo、 12Cr1MoV、15Cr2Mo2	Cr16Ni25Mo6	E16 – 25Mo6N – 15	A507	—
低碳钢	Cr25Ni15TiMoV Cr21Ni15Ti	E16 – 25MoN – 16 E16 – 25Mo6N – 15	A502 A507	—

3. 焊接工艺要点

（1）尽量选用小直径的焊条和焊丝，并选用小电流、大电压和高焊速进行焊接。

（2）淬硬倾向较大的珠光体钢应适当预热，其预热温度应比珠光体钢同种材料焊接时略低一些。

（3）对于较厚的焊件，在珠光体钢的坡口表面堆焊过渡层，如图 4 - 13 所示。过渡层中应含有较多的强碳化物形成元素，也可用高镍奥氏体型不锈钢焊条来堆焊过渡层。过渡层厚度 f 一般为 6 ~ 9 mm。

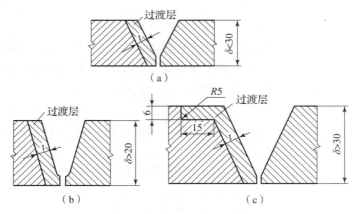

图 4 - 13　珠光体钢坡口表面堆焊的过渡层

（4）珠光体钢与奥氏体型不锈钢的焊接接头焊后一般不进行热处理。

三、复合钢板的焊接特点

由覆层（不锈钢）和基层（碳钢或低合金钢）两种材料复合轧制而成的双金属板为复合钢板。接触腐蚀介质或高温的一面由不锈钢板承担，而结构所需强度和刚度的一面则由碳钢或低合金钢板承担，既保证了产品优良的使用性能，又大大节省了昂贵的不锈钢材料，广泛用于石油、化工、制药、制碱和航海等要求防腐与耐高温的容器和管道等。

不锈复合钢板由于覆层与基层材料的化学成分和物理性能差异很大，焊接性也存在重大差异，不能采用单一的焊接材料和焊接工艺进行焊接，应将覆层和基层区别对待。

1. 焊接方法

不锈复合钢板基层或覆层的焊接方法与焊接不锈钢和碳钢（或低合金结构钢）一样，可以采用焊条电弧焊、埋弧焊、CO_2 气体保护焊及惰性气体保护焊等方法，但覆层常用焊条电弧焊。

2. 焊接材料

不锈复合钢板的焊缝由过渡层、基层和覆层三部分组成，各自的焊接材料选择如下：

1）过渡层

焊接材料为了保证覆层侧焊缝合金不受或少受基层金属的稀释，过渡层的焊接材料不能选用碳钢或低合金钢的焊接材料，必须选用铬、镍含量高于覆层含量的不锈钢焊接材料。

2）基层

焊接材料选用与基层材料单独焊接时相同的焊接材料，并以同样的焊接工艺进行焊接。

3）覆层

焊接材料原则上与单独焊接不锈钢时的焊接材料相同，焊接工艺也相同。

3. 焊接顺序

先将开好坡口的不锈复合钢板装配好，首先焊接基层材料，基层焊接完毕后要对其焊缝进行检查，确认焊缝质量达到要求后才能做焊接过渡层的准备工作。在覆层不锈钢板一侧进行铲削，并将待焊根部制成圆弧形。为了防止出现未焊透，铲削要进行到暴露出基层碳钢为止，并打磨干净。然后焊接过渡层，其焊缝一定要熔化覆层不锈钢板一定厚度才能起到隔离作用。过渡层焊缝质量合格后，在过渡层焊缝上焊接不锈钢板覆层。焊接不锈钢板覆层时，在不影响焊接接头质量的前提下，可加快覆层焊接的冷却速度，避免覆层在 $600 \sim 1\,000\ ℃$ 下停留的时间过长，以防耐蚀性下降。

不锈复合钢板搭接接头和角接接头的形式如图 4 – 14 和图 4 – 15 所示。在待焊区低碳钢与不锈钢的共存部位，要选用过渡层的焊接材料。当待焊区都是碳钢时，可以按基层所选用的焊接材料进行施焊；同样，待焊区都是不锈钢材料时，选用覆层的焊接材料，但是考虑到焊接熔池的深度，焊缝仍要选用过渡层的焊接材料。

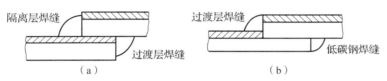

图 4 – 14　不锈复合钢板搭接接头的形式

（a）搭接焊缝为过渡层焊缝；（b）一面是过渡层焊缝，一面是低碳钢焊缝

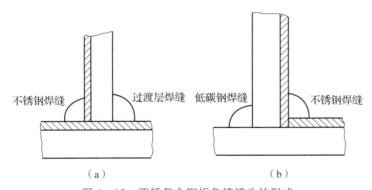

图 4 – 15　不锈复合钢板角接接头的形式

（a）一面是不锈钢焊缝，一面是过渡层焊缝；（b）一面是低碳钢焊缝，一面是不锈钢焊缝

5. 不锈复合钢板焊接时应注意的问题

（1）下料最好采用等离子弧切割，等离子弧切割的切口质量比氧乙炔火焰切割高，切口光滑，热影响区小。

（2）装配应以覆层为基准，防止错边过大而影响覆层质量；定位焊缝应尽可能地放在基层面。

（3）焊前对坡口两侧 $20 \sim 40\ mm$ 范围内进行清理。

（4）焊接过渡层时应选用尽可能小的焊接电流。

【项目实施】

1. 焊接性分析

1）可行性分析

从 0Cr18Ni9 不锈钢与 16Mn 钢的化学成分分析，可以看出 16Mn 的碳当量较小，焊接性较好，其含少量的锰元素，从而能形成碳化物。所以与 0Cr18Ni9 不锈钢焊接时，16Mn 的脱碳现象轻，焊缝稀释率较小，产生马氏体组织的倾向也小，其母材金属侧脱碳，反而会使淬硬倾向减小，这对两种材质的焊接很有利。

2）难点分析

0Cr18Ni9 和 16Mn 钢是两种焊接性能截然不同的材料，且 0Cr18Ni9 不锈钢和 16Mn 钢化学成分差异很大，因此它们的焊接属于异种钢焊接，要在该熔焊的条件下获得满意的焊接接头存在许多问题。由于 0Cr18Ni9 不锈钢的导热性较 16Mn 钢差，焊接残余应力较大，故从高温直接冷却到常温时很容易产生冷裂纹。由于焊接热循环的作用，0Cr18Ni9 不锈钢有较大的过热倾向，晶粒易粗化，热影响区会出现粗大的铁素体和碳化物组织，塑性降低，冷却时能引起脆化，如果再有氢的作用，冷裂纹的倾向就更加明显。

（1）热导率和比热容的差异。

金属的热导率和比热容强烈地影响着被焊材料的熔化、熔池的形成，以及焊接区温度场和焊缝的凝固结晶。0Cr18Ni9 不锈钢热导率比 16Mn 低，两者的差异可使两者的熔化不同步，熔池形成和金属结合不良，导致焊缝结晶条件变坏，焊缝性能和成形不良。

（2）线膨胀系数的差异。

由于 0Cr18Ni9 不锈钢的线膨胀系数比 16Mn 低合金钢大，造成它们在形成焊接连接之后的冷却过程中，焊缝两侧的收缩量不同，导致焊接接头出现复杂的高应力状态，进而加速裂纹的产生。当应力值超过焊缝金属的强度极限时，就会沿熔合线产生裂纹，最后导致焊缝金属剥离。预防冷裂纹产生的主要措施除严格选择低氢型焊接材料，并严格执行烘干制度外，还必须在施焊前对母材进行预热，施焊过程中保持较高的层间温度，以及焊后立即进行消氢处理。

2. 焊接工艺的制定

为保证焊接质量，制定正确的焊接工艺，因埋弧自动焊生产效率高、焊接质量高、劳动强度低，故采用埋弧自动焊焊接方法。在焊接试验中发现，裂纹是出现次数最多的焊接缺陷。经多次反复试验并分析，最终制定合理的焊接工艺。

1）焊材选择

0Cr18Ni9 不锈钢与 16Mn 钢焊接接头的焊缝金属化学成分主要取决于填充金属。为了保证结构使用性能的要求，焊缝金属的成分应接近于其中一种钢的成分。焊接方法采用埋弧自动焊，焊丝选用 H0Cr21Ni10，直径 $\phi3.2$ mm，焊剂为 HJ260，烘干到 300 ℃。

2）预热温度和层间温度

焊前预热和层间温度的控制对减少裂纹的形成有一定影响。预热温度过高，会导致焊缝的冷却速度变慢，有可能引起焊接接头晶粒边界碳化物的析出和形成铁素体组织，大大地降低接头的冲击韧性；预热温度过低，则起不到预热的作用，无法防止裂纹的形成。0Cr18Ni9 不锈钢与 16Mn 钢焊接的预热温度和层间温度要控制在 150 ~ 300 ℃。

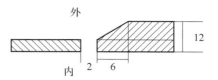

图 4－16　焊缝结构示意图

3）焊接工艺参数确定

选择合适的填充材料，焊接工艺合理，遵守操作规程，就能很容易获得良好的焊接接头。焊缝结构示意图如图 4－16 所示。经过多次反复焊接工艺试验，最终确定焊接工艺参数，见表 4－28。将 0Cr18Ni9 材料的筒节与 16Mn 法兰锻钢材料组对焊缝的对接处用砂轮打磨至金属光泽，然后用加热器对端部 150 mm 范围内进行预热，预热温度为 150～300 ℃。局部预热范围应从焊缝边缘开始，如果不预热或预热不彻底，将会在焊点周围产生微裂纹，导致应力集中，促使裂纹扩展造成破坏。

表 4－28　焊接工艺参数

焊接层次	焊接方法	焊丝牌号	焊丝直径 /mm	焊接电流 /A	焊接电压 /V	焊接速度 /(m·h^{-1})
外	埋弧自动焊	H0Cr21Ni10	3.2	450	23	36
内	埋弧自动焊	H0Cr21Ni10	3.2	450	23	36

4）焊缝焊接

当用测温仪测得的温度达到要求后，开始按焊接工艺用选定好的焊材对焊缝进行焊接。严格按照操作规程先里后外进行焊接，连续两遍成形，保证焊透。

施焊完毕后，对焊缝部位按图纸要求进行 20% 无损检测和 100% 渗透检测，最终焊缝质量达到合格要求。两种检测所得结果表明，通过选择合适的焊接工艺参数并进行良好的操作，最终获得良好的焊接效果，满足焊接结构的使用要求。

【学生学习工作页】

任务结束后，上交本项目学习工作页，见表 4－29。

表 4－29　0Cr18Ni9 不锈钢与 Q345 的法兰锻钢焊接工艺卡

任务名称			母材		保护气体		
学生姓名（小组编号）			时间		指导教师		
焊前准备 （如清理、坡口制备、预热等）							
焊后处理 （如清根、焊缝质量检测等）							
层次	焊接方法	焊接材料		电源及极性	焊接电流 /A	电弧电压 /V	焊接速度 /(cm·min^{-1})	热输入 /(J·cm^{-1})
		牌号	规格					

模块四　不锈钢及其焊接工艺

续表

层次	焊接方法	焊接材料		电源及极性	焊接电流 /A	电弧电压 /V	焊接速度 /(cm·min^{-1})	热输入 /(J·cm^{-1})
		牌号	规格					

焊接层次、顺序示意图：焊接层次（正/反）：	技术要求及说明：

【学习评价】

采用自检、互检、教师检查的方式检查学习成果，评分标准如表4-30所示。

表4-30　项目评分标准

考评类别	序号	考评项目	分值	考核办法	评价结果	得分
平时考核	1	出勤情况	10	教师点名；组长检查		
	2	小组活动中的表现	10	学生、小组、教师三方共同评价		
技能考核	3	分析焊接性情况	20	学生自查；小组互查；教师终检		
	4	制定焊接工艺情况	20	学生自查；小组互查；教师终检		
素质考核	5	工作态度	10	学生、小组、教师三方共同评价		
	6	个人任务独立完成能力	10	学生、小组、教师三方共同评价		
	7	团队成员间协作表现	10	学生、小组、教师三方共同评价		
	8	安全生产	10	学生、小组、教师三方共同评价		
合计			100	任务一总得分		

【典型实例】

某石化设备制造公司承接了图 4 – 17 所示结构的柴油原料油换热器制造业务。该柴油原料油换热器为 Ⅱ 类压力容器，由管程和壳程两部分组成，设备主材为 Q345R + 022Cr17Ni12Mo2 复合板，厚度为（14 ± 3）mm。

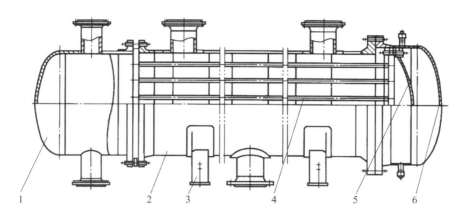

图 4 – 17　柴油原料油换热器示意图

1—管箱；2—壳体；3—支座；4—管束；5—浮头盖；6—外头盖

该容器设计压力为 2.5 MPa，设计温度为 200 ℃；介质：管程为柴油，壳程为原料；焊接接头系数：管程为 1.0，壳程为 0.85；腐蚀裕量：管程为 0，壳程为 3；焊接接头射线检测比例：管程为 100%，壳程为 20%；覆层 100% 渗透检测。

1. 焊接坡口和接头组对

1）焊接坡口

选择不锈复合钢板的坡口形式时，应充分考虑过渡层的焊接特点，先焊基层，再焊过渡层，最后焊覆层；应尽量减少覆层的焊接量，以避免覆层焊缝多次重复受热，从而提高覆层焊缝的耐蚀性，同时可减小设备内部的铲磨工作量，坡口形式如图 4 – 18 所示；焊前，在覆层距坡口 100~150 mm 范围内涂防飞溅的白垩涂料。

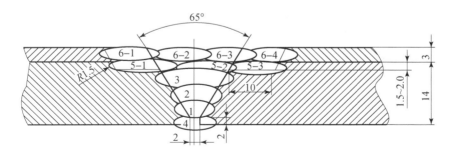

图 4 – 18　坡口形式及焊道分布示意图

2）组对

焊件组对时要以覆层为基准对齐，覆层错边量大会影响复层焊缝的质量，所以错边量以不超过 0.5 mm 为宜。

3）定位焊

对接焊时，只允许在基层用 E5015 焊条进行定位焊。定位焊工装夹具也只能焊在基层一侧，材质与基层相同，用 E5015 焊条焊接。去除工装时，不能损伤基层金属，并要将焊接处打磨光滑。

2. 焊接参数

不锈复合钢板的焊接参数见表 4 – 31，电流极性均为直流反接。

表 4 – 31　不锈复合钢板的焊接参数

焊道	焊材及直径/mm	焊接电流/A	电弧电压/V	焊接速度 /（cm·min^{-1}）
基层打底焊	E5015，ϕ3.2	110～120	17～19	14～15
基层填充、盖面焊	E5015，ϕ4	160～180	18～21	14～16
过渡层	E309MoL – 16，ϕ3.2	90～110	17～18	13～15
覆层	E316L – 16，ϕ3.2	90～110	17～18	13～15

3. 焊接工艺要点

1）焊接顺序

如图 4 – 18 所示，正式焊接时，先焊基层，再焊过渡层，最后焊覆层。

2）层间温度

严格控制层间温度，基层焊的层间温度小于或等于 200 ℃，过渡层、覆层的层间温度小于或等于 60 ℃。

3）过渡层的焊接

焊接过渡层时要采用小电流、直流反接、多层多道焊，以降低对覆层的稀释。

4）覆层 316L 的焊接

焊接覆层 316L 时，应采用小电流、直流反接、快速焊、窄焊道的多层多道焊接，焊接时焊条不宜横向摆动，应控制层间温度在 60 ℃ 以下，焊后需要进行酸洗或钝化处理。焊覆层前必须清除坡口两侧边缘上的防飞溅涂料及飞溅物。

5）焊后检验

焊后对容器的纵、环焊缝进行 100% 射线检测，焊缝一次合格率应达到 99%，覆层 100% 渗透检测合格。

【榜样的力量】

"江南焊王"——刘维新，男，1958 年生，中共党员，汉族，江南造船（集团）有限责任公司船舶电焊工，高级技师，第九届中华技能大奖获得者。

刘维新是江南造船（集团）有限责任公司焊接技术带头人，船舶电焊高级技师，全国技术能手。他孜孜不倦地学习和钻研焊接技术，敢于探索、善于总结，知难而进、勇攀高峰。刘维新先后参加了获得国家银质奖的我国第一条科学考察船"远望号"和第一条导弹驱逐舰等 30 余件军工产品及获得国家金质奖的 4 000 辆汽车运输船、无人机舱集装箱船、著名的六万吨级中国"巴拿马"型散货船、具有体现世界当代造船新科技的高附加值自卸装置船、液化气船、化学品船等数百条船舶的建造，并参加了国家标志性重点钢结构工程，如上海八万人体育场、浦东国际机场、首都国际机场、上海大剧院、东海石油气平台等重点工程的建设。他爱岗敬业、苦心练就电焊绝技，掌握了 9 种不同金属、32 种焊接材料牌号的焊接技术，被誉为"江南焊王"。他先后获得过中国船舶工业总公司劳动模范、上海市劳动模范、上海市首届十大杰出职工、上海市优秀共产党员、上海市优秀技师、全国劳动模范、全国五一劳动奖章、全国技术能手等称号。

在工作实践中，他针对船上复杂的作业环境创造出反光焊、折光焊、手感焊等操作技术；在液化气船制造中，他摸索出了全进口细晶粒材料施焊诀窍，解决了国内首次焊接这种材料的工艺难题；在军船建造中，他采用快速点焊方法，解决了螺旋桨上不锈钢与青铜特殊异种金属的焊接；他用二氧化碳气体保护焊巧妙地采用不同位置交替焊接控制应力和焊接温度的办法，解决了液压耦合器及 $\phi 1.8$ m 大型液压缸焊接修补难题，使外单位火力发电机组重获新生；在国防军工科研试制产品中，他发明了独特的反变形操作法，使其在采用高强度合金钢板（我国试制冶炼仅一炉）为主体材料的焊接中，攻克了特殊焊接难关，展示了中国工人阶级的摇篮——江南造船工人的风采。

课后巩固

1. 习题

（1）不锈钢有哪些类型？其成分和性能各有何特点？

（2）简述不锈钢的腐蚀形式及特征。

（3）奥氏体型不锈钢焊接时为什么容易产生热裂纹？应如何防止热裂纹产生？

（4）12Cr19Ni10 不锈钢焊接接头产生晶间腐蚀的原因是什么？怎样防止接头的晶间腐蚀？

（5）为什么焊接含 Ti 奥氏体型不锈钢会产生刀状腐蚀？应如何防止刀状腐蚀的产生？

（6）哪些焊接方法可用于焊接奥氏体型不锈钢？

（7）焊接奥氏体型不锈钢时，焊接材料的选用原则是什么？

（8）简述奥氏体型不锈钢的焊接工艺要点。

（9）铁素体型不锈钢的焊接性有何特点？

（10）简述铁素体型不锈钢的焊接工艺要点。

（11）马氏体型不锈钢的焊接性有何特点？

（12）奥氏体-铁素体型不锈钢的焊接性如何？

2. 实训

（1）依据奥氏体不锈钢、铁素体不锈钢、马氏体不锈钢、双相不锈钢的焊接工艺，准备试验材料及工具。

（2）根据奥氏体不锈钢、铁素体不锈钢、马氏体不锈钢、双相不锈钢的焊接参数，进行钢板的焊接。

（3）按照奥氏体不锈钢、铁素体不锈钢、马氏体不锈钢、双相不锈钢的焊缝评定要求，进行焊接试验结果评定并给出评定结果。

模块五 铸铁及其焊接工艺

铸铁是指碳的质量分数大于 2.11% 的铁碳合金。工业上常用的铸铁中碳的质量分数在为 3.0%~4.5%，是以 Fe、C、Si 为主要组成元素并含有较多 Mn、S、P 等杂质的多元合金。为了提高铸铁的使用性能，可以在铸铁中加入某种合金元素形成合金铸铁。

铸铁

2020 年，我国铸件总产量达到 5 195 万 t，有各种铸造缺陷的铸件占铸铁年产量的 10%~15%，即通常所说的废品率为 10%~15%，若这些铸铁件报废，将造成巨大的经济损失。采用焊接方法修复这些有缺陷的铸铁件，由于焊接成本低，故不仅可获得巨大的经济效益，而且有利于及时完成生产任务。

项目一 铸铁的类型与性能

铸铁的类型
与组织

一、铸铁的种类及成分特点

铸铁种类很多，按用途分为工程结构件用铸铁和特殊铸铁（抗磨铸铁、耐热铸铁和耐腐蚀铸铁）；按碳的存在形式及石墨形态不同分为白口铸铁、灰铸铁、球墨铸铁、可锻铸铁和蠕墨铸铁五大类。

1. 白口铸铁

碳在铁中绝大部分以渗碳体（Fe_3C）的形式存在，因其断口呈白色而得名。渗碳体硬而脆，硬度为800HBS左右。因白口铸铁无法机械加工，所以应用不广泛，主要用于轧辊或其他不需要机械加工的耐磨零件。

2. 灰铸铁

碳以片状石墨存在，因其断口呈暗灰色而得名。由于片状石墨对基体有严重的割裂作用，故灰铸铁的强度低、塑性差；但灰铸铁的抗压强度高、耐磨性好、减振性好、收缩率低、流动性好，且成本低廉，可以铸造形状复杂的机械零件，所以至今仍是工业中应用最广泛的一种铸铁，常用于各种机床的床身及拖拉机、汽车发动机缸体、缸盖等铸件的生产。

3. 球墨铸铁

石墨以球状形式存在，是在高温铁液中加入球化剂（稀土金属、镁合金和硅铁等）经球化处理后获得的，具有较高的强度和韧性，还可通过热处理显著地改善其力学性能，故常用来制造强度较高、形状复杂的铸铁件。

4. 可锻铸铁

碳以团絮状石墨存在，是将白口铸铁经长时间石墨化退火，使渗碳体分解析出石墨并呈团絮状分布于基体内。与灰铸铁相比，它具有较好的强度和塑性，耐磨性和减振性优于碳钢，主要用于管类零件和农机具等。

> **想一想**
> 可锻铸铁能锻造吗？为什么？

5. 蠕墨铸铁

碳以蠕虫状石墨存在。在浇注前向铁水加入如稀土硅铁、稀土镁钛等稀土合金的蠕化剂，促使石墨呈蠕虫状而成为蠕墨铸铁，主要用来制造大功率柴油机气缸盖、电动机外壳等。

常用铸铁的化学成分见表5-1。

表5-1　常用铸铁的化学成分　　　　　　　　　%

铸铁类别	化学成分（质量分数）					
	C	Mn	Si	S	P	其他
灰铸铁	2.7~3.6	0.5~1.3	0.1~2.2	<0.15	<0.3	
球墨铸铁	3.6~3.9	0.3~0.8	2.0~3.2	<0.03	<0.1	Mg0.03~0.06 RE0.02~0.05
可锻铸铁	2.4~2.7	0.5~0.7	1.4~1.8	<0.1	<0.2	

由表6-1可以看出，灰铸铁中硫、磷含量最高，碳、硅含量适中，锰含量较高；球墨铸铁中硫、磷含量最低，碳、硅含量较高，并含有一定量的锰和球化剂元素镁、稀土

等；可锻铸铁中硫、磷、碳、硅等元素的含量均低于灰铸铁。

二、铸铁的组织

铸铁的组织主要决定于化学成分与冷却速度。在铸铁中，碳以石墨形式析出的过程称石墨化。

在化学元素中，有一些是能促使碳以石墨形式析出的元素，称石墨化元素，如 C、Si、Al、Cu 等；另一些则是阻止石墨化的元素，如 S、V、Cr 等。从图 5-1 中可以比较直观地看出这些元素对铸铁石墨化和白口化的影响。

冷却速度对铸铁组织影响很大。当液态铸铁以很快速度冷却时，便形成珠光体和渗碳体（为基体）构成的白口铸铁；冷却速度足够慢时，便形成以铁素体为基体，碳以片状石墨分布其中的灰铸铁；当冷却速度介于上述两者之间时，就会形成由珠光体（基体）和石墨组成的灰铸铁或由珠光体加铁素体为基体的灰铸铁，如图 5-2 所示。

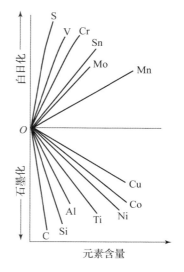

图 5-1　元素对铸铁石墨化及白口化的影响

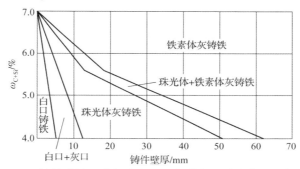

图 5-2　铸件壁厚（冷却速度）及化学成分对铸铁组织的影响

灰铸铁的抗拉强度和硬度与它的基体组织、石墨的形态、数量及其分布密切相关。基体为铁素体组织，其强度和硬度最低；以珠光体为基体的，其强度和硬度最高。改变基体中铁素体和珠光体的相对含量，即可得到不同抗拉强度和硬度的灰铸铁。粗片石墨的灰铸铁，其抗拉强度要比细片石墨的低。其他碳以石墨状态存在的铸铁，其强度和硬度变化也有类似规律。如果它们之间基体相同的话，则强度与石墨的形态有关。片状石墨就像裂纹一样，将基体进行分割，从而削弱其抗拉强度，所以灰铸铁强度最低；球铁的石墨呈球状均匀分布于基体上，故其强度、塑性和韧性最高；可锻铸铁和蠕墨铸铁则介于两者之间。

三、铸铁的牌号与力学性能

1. 灰铸铁的牌号和力学性能

灰铸铁的牌号由代号和抗拉强度两部分组成。以"灰铁"的汉语拼音第一个大写字母"HT"作代号，代号后面紧接一组数字表示它的抗拉强度值。灰铸铁的牌号与力学性能见表 5-2。

表 5 - 2　　灰铸铁的牌号与力学性能

牌号	显微组织		抗拉强度 /MPa	硬度 HBW （供参考）	特点及用途举例
	基体	石墨			
HT100	铁素体	粗片状	≥100	≤170	强度低，用于制造对强度及组织无要求的不重要铸件，如外壳、盖、镶装导轨的支柱等
HT150	铁素体 + 珠光体	较粗片状	≥150	125～205	强度中等，用于制造承受中等载荷的铸件，如机床底座、工作台等
HT200	珠光体	中等片状	≥250	150～230	强度较高，用于制造承受较高载荷的耐磨铸件，如发动机的气缸体、液压泵、阀门壳体、机床机身、气缸盖、中等压力的液压缸等
HT225	珠光体		≥225	170～240	
HT250	细片状珠光体	较细片状	≥250	180～250	
HT275	细片状珠光体		≥275	190～260	
HT300	细片状珠光体	细小片状	≥300	200～275	强度高，基体组织为珠光体，用于制造承受高载荷的耐磨件，如剪床、压力机的机身、车床卡盘、导板、齿轮、液压缸等
HT350	细片状珠光体	细小片状	≥350	220～290	

2. 球墨铸铁的牌号和力学性能

球墨铸铁的牌号中以"球铁"的汉语拼音第一大写字母"QT"作代号，在其后的第一组数字表示抗拉强度值，第二组数字表示伸长率，两组数字之间用"-"隔开。球墨铸铁的牌号与力学性能见表 5 - 3。

表 5 - 3　　球墨铸铁的牌号与力学性能

牌号	抗拉强度 /MPa	屈服强度 /MPa	伸长率 /%	硬度 HBW （供参考）	基体显微组织
	最小值				
QT400 - 18	400	250	18	120～175	铁素体
QT400 - 15	400	250	15	120～180	铁素体
QT450 - 10	450	310	10	160～210	铁素体
QT500 - 7	500	320	7	170～230	铁素体 + 珠光体
QT600 - 3	600	370	3	190～270	珠光体 + 铁素体
QT700 - 2	700	420	2	225～305	珠光体
QT800 - 2	800	480	2	245～335	珠光体或索氏体
QT900 - 2	900	600	2	280～360	回火马氏体或屈氏体 + 索氏体

项目二　灰铸铁的焊接

【任务概述】

如图 5 - 3 所示的气缸，材质为 HT200，出现了 A、B 两处裂纹，补焊两处裂纹并制定其焊接工艺。

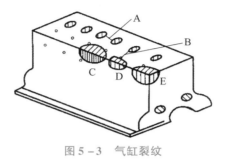

图 5 - 3　气缸裂纹

【任务分析】

HT200 为抗拉强度 200 MPa 的灰铸铁，含碳量为 2.7%～3.6%。由于铸铁含碳量高，焊接后会产生白口及淬硬组织，同时冷裂倾向很大，因此对于灰铸铁的补焊，制定焊接工艺时必须防止以上缺陷和淬硬组织的产生。

【学习目标】

（1）掌握灰铸铁的焊接性；

（2）制定灰铸铁补焊的焊接工艺；

（3）补焊灰铸铁并进行焊缝检测。

【知识准备】

一、灰铸铁的焊接性

灰铸铁中碳、硫和磷等杂质的含量高，抗拉强度低和脆性大，几乎没有塑性变形能力等，就决定了它的焊接性能差。其主要问题是焊接接头易出现白口和淬硬组织，以及易产生裂纹。

1. 焊接接头白口及淬硬组织

1）产生原因

（1）焊缝区。

焊缝区在焊接加热过程中处于液相温度以上，白口组织决定于焊接时所用的焊接材料。当采用铸铁型的焊接材料时，因焊缝与母材同质（同为灰铸铁），如果焊接熔池冷却很快，或碳、硅等石墨化元素含量较低，则 Fe_3C 来不及分解析出石墨，便以渗碳体形态存在，即产生白口组织；当采用非铸铁型的焊接材料（如钢、镍、镍铁、镍铜等）时，使焊缝与母材不同质，焊缝上就不会出现白口组织。

灰铸铁的白口及淬硬组织

（2）熔合区（半熔化区）。

该区域温度范围很窄，处于液相线与固相线之间，温度为1 150～1 250 ℃，焊接时处于半熔化状态，故也称为半熔化区。焊接加热时部分铸铁母材熔化变为液体，部分固态母材转变为高碳奥氏体。冷却时，奥氏体中的碳往往来不及析出石墨，以 Fe_3C 的形态存在而成为白口组织。冷却得越快，在熔合区处就越容易产生白口组织。

当焊缝与母材同质时，如果冷却速度快，则焊缝与熔合区一样，都会产生白口组织；当焊缝与母材异质时，如果冷却速度仍然很快，则熔合区就会产生白口组织，只是随着所用焊接材料的不同或焊接工艺不同，白口组织出现的程度有所差别。目前采用纯镍焊条对铸铁冷焊时，可以使熔合区的白口组织减到最少。

（3）奥氏体区

该区域处于固相线与共析温度上限之间，加热温度范围为820～1 150 ℃，没有液相出现，只有固态相变。由于加热温度超过共析线，铸铁的基体被完全奥氏体化，但碳在奥氏体中的含量是不一样的，加热温度较高的部分（靠近熔合区），石墨片中的碳扩散能力强，向奥氏体扩散较多，因而奥氏体含碳量较高；加热温度较低的部分（距离熔合区稍远），石墨片中的碳扩散能力降低，而使奥氏体中的含碳量较低。在随后的冷却过程中，首先从奥氏体中析出二次渗碳体，然后进行共析转变。若冷却速度较慢，则奥氏体转变为珠光体类型组织；若冷却速度较快，则奥氏体直接转变为马氏体。

熔焊时采取适当工艺措施使该区域缓冷，可使奥氏体直接析出石墨，从而避免二次渗碳体的析出，同时可防止马氏体的形成。

由以上分析可知，灰铸铁焊接接头的白口化问题是指焊缝及熔合区易出现白口组织。其原因是用电弧焊方法焊接时，因接头冷却速度快，故影响了铸铁的石墨化过程。

2）防止措施

很多铸铁件补焊后要求进行机械加工，但接头中出现的白口组织和马氏体组织给机械加工带来了很大困难。同时白口组织收缩率高，白口及马氏体组织硬而脆，容易引起裂纹，因而应采取措施防止这些有害组织产生。常用方法是改变焊缝的化学成分或降低焊接接头的冷却速度。

（1）改变焊缝化学成分。

改变焊缝化学成分主要是增加焊缝中石墨化元素的含量或使焊缝成为非铸铁组织。当采用铸铁型焊接材料时，在焊接材料中加入强烈促进石墨化的元素（如硅、碳），使其在焊缝中的含量高于母材就可以减少或避免白口组织产生；当采用非铸铁型焊接材料时，焊缝金属不能产生白口组织，只会在熔合区产生。其产生的程度与所用焊接材料有关，如果采用含镍或含铜的焊接材料，则利用镍、铜促进石墨化的作用，可以减少熔合区的白口组织。

（2）减小冷却速度。

焊前预热、焊时保温和焊后缓冷是减少及避免白口组织的有效措施。对同质焊缝，预热至400～700 ℃一般可以避免焊缝和熔合区产生白口组织。采用异质焊缝时，通常是冷焊（即在室温下，不预热焊件的熔焊工艺），要完全避免熔合区白口组织比较困难。如果能低温预热和焊后保温缓冷，则也可以减少白口组织的产生。

2. 焊接冷裂纹

1）产生冷裂纹的主要原因

（1）灰铸铁强度低，塑性几乎为零，无塑性变形能力。

（2）焊件上受到不均匀的加热和冷却，产生热应力和收缩应力。焊件上温差越大，这些应力也越大。

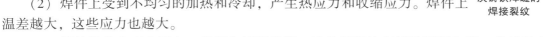

灰铸铁焊缝的焊接裂纹

（3）焊接接头上产生了白口组织和淬硬组织，这些组织比灰铸铁还硬和脆，尤其是白口组织，不能塑性变形，最易开裂。

焊接铸铁时产生这种裂纹的温度一般在 400 ℃ 以下，一方面是由于 400 ℃ 以上铸铁有一定的塑性；另一方面 400 ℃ 以上焊缝所承受的拉应力较小，不会超过焊缝强度。当焊缝中存在白口组织时，由于白口铸铁的收缩率比灰铸铁大，又因渗碳体性能更脆，故焊缝更容易出现冷裂纹，且焊缝中渗碳体越多，焊缝出现裂纹的可能性越大，裂纹数量也越多。

焊接冷裂纹多发生在含有较多渗碳体及马氏体的熔合区，个别情况下也可能发生在热影响区的低温区域。在不预热电弧焊条件下，灰铸铁焊接接头的熔合区会产生渗碳体及马氏体等淬硬组织，它们的硬度高，但抗拉强度低，当焊接应力超过抗拉强度时，就会在相应位置出现冷裂纹。

当采用异质材料焊接灰铸铁，形成钢焊缝或镍基合金焊缝时，由于焊缝金属具有较好的塑性，配合采用合理的工艺措施，焊缝金属就不易出现冷裂纹。但由于焊缝金属收缩率大，当焊缝体积较大或焊接工艺不当时，也会造成焊缝底部或热影响区裂纹，严重时会使焊缝金属全部与灰铸铁母材分离，称为剥离性裂纹。该裂纹产生于熔合区、热影响区，沿焊缝与热影响区的交界扩展，通常没有开裂声，断口呈脆性断裂特征。其是由于母材、热影响区及熔合区不能承受焊接时过大的焊接应力而引起的。

2）防止灰铸铁产生冷裂纹的措施

减小焊接接头的应力和避免焊接接头出现渗碳体和马氏体（即白口组织和淬硬组织）是防止灰铸铁冷裂纹的基本措施。

（1）预热。

防止铸铁型焊缝冷裂纹的最有效的方法是对焊件进行整体预热（550～700 ℃），使温差减小，降低焊接应力，同时促进焊缝金属石墨化，并要求焊后在相同温度下消除应力。

（2）焊接材料。

采用镍基或铜基焊接材料，使焊缝成为塑性良好的非铁合金，对冷裂纹不敏感。镍与铁无限互溶，碳与镍不形成碳化物而以石墨形式存在，因此镍及镍合金是焊接灰铸铁时理想的焊接材料。即便如此，焊接时如不及时消除应力也会产生裂纹，因为焊接应力随焊缝长度的增加而积累，达到一定程度时也会引起开裂。

（3）工艺措施。

用异质焊接材料焊接灰铸铁时，常采用"短段焊""断续焊"等工艺措施，并及时锤击焊缝，使焊缝金属发生塑性变形，以减小和消除焊接应力。另外，采用小规范焊接，较小的焊接电流既可减小热输入，又可减小熔合区白口及淬硬层宽度，从而减小焊接应力，有利于防止裂纹产生。但是，采用小电流会增加热影响区的淬硬性和脆化倾向，可采用

"退火焊道"来降低热影响区的淬硬性。

3. 焊接热裂纹

铸铁的焊接热裂纹主要出现在焊缝上。铸铁型焊缝对热裂纹不敏感，因为在高温时焊缝处会有石墨析出，使体积增加，有助于减低焊接应力。在非铸铁型焊缝中，如果用碳钢焊条，则焊缝极易产生热裂纹，而用镍基焊条焊灰铸铁也有一定的热裂倾向。用低碳钢焊条焊接灰铸铁的第一层焊缝最容易发生热裂纹，因为作为母材的灰铸铁，其碳、硫和磷含量高，熔入第一层焊缝的量较多，使钢质焊缝平均含碳、硫和磷量增加，而碳、硫和磷是碳钢发生结晶裂纹的有害元素。所以第一层焊缝产生热裂纹的概率最大。

用镍基焊条焊接灰铸铁时，也因母材熔入焊缝使硫、磷有害元素增加，易生成低熔共晶物，如 $Ni-Ni_3S_2$ 的共晶温度为 644 ℃，$Ni-Ni_3P$ 的共晶温度为 880 ℃，故镍基焊缝也有热裂倾向。

要解决上述问题，应从冶金处理与焊接工艺两方面考虑。在冶金方面，通过调整焊缝化学成分，使其脆性温度区间缩小；加入稀土元素，增强脱硫、去磷能力，以减少晶间低熔物质；同时使晶粒细化等。工艺方面，要正确制定冷焊操作工艺，使焊接应力降低，以及使母材熔入焊缝中的比例（即熔合比）尽可能小等。

由以上分析可知，灰铸铁焊接接头裂纹倾向较大，这主要与灰铸铁本身的性能特点、焊接应力、接头组织及化学成分等因素有关。为防止焊接裂纹产生，在生产中主要采取减小焊接应力、改变焊缝合金系及限制母材中有害杂质熔入焊缝等措施。

二、灰铸铁的焊接工艺要点

1. 铸铁型（同质）焊缝的电弧焊

1）电弧热焊

灰铸铁电弧热焊工艺

电弧热焊是铸铁焊接应用最早的一种工艺。将铸铁件预热到 600~700 ℃，然后在塑性状态下进行焊接，为防止焊接过程中开裂，焊后立即进行消除应力处理及缓冷的铸铁焊补工艺称为电弧热焊。

预热温度在 300~400 ℃ 时称为半热焊。较低的预热温度可以改善焊工的劳动条件、降低焊补成本，对防止焊接热影响区出现马氏体及熔合区白口较为有效，并可以改善接头加工性。但是，当铸铁件结构复杂，焊补位置刚度较大时，局部半热焊会增大热应力，促使其产生裂纹。

（1）焊接材料。

我国目前采用的电弧热焊焊条有以下两种：

①铸铁芯加石墨型药皮。铸铁芯铸铁焊条采用石墨化元素较多的灰口铸铁浇铸成焊芯，外涂石墨型药皮，焊缝在一定冷却速度下成为灰口铸铁，如 E C FeC-3A（Z248）焊条。灰口铸铁焊缝的组织、性能、颜色，基本与母材相近，但由于塑性差，不能松弛焊接应力，故抗热应力裂纹的性能较差，一般应预热至 400 ℃ 左右再焊，焊后缓冷，这样可以防止裂纹和白口。

②低碳钢芯加石墨型药皮。低碳钢芯铸铁焊条药皮中加入适量石墨化元素，焊缝在缓慢冷却时可变成灰口铸铁，如 E C FeC-3A（Z208）焊条。

常用铸铁焊条型号（牌号）及主要用途见表 5-4。

表 5－4　常用铸铁焊条型号（牌号）及主要用途

型号	牌号	药皮类型	焊缝金属类型	熔敷金属的主要化学成分（质量分数）/%	主要用途
—	Z100	氧化型	碳钢	$\omega_C \leq 0.04$，$\omega_{Si} \leq 0.10$	一般灰铸铁件非加工面的补焊
E C Fe－3	Z116	低氢钠型	高钒钢	$\omega_C \leq 0.25$，$\omega_{Si} \leq 0.70$，$\omega_V = 8\sim13$，$\omega_{Mn} \leq 1.5$	—
E C Fe－3	Z117	低氢钾型			
—	Z122Fe	铁粉钙钛型	碳钢	$\omega_C \leq 0.10$，$\omega_{Si} \leq 0.03$	多用于一般灰铸铁件非加工面的补焊
E C FeC－3A	Z208	石墨型	灰铸铁	$\omega_C = 2.0\sim4.0$，$\omega_{Si} = 2.5\sim6.5$	一般灰铸铁件的补焊
	Z248				灰铸铁的补焊
E C FeC－3B	Z238		球墨铸铁	$\omega_C \leq 0.25$，$\omega_{Si} \leq 0.70$，$\omega_{Mn} \leq 0.80$，球化剂适量	球墨铸铁的补焊
	Z238SnCu		球墨铸铁	$\omega_C = 3.5\sim4.0$，$\omega_{Si} \approx 3.5$，$\omega_{Mn} \leq 0.80$，Sn、Cu、Re、Mg 适量	用于球墨铸铁、蠕墨铸铁、合金铸铁、可锻铸铁、灰铸铁的补焊
	Z258		球墨铸铁	$\omega_C = 3.2\sim4.2$，$\omega_{Si} = 3.2\sim4.0$，球化剂为 0.04~0.15	球墨铸铁的补焊，Z268 也可用于高强度灰铸铁件的补焊
	Z268		球墨铸铁	$\omega_C \approx 2.0$，$\omega_{Si} \approx 4.0$，球化剂适量	
E C Ni－CI－B	Z308		纯镍	$\omega_C \leq 2.00$，$\omega_{Si} \leq 2.50$，$\omega_{Ni} \geq 90$	重要灰铸铁薄壁件和加工面的补焊
E C NiFe－CI	Z408		镍铁合金	$\omega_C \leq 2.00$，$\omega_{Si} \leq 2.50$，$\omega_{Ni} = 40\sim60$，Fe 余量	重要高强度灰铸铁件及球墨铸铁的补焊
E C NiFeCu－CI	Z408A		镍铁铜合金	$\omega_C \leq 2.0$，$\omega_{Si} \leq 2.0$，Fe 余量，$\omega_{Cu} = 4\sim10$，$\omega_{Ni} = 45\sim60$	重要灰铸铁及球墨铸铁的补焊
E C NiFe－CI	Z438		镍铁合金	$\omega_C \leq 2.5$，$\omega_{Si} \leq 3.0$，$\omega_{Ni} = 45\sim60$，Fe 余量	
E C NiCu－B	Z508		镍铜合金	$\omega_C \leq 1.0$，$\omega_{Si} \leq 0.8$，$\omega_{Fe} \leq 6.0$，$\omega_{Ni} = 60\sim70$，$\omega_{Cu} = 24\sim35$	强度要求不高的灰铸铁件的补焊

续表

型号	牌号	药皮类型	焊缝金属类型	熔敷金属的主要化学成分（质量分数）/%	主要用途
—	Z607	低氢钠型	铜铁混合	$\omega_{Fe} \leq 30$，Cu 余量	一般灰铸铁件非加工面的补焊
	Z612	钛钙型			

（2）焊接工艺。

电弧热焊时，将灰铸铁高温预热，不仅减小了焊接区域的温差，而且使母材从常温无塑性状态变为具有一定塑性，从而大大减小了热应力，避免开裂。另外，由于高温预热及焊后缓冷，可以使焊缝和半熔化区的石墨化较为充分，故焊接接头可以完全避免白口及淬硬组织的产生。使用合适成分的焊条，焊接接头的硬度与母材相近，有优良的加工性，力学性能、颜色也与母材一致，所以电弧热焊的焊接质量很好。

热焊工艺具体如下：

①焊前清理。在电弧热焊之前，应首先对待焊部位进行清理，并制好坡口。缺陷处如有油污，应采用氧乙炔焰加热清除，然后根据缺陷情况使用砂轮、扁铲、风铲等工具清理型砂、氧化皮、铁锈等，直至露出金属光泽，距离缺陷 10～20 mm 处也应打磨干净。制作坡口时应清理到无缺陷后再开坡口，开出的坡口应底部圆滑、上口稍大，以便于焊接操作。

②造型。对边角部位和穿透缺陷，为防止焊接时金属流失，保证原有的铸件形状，焊前应在待焊部位造型，其形状如图 5－4 所示。

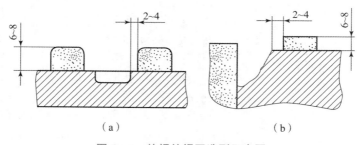

（a）　　　　　　　　　　　（b）

图 5－4　热焊补焊区造型示意图

（a）中间缺陷焊补；（b）边角缺陷焊补

造型材料可用型砂加水玻璃或黄泥，内壁最好放置耐高温的石墨片，并在焊前进行烘干。

③预热。对于结构复杂的铸件（如柴油机缸盖），由于补焊区刚性大，焊缝无自由膨胀和收缩的余地，宜采用整体预热；对于结构简单的铸件，补焊处刚性小，焊缝有一定膨胀和收缩的余地，可采用局部预热，如铸件边缘的缺陷及小块断裂等。

④焊接。电弧热焊时，为了保持预热温度，缩短高温工作时间，应采用大电流、长弧、连续施焊。

⑤焊后缓冷。灰铸铁电弧热焊焊后要采取缓冷措施，一般用保温材料（石棉灰等）覆

盖，最好能随炉冷却。

电弧热焊焊缝的力学性能与母材基本相同，并具有良好的切削加工性，焊后残余应力小，接头质量高，适用于 10 mm 以上中厚铸件大缺陷的补焊。对于厚度在 8 mm 以下的铸件，由于容易烧穿，故不宜采用。由于电弧热焊预热温度高、操作者劳动环境恶劣、加热焊件消耗大量能源、焊补成本高、工艺复杂、生产率低等，因此该工艺的应用和发展受到限制。

2）电弧冷焊

电弧冷焊即不预热焊法，其优点是焊接材料价格较低，焊补区与母材颜色一致，可以减少能源消耗、改善焊接条件、降低焊补成本、缩短焊补周期。但是与热焊相比，焊接熔池及热影响区冷却速度快，容易产生白口及淬硬组织，焊接接头裂纹倾向也较大。

为解决上述问题，通常采取的措施有两个：一是进一步提高焊缝金属的石墨化能力；二是采用大的焊接热输入，降低焊接接头的冷却速度，这种方法也有助于消除或减小焊接热影响区出现马氏体组织。

（1）电弧冷焊焊条。电弧冷焊法一般采用 Z248 焊条，焊缝中的石墨化元素可以通过药皮和铸铁芯来控制。铸铁芯本身含有较多的碳和硅，在强石墨化药皮中再加入适量的碳、硅和其他促进石墨化的合金元素，在提高焊接热输入的条件下，可以避免焊缝中产生白口组织。

（2）铸铁型焊缝电弧冷焊工艺要点。在不预热条件下焊接时，为防止焊接接头出现白口及淬硬组织，应降低接头的冷却速度，为此应采用大的焊接热输入，一般是采用大直径焊条、大电流、慢速、往返运条连续施焊，焊缝高出母材 5 mm 以上，利用强大的电弧热延长焊缝及熔合区的高温停留时间，以减慢冷却速度，有利于石墨的充分析出，且焊后应立即覆盖熔池，保温缓冷。在焊补较大缺陷（面积大于 8 cm²，深度大于 7 mm）时，焊缝区无白口，熔合区白口轻微或无白口，焊缝区、熔合区和热影响区硬度均接近于母材，力学性能相当于灰铸铁，有一定的抗裂性。但在补焊缺陷较小时，由于熔池体积过小，冷却速度快，焊接接头仍易出现白口组织和淬硬组织。由于大电流连续施焊工艺使焊件局部受热严重，焊缝产生的应力较大，故在补焊区刚性较小时一般不会产生裂纹，但在补焊区域刚性较大时仍易出现焊接裂纹。

实践证明，电弧冷焊法工艺简单、劳动条件好、生产率高、成本低，在补焊刚性不大的中、大型缺陷时，可获得满意的结果。该法在机床厂及铸造厂等中等厚度以上铸件缺陷的焊补上应用较多。

2. 非铸铁型（异质）焊缝电弧冷焊

非铸铁型焊缝又称异质焊缝。异质焊缝电弧冷焊是铸铁焊接中最常用也是最简便的焊接方法。

非铸铁型
（异质）焊缝

1）焊接材料

要获得异质焊缝，一条途径是降低焊缝含碳量，以获得钢焊缝；另一条途径是改变碳的存在形式，防止出现白口和淬硬组织，提高焊缝金属的力学性能。按成分及组织不同，非铸铁型焊缝可以分为钢基、镍基和铜基三类。常用铸铁焊条的牌号及用途见表 5 – 4，表中除 Ｅ Ｃ ＦeＣ – 3A （Z208、Z248）和 Ｅ Ｃ ＦeＣ – 3B （Z238）焊条可形成铸铁型焊缝外，其余型号均形成非铸铁型焊缝。

（1）铁基焊缝铸铁焊条。

①Z100 焊条。该焊条为强氧化型铸铁焊条，焊芯为低碳钢（H08），在药皮中加入了适量强氧化性物质，如赤铁矿、大理石、锰矿等，目的是利用熔渣的氧化性，将从母材扩散到熔池的碳、硅及杂质元素氧化烧损，以获得塑性较好的碳钢焊缝。但是，由于反应主要在熔池表面进行，且扩散主要在熔池下部进行，反应很不充分，所以获得的组织不均匀，且半熔化区白口严重，加工性能较差，产生裂纹的倾向也较大。

Z100 铸铁焊条成本低，焊缝与母材熔合好，并且熔渣流动性好，脱渣容易。但由于接头加工性差，裂纹倾向较大，故只能用于灰铸铁钢锭模等不要求加工和致密性、受力较小部位铸件缺陷的补焊。

②Z122Fe 焊条。该焊条为低碳钢芯、低熔点药皮的钛钙型铸铁焊条，在药皮中加入了一定量的低碳铁粉，目的是降低焊缝含碳量。此焊条在采用小的焊接热输入的情况下，可以使单层焊缝的成分属于中碳钢上限范围，焊缝的硬度仍然较高，且半熔化区白口较严重，加工困难，适用于补焊铸铁非加工面。

③ＥＣFe－3（Z116、Z117）焊条。该焊条为低碳钢芯、低氧型药皮焊条，其药皮中含有大量钒铁，焊缝金属中碳化钒均匀分散在铁素体上，焊缝塑性得以改善，焊缝致密性好，强度较高，但熔合区白口较严重，加工困难，适用于补焊高强度灰口铸铁及球墨铸铁。在保证熔合良好的条件下，应尽可能采用小电流。

（2）镍基焊缝铸铁焊条。

镍是扩大奥氏体区的元素，铁镍合金中当镍的质量分数超过30%时，合金凝固后一直到室温都保持硬度较低的奥氏体组织，不发生相变。镍还是较强的促进石墨化元素，且不与碳形成碳化物。镍基焊缝高温下可溶解较多的碳，温度下降后会有少量碳由于过饱和而以细小的石墨析出，故焊缝有一定的塑性与强度，且硬度较低。研究表明，镍对减小熔合区白口层宽度、改善接头可加工性非常有效，且焊缝含镍量越高，其接头的可加工性越好。

我国目前应用的镍基铸铁焊条所用焊芯有纯镍焊芯、镍铁焊芯和镍铜焊芯三种，所有镍基铸铁焊条均采用石墨型药皮，可交、直流两用，并适用于全位置焊，其力学性能见表 5－5。镍基铸铁焊条的最大特点是奥氏体焊缝硬度较低，熔合区白口层薄，且可呈断续分布，适用于加工面缺陷的补焊。

表 5－5　镍基铸铁焊条的力学性能

焊条型号	焊缝金属抗拉强度/MPa	接头强度/MPa	焊缝金属硬度/HV	热影响区硬度/HBW
ＥＣNi－CI－B（Z308）	≥245	147～196（灰铸铁）	130～170	≤250
ＥＣNiFe－CI（Z408）	≥392	294～490（球墨铸铁）	160～210	≤300
ＥＣNiCu－B（Z508）	≥196	78～167（灰铸铁）	150～190	≤300

①ＥＣNi－CI－B（Z308）焊条。该焊条为纯镍焊芯、石墨药皮的铸铁焊条，其优点是电弧冷焊焊接接头加工性能优异；采用小电流焊接时，熔合区白口层宽度很小，约0.05 mm，且呈断续分布，是所有非铸铁型焊缝焊接材料中最小的。焊接接头强度与灰铸铁

接近，且具有一定的塑性，抗裂性能较好。但是，纯镍铸铁焊条价格昂贵（约为低碳钢焊条的 30 倍），故只用在补焊后对加工性能要求高的缺陷焊补，或用作其他焊条的打底层焊接。

②E C NiFe－CI（Z408）焊条。该焊条是镍铁合金焊芯、石墨型药皮的铸铁焊条，其中镍的质量分数约为 55％，其余为铁。镍铁焊缝具有较高的抗拉强度、较高的塑性、较小的线胀系数、较好的抗裂性能，适合焊接强度较高的铸铁。

③E C NiCu－B（Z508）焊条。该焊条为镍铜合金焊芯（Ni70－Cu30）、石墨型药皮铸铁焊条，由于 Ni70－Cu30 的镍铜合金称为蒙乃尔合金，故该焊条又称蒙乃尔焊条，是应用最早的铸铁焊条。此类焊条所焊焊缝熔合区白口较窄，介于纯镍焊条与镍铁焊条之间，在合适的焊接工艺下，熔合区白口宽度为 0.07 mm 左右；焊接接头的加工性能介于二者之间；由于镍铜合金收缩率较大，易引起焊缝较大的内应力，故该焊条的抗裂性能较差。

用镍铜焊条补焊的铸铁件，一般加工性能较好，但焊缝金属的抗拉强度比较低。这种焊条只适用于强度要求不高，但表面需要加工的铸件补焊。

由于镍与硫易形成低熔点共晶物，所以镍基焊条对焊接热裂纹敏感性较高。在采用镍基焊条进行焊接时，应防止焊缝中溶入过多的硫、磷杂质。

镍基焊条价格较高，适宜于采用其他焊条无法满足要求时，焊补要求较高的小缺陷的补焊。当缺陷较大时，主要用于坡口面打底焊，然后用成本低的焊接材料填充，以降低焊接成本。

（3）铜基焊缝铸铁焊条。

铜与碳不形成碳化物，铜也不溶解碳，而且铜的强度低、塑性很好，铜基焊缝金属的固相线温度低，这对防止产生接头冷裂纹很有利。但纯铜的抗拉强度低，焊缝为粗大柱状的 α 单相组织，对热裂纹比较敏感，通常可以加入少量的铁解决此类问题。一般来说，铜基焊缝中的铜铁质量分数为 80∶20 时，强度、抗裂纹性能大幅提高。这是由于高温下铁在铜中的溶解度较小，熔池结晶时首先析出富铁的 γ 相，对后结晶的 α 相的铜有细化晶粒的作用，双相组织焊缝的抗热裂纹能力必然提高。

常温下铁在铜中的溶解度很小，故焊缝中的铜与铁是以机械混合物形式存在的。在焊接第一层焊缝时，铸铁中的碳较多地溶入熔池，由于铜不溶解碳，也不与碳形成碳化物，碳全部与母材及焊条熔化后的铁相结合，使液态铁含碳量较高，在焊缝冷却速度较快的情况下会形成马氏体和渗碳体等高硬度组织。因此焊缝是以铜为基础组织，机械地混合着钢或铸铁的高硬度组织。所以，焊缝强度提高，同时具有较好的塑性，抗裂性能好，可用于灰铸铁的补焊；但接头加工性不好，因为焊缝金属铜基体很软，而马氏体及渗碳体又很硬，因此一般用于修理行业中非加工面铸铁件的补焊。

2）非铸铁型焊缝电弧冷焊工艺

要获得满足技术要求的铸铁焊接接头，在正确选择焊接材料的基础上，还必须掌握焊接操作的工艺要点。非铸铁焊缝电弧冷焊工艺可归纳为四句话："焊前准备要做好，焊接电流适当小，短段断续分散焊，焊后小锤敲焊道"。

灰铸铁
冷焊工艺

（1）焊前准备

通常用机械或化学方法将缺陷表面清理干净，并制备适当大小和形状的坡口等工作。焊补处的油污等脏物可用碱水、汽油、丙酮或三氯乙烯等化学溶剂清洗，或用气焊火焰加热清除，也可用砂轮、钢丝刷或扁铲等工具机械清理。对裂纹缺陷，可用肉眼或放大镜观察，必要时采用煤油试验、着色探伤等方法检测出裂纹两端的终点。为防止裂纹在焊接过程中扩展，应在距裂纹端部 3~5 mm 处钻止裂孔（$\phi 5 \sim \phi 8$ mm）。

当铸件厚度或缺陷深度大于 5 mm 时，应开坡口进行补焊。开坡口可以用机械方法，也可以直接用碳弧气刨或氧乙炔火焰，坡口表面要尽可能平整，在保证顺利施焊及焊接质量的前提下，尽量减小坡口角度以减少母材的熔化量，从而降低焊接应力及焊缝中的碳、硫含量，防止产生裂纹。

（2）焊接参数

①采用合适的最小电流焊接。

在保证电弧稳定及熔深合适的情况下，尽量采用小直径焊条和小电流进行焊接。电流小，熔深小，则可以减少母材中碳、硫、磷等有害杂质熔入焊缝，同时可减小焊接线能量，不仅减小了焊接应力，使焊接接头裂纹倾向减小，而且可减小热影响区宽度和熔合区白口层宽度。

②采用短焊缝、断续分散焊及焊后锤击工艺。

焊缝越长，其承受的拉应力越大，因此采用短段焊接有利于降低焊缝应力状态，进而降低焊缝发生裂纹的可能性。采用非铸铁型焊接材料电弧冷焊时，薄壁铸件由于散热慢，每次焊接的焊缝长度一般为 10~20 mm，厚壁铸件可增加到 30~40 mm。为了避免补焊处温度过高、应力增大，应采用断续焊，待焊接区冷却到不烫手时再焊接下一段。每焊完一段，趁焊缝金属在高温下塑性良好时，应立即用较钝的尖头小锤快速锤击焊道，使之产生明显的塑性变形，以消除补焊区随冷却而增大的应力。锤击力的大小因铸铁材质和壁厚而定。

③大厚件多层焊焊补时，应合理安排多层焊的焊接顺序，必要时采用栽丝法。

补焊结构复杂或厚大的灰铸铁件时，选择正确的焊接方向和合理的焊接顺序非常重要，选择的原则是从拘束度大的部位向拘束度小的部位焊接。如图 5-5 所示，灰铸铁缸体侧壁有 3 处裂纹，焊前在裂纹 1、2 端部钻止裂孔，适当开坡口。补焊裂纹 1 时，应从有止裂孔的一端向开口端方向分段焊接。裂纹 2 位于侧壁中间位置，拘束度较大，且裂纹两端的拘束度比中心大，因此可采用从两端交替向中心方向分段焊接的工艺，这样有助于减小焊接应力，但要注意最后焊接止裂孔。裂纹 3 由多个交叉裂纹组成，若逐个焊接会产生新的焊接裂纹，因此，焊接时先将缺陷整个加工掉，按尺寸准备一块低碳钢平板，在其中切割出一条窄缝（见图 5-6），以降低拘束度，并按图 5-6 所示的顺序焊接，最后用结构钢焊条将中间切缝焊好，以保证缸体壁的致密性。补焊时低碳钢板容易变形，有利于减小应力，防止焊接裂纹产生。上述方法称为镶块焊补法。

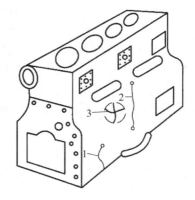

图 5-5　灰铸铁缸体侧壁裂纹
1，2，3—裂纹

厚壁铸铁件大尺寸缺陷补焊时，需要开坡口进行多层焊。多层焊时焊接应力的积累将导致补焊处应力较大，易引发剥离性裂纹，此时可采用栽丝补焊法获得令人满意的效果，如图 5-7 所示。通过低碳钢螺钉将焊缝金属与铸铁母材连接起来，既可防止产生剥离性裂纹，又可提高补焊区的承载能力。焊前在坡口内钻孔、攻螺纹，螺钉直径可根据铸件壁厚在8~16 mm选择，螺钉旋入深度约等于其直径，螺钉高出坡口表面4~6 mm，两排均匀分布。焊接时，先围绕每个螺钉按冷焊工艺要求施焊，再焊螺钉之间，直至将坡口填满。这种方法的优点是焊接时产生的应力大部分由螺钉承担，避免了剥离性裂纹的产生；缺点是工作量大，对焊工的技术要求高，补焊工期长。

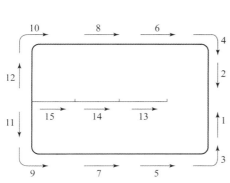

图5-6 镶块焊补法

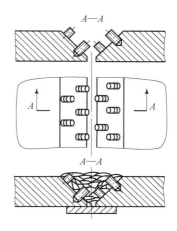

图5-7 栽丝补焊法示意图

在坡口尺寸更大时，还可以在焊缝之间放入低碳钢板条，采用强度高、抗裂性好的铸铁焊条（E C NiFe-CI、E C Fe-3）将铸铁母材与低碳钢板焊接起来，称为垫板焊补法。这种方法可以大大减少填充金属量，降低焊接应力，防止裂纹产生，节省焊接材料，缩短焊补工期。它主要用于大型铸件裂纹的补焊，如16 m立车、质量为180 t的断裂卡盘就是用该法焊接成功的。

3. 气焊

薄壁铸件的焊接宜采用气焊。氧乙炔火焰的温度比电弧温度低得多，而且热量不集中，焊接加热时间长，受热面积较大，焊后冷却速度缓慢，有利于焊接接头石墨化过程。但是，由于加热时间长，局部容易过热，导致焊接区产生较大的热应力，容易产生裂纹。

气焊灰铸铁时，对刚度较小的薄壁件可不进行预热。对结构复杂或刚度较大的焊件，应采用整体或局部预热的热焊法，也可采用"加热减应区"法施焊。

1）气焊焊接材料

（1）焊丝。

灰铸铁气焊用的填充金属为焊丝，其型号与化学成分见表5-6，其中R C FeC-4由于碳和硅含量较低，适用于气焊和热焊；R C FeC-4A由于碳和硅含量较高，适用于一般气焊。

表5-6 灰铸铁气焊焊丝成分

型号	主要化学成分（质量分数）/%					
	C	Si	Mn	S	P	Fe
R C FeC-4	3.2~3.5	2.7~3.0	0.6~0.75	≤0.10	0.50~0.75	余量
R C FeC-4A	3.5~4.5	3.0~3.8	0.3~0.8	≤0.10	≤0.50	

（2）熔剂。

为了去除焊接过程中生成的氧化物和改善润湿性能常使用的熔剂（又叫焊粉）。常用的气焊熔剂牌号为 CJ201，其熔点较低（为 650 ℃），主要由碱性物质组成，其中各成分的质量分数分别为 H_3BO_3 18%、Na_3CO_3 40%、$NaHCO_3$ 20%、MnO_2 7%、$NaNO_3$ 15%，能有效去除铸铁在气焊过程中产生的硅酸盐和氧化物，有加速金属熔化的功能。

2）灰铸铁气焊工艺要点

（1）焊前清理。

气焊前要对焊件进行清理，清理方法与焊条电弧焊相同。制备坡口一般用机械方法，不能用机械方法时，可用氧乙炔火焰切割直接开出坡口。

（2）焊炬与火焰性质。

灰铸铁气焊一般应根据铸件厚度适当选用较大号码的焊炬及喷嘴，以提高火焰能率，增大加热速度。焊接过程必须使用中性焰或弱碳化焰，火焰始终要覆盖住熔池，以减少碳、硅的烧损，保持熔池温度。

（3）焊接操作要点。

一般较小的铸件焊接处位于边角或所处位置刚度较小时，可用冷焊方法焊接，焊接时利用焊炬的火焰在坡口周围先行加热，然后进行熔化焊接，焊后自然缓冷即可得到无裂纹的焊件。注意不能将焊件放在有风的地方加速冷却，当环境温度较低时，应采取焊后覆盖焊道等缓冷措施，以防产生白口组织和裂纹；当铸件形状复杂、缺陷位于焊件中部或接头刚度较大时，应采用整体预热的气焊热焊法，预热温度为 600~700 ℃，焊后缓冷。

为了降低预热温度，并有效地防止裂纹，可以采用加热减应区法焊补铸铁，其适用于焊条电弧焊或气焊焊补铸铁件上拘束度较大部位的裂纹等缺陷。

加热减应区法是在焊件上选定一处或几处适当的部位，作为所谓的减应区，焊前、焊后及焊接过程中，对其进行加热和保温，以降低或转移焊接接头拘束应力、防止裂纹的工艺方法。采用加热减应区法焊补铸铁的关键在于正确选择减应区，以及对其加热、保温和冷却的控制。选择原则是使减应区的主变形方向与焊缝金属冷却收缩方向一致。焊前对减应区加热能使缺陷位置获得最大的张开位移，焊后使减应区与焊补区域同步冷却。

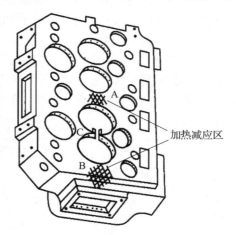

如图 5-8 所示，灰铸铁发动机缸盖在 C 处出现了裂纹，因铸件结构复杂，缺陷处刚度较大，一般气焊法焊后仍可能开裂，故采用加热减应区法焊接。选择 A、B 两处作为减应区，焊前用三把焊炬对 A、B、C 三处同时加热，温度达到 600 ℃ 左右时对 C 处继续加热到熔化状态，并形成坡口，以保证焊透；接着提高 A、B 两处减应区温度到 650 ℃，开始对 C 处进行焊接，焊后使三处同步缓冷，可以获得没有裂纹的补焊效果。

采用加热减应区法时应注意：

①正确选取减应区，减应区不仅应使接头处应

图 5-8　加热减应区法修补
灰铸铁缸盖缺陷

力减小，还应使其变形对铸件其他部位无不良影响。

②边加热减应区边焊接，不焊接时，火焰应对着空中或减应区，决不能对着其他非焊接部位。

③减应区的加热温度不能超过铸铁的相变温度。

④应在室内避风处进行焊接。

采用加热减应区法焊接铸件，具有热焊的特点。与热焊相比，该法焊接效率高，劳动条件好，焊接成本较低，正逐渐代替整体预热铸件的热焊法。但该法也存在工艺要求严格、选择减应区麻烦、对操作者要求高等缺点。加热减应区法主要适合焊补铸件上拘束度较大部位的缺陷，在农机、汽车等修理与制造部门得到了推广应用。

知识总结

（1）灰铸铁的含碳量很高，焊接性很差，焊接的主要问题是白口组织和冷裂纹。

（2）灰铸铁分为同质焊缝和异质焊缝的焊接。同质焊缝焊接通过热焊及半热焊工艺降低接头的淬硬及冷裂纹倾向；异质焊缝采用短弧、短段、断续、分散施焊及焊后立即锤击焊道等工艺措施，有钢基、镍基和铜基焊缝。

（3）灰铸铁焊接时为防止裂纹在焊接过程中扩展，应在距裂纹端部 3～5 mm 处钻止裂孔（$\phi 5 \sim \phi 8$ mm）。

【任务实施】

1. 焊接性分析

灰铸铁中碳成片状石墨形态分布，硫、磷杂质含量高，增大了焊缝对冷却速度的敏感性，而焊接时，接头的冷却速度大于铸件在砂型中的冷却速度，焊缝结晶时间短，石墨化过程不充分，致使熔合区和焊缝中碳以 Fe_3C 的状态存在，形成白口及淬硬组织。此外，灰铸铁强度低、塑性差，焊接过程冷却速度快，焊件受热不均而形成较大的焊接应力，使焊接接头易出现裂纹，所以，灰铸铁属难焊的金属材料，除了正确选择焊接方法及其所用的焊接材料外，还需要有与之相适应的焊接工艺措施配合，焊补才能取得成功。

2. 焊接方法的选择

焊补灰铸铁的常用方法有电弧焊和气焊，此外还有钎焊和手工电弧焊。气焊设备简单，操作灵活，火焰温度比电弧温度低，热量不集中，加热区面积较大，加热时间较长，起局部预热作用。焊后还可以利用气体火焰对焊缝进行整形，或对焊补区继续加热，促进石墨化过程，有利于防止白口和减少焊接应力。气焊前对清理污物要求不高，可以用火焰直接进行清理，简化了准备工作。气缸裂纹焊缝较短，又是带孔洞的缸体结构，所以选用加热减应区气焊法进行焊补。加热减应区焊法是选择待焊铸件的某些部位（减应区）进行预热、保温或焊后加热，以减小阻碍焊补区在焊接过程中自由伸缩的约束，从而降低焊接应力及裂纹出现的可能性。加热减应区焊法关键是正确选择加热部位。加热部位应选在加热时能使待焊补的裂纹做横向略微张开的部位、与其他部位联系不多且强度较大的部位，且不会因预热而引起阻碍焊缝收缩的应力。气缸的减应区为图 5 - 3 中的阴影区域 C、D、E。

3. 焊接工艺

1）焊前准备

（1）焊前将裂纹附近区域的油污、铁锈等清除干净，用尖冲在裂纹的全长上冲眼，每个眼相距 10～15 mm，以显示出裂纹的长度及形状。

（2）用砂轮或錾子开坡口，坡口角度 70°～80°。

2）焊丝、熔剂和焊炬的选择

（1）气焊灰铸铁选用焊丝 RZC – 1、RZC – 2、RZCH。RZCH 主要用于高强度及合金铸铁件，普通灰铸铁件选用焊丝 RZC – 1、RZC – 2，本例焊丝选用 RZC – 2（或 HS401）。

（2）为了去除焊接过程中生成的氧化物和改善润湿性能，常使用熔剂。气剂 201 呈碱性，而焊接时生成的高熔点 SiO_2 呈酸性，两者生成低熔点的盐类上浮到焊缝表面，所以熔剂选用气剂 201。

（3）虽然铸铁的熔点低于碳钢，但补焊灰铸铁时为提高熔池温度，消除气孔、夹渣、未焊透、白口化等缺陷，选用大号焊炬 H01 – 20、5 号焊嘴。

3）操作工艺

用两把 H01 – 20 型焊炬同时加热减应区 D，当 D 处的温度升高到 400～500 ℃时，撤出一把焊炬加热 A 处裂纹，并进行焊补。

补 A 处裂纹时的操作要点如下：

（1）火焰。

焊接过程必须使用中性火焰或弱碳化焰，火焰始终要覆盖住熔池，以减少碳、硅的烧损，保持熔池温度。

（2）焊接。

先用火焰加热坡口底部使之熔化形成熔池，将已烧热焊丝沾上熔剂迅速插入熔池，让焊丝在熔池中熔化而不是以熔滴状滴入熔池。焊丝在熔池中不断地往复运动，使熔池内的夹杂物浮起，待熔渣在表面集中，用焊丝端部沾出排除。若发现熔池底部有白亮夹杂物（SiO_2）或气孔，应加大火焰，减小焰心到熔池的距离，以便提高熔池底部温度使之浮起，也可用焊丝迅速插入熔池底部将夹杂物、气孔排出。

（3）收尾。

焊到最后的焊缝应略高于铸铁件表面，同时将流到焊缝外面的熔渣重熔，待焊缝温度降低至处于半熔化状态时，用冷的焊丝平行于铸件表面迅速将高出部分刮平，这样得出的焊缝没有气孔、夹渣，且外表平整。A 处裂纹焊补好后，清除表面氧化膜层。

A 处焊好后立即移到 B 处进行加热并焊补。焊补时操作要点与 A 处相同。同时用另一把焊炬加热减应区 C，当 C 处温度达到 500～600 ℃后，将焊炬移向 D 处加热。当 B 处焊补结束后，用两把焊炬同时加热 D 处，当该处温度达到 600～700 ℃之后，用一把焊炬加热减应区 E，当 E 处的温度达到 700 ℃左右时，应立即降低火焰温度，使 E 处温度缓慢下降；当 E 处温度降到 400～500 ℃时，停止加热，放在室内自然冷却，冷却后进行气密性试验。

【学生学习工作页】

任务结束后，上交本项目学习工作页，见表 5 – 7。

表 5-7 焊接工艺卡

任务名称				母材			保护气体	
学生姓名（小组编号）				时间			指导教师	
焊前准备 （如清理、坡口制备、预热等）								
焊后处理 （如清根、焊缝质量检测等）								

层次	焊接方法	焊接材料		电源及极性	焊接电流/A	电弧电压/V	焊接速度/(cm·min⁻¹)	热输入/(J·cm⁻¹)
		牌号	规格					

焊接层次、顺序示意图：焊接层次（正/反）：	技术要求及说明：

【学习评价】

采用自检、互检、教师检查的方式检查学习成果，评分标准如表 5-8 所示。

表 5-8 项目评分标准

考评类别	序号	考评项目	分值	考核办法	评价结果	得分
平时考核	1	出勤情况	10	教师点名；组长检查		
	2	小组活动中的表现	10	学生、小组、教师三方共同评价		
技能考核	3	分析焊接性情况	20	学生自查；小组互查；教师终检		
	4	制定焊接工艺情况	20	学生自查；小组互查；教师终检		

模块五 铸铁及其焊接工艺

续表

考评类别	序号	考评项目	分值	考核办法	评价结果	得分
素质考核	5	工作态度	10	学生、小组、教师三方共同评价		
	6	个人任务独立完成能力	10	学生、小组、教师三方共同评价		
	7	团队成员间协作表现	10	学生、小组、教师三方共同评价		
	8	安全生产	10	学生、小组、教师三方共同评价		
合计			100	任务一总得分		

项目三 球墨铸铁的焊接

【任务概述】

攀钢钒物流中心内燃机车内 6240ZJ 柴油机体是采用整体铸造而成的，其材质为强度较高的球墨铸铁（QT500-7）。由于机车使用过程中，柴油机高速运转时，连杆螺钉断裂撞击柴油机体，造成右侧 2 缸检查孔上部至缸套进水管下部空腔边缘破损，形成一个长 320~350 mm、宽 230~250 mm 不规则形状的孔，缺孔处厚度 18 mm。如果直接报废经济损失较大，采购时间也较长，为了不影响生产，决定对其缺孔部位进行修复。

【任务分析】

QT500-7 表示抗拉强度为 500 MPa 的球墨铸铁，其含碳量为 2.7%~3.6%。由于球墨铸铁含碳量高，焊接后会产生白口及淬硬组织，焊接接头强度和塑性必须与母材相匹配，因此对于球墨铸铁的补焊，制定焊接工艺时必须防止以上问题的发生。

【学习目标】

（1）掌握球墨铸铁的焊接性；

（2）制定球墨铸铁补焊的焊接工艺；

（3）操作球墨铸铁补焊并进行焊缝检测。

【知识准备】

球墨铸铁中碳以球状石墨的形式存在，与灰铸铁相比，其强度高，且具有一定的塑性和韧性。因此，球墨铸铁在生产中应用较广泛，其铸件的焊接修复问题也越来越受到人们的关注。

一、球墨铸铁的焊接性

球墨铸铁是在熔炼过程中加入一定量的镁、铈和钇等球化剂进行球化处理，使石墨以球状存在于基体内。与碳以片状石墨存在的灰铸铁相比，其力学性能明显提高，但焊接性比灰铸铁差，主要表现在以下两个方面：

球墨铸铁的焊接

（1）球墨铸铁的白口化倾向和淬硬倾向比灰铸铁大，因为上述球化剂有阻碍石墨化及提高淬硬临界冷却速度的作用。焊接时，铸铁型焊缝及半熔化区更易形成白口组织，奥氏体区更易出现马氏体组织。

（2）由于球墨铸铁的强度、塑性和韧性比灰铸铁高，因此，为保证焊接接头与母材等强匹配，要求接头的强度和塑性较高。

二、球墨铸铁的焊接工艺要点

球墨铸铁的焊接主要是铁素体球墨铸铁和珠光体球墨铸铁的焊接。铁素体球墨铸铁的抗拉强度为 400~500 MPa，断后伸长率高达 10%~18%；珠光体球墨铸铁的抗拉强度提高到 600~800 MPa，断后伸长率下降到 2%~3%；铁素体＋珠光体混合组织球墨铸铁的力学性能介于上述二者之间。球墨铸铁良好的力学性能（近于钢）对焊接提出了较高的要求，焊接方法不仅用于球墨铸铁件的缺陷补焊，还用于球墨铸铁之间、球墨铸铁与其他金属焊接结构的制造。

目前，球墨铸铁最常用的焊接方法是气焊和焊条电弧焊。

1. 气焊

由于气体火焰的加热温度低、能量密度小，所以加热和冷却过程都比较缓慢，有助于减小白口及脆硬倾向。另外，由于加热温度低，降低了球化剂的烧损和蒸发（镁的沸点为 1 070 ℃，钇的沸点为 3 038 ℃），故有利于石墨的球化。

球墨铸铁的气焊常采用的焊丝为球铁焊丝，按球化剂的种类分为加轻稀土镁合金（R C FeC – GP1）和加钇基重稀土合金（R C FeC – GP3）两种，其化学成分见表 5 – 9。由于钇的沸点高，在焊接过程中烧损和蒸发少，故抗球化衰退能力强，更有利于保证焊缝的球化，应用较广。

表 5 – 9　球墨铸铁气焊焊丝的化学成分（质量分数）　　　　　　　%

焊丝种类	C	Si	Mn	S	P	Ni	Al、Mo、Mg、Ce	其他元素总量
FeC – GP1	3.2 ~ 4.0	3.2 ~ 3.8	0.1 ~ 0.4	0.015	0.05	0.50	Mg: 0.04 ~ 0.10 Ce：0.20	1.0
FeC – GP3	3.5 ~ 4.0	3.5 ~ 4.2	0.5 – 0.8	≤0.03	≤0.10	—	球化剂: 0.04 ~ 0.10	—

气焊时，熔剂采用 CJ201，也可以自配。焊接时，为防止球化元素的烧损，火焰采用中性焰或轻微还原焰。

由于球墨铸铁的白口和脆硬倾向大，焊接时要对焊接区进行 600 ℃ 左右的预热，刚性大的铸件要进行大范围或整体预热。结构复杂的铸件或大铸件的大缺陷焊补，由于冷却速度更快，故在焊接接头上会出现白口组织，需热焊或焊后热处理才能消除。

当缺陷体积较大，使连续补焊时间超过约 20 min 时，由于熔池存在时间长，钇的氧化量增大，焊缝中的球化剂不足，会出现片状石墨而降低接头的力学性能。稀土镁焊丝抗球化衰退能力较差，故允许连续施焊时间应更短。

气焊生产率较低，在生产中常用于壁厚小于 50 mm 或者缺陷不大且接头质量要求较高的中小铸件的补焊。

2. 同质焊缝（球墨铸铁型焊缝）焊条电弧焊

由于母材和焊接材料中都含有一定量的球化剂，严重阻碍石墨化过程，焊条电弧焊时焊缝和熔合区容易出现白口铸铁。这不仅会影响焊接接头的可加工性，而且因白口铸铁收缩率大且又硬又脆，在焊接应力的作用下焊接接头容易出现裂纹。因此，要完全避免白口组织就需要进行高温预热（700 ℃）；如果焊后铸件需要进行整体热处理，则可以采用较低的预热温度（500 ℃）。

为了解决焊缝和熔合区白口组织的问题，可以从冶金和工艺两个方面着手：

（1）冶金方面。

除使焊缝含有一定量的强石墨化元素碳、硅和铝外，还可向焊缝加入微量的钙和钡，微量钙和钡既是石墨化元素，又是球化能力较弱的球化剂，这样可以减少易促使生成白口的镁和稀土球化剂的加入量。

（2）焊接工艺。

采用大电流、连续施焊工艺措施，可大大降低焊缝出现白口的倾向。在焊补体积较大的缺陷时，甚至可消除渗碳体；焊补一般刚度的铸铁缺陷时，可防止冷裂纹产生。

焊接球墨铸铁用的同质焊条型号为 ECFeC-3B，牌号有两种：一种是 Z258，采用球墨铸铁芯外涂含球化剂和石墨剂的药皮，通过焊芯和药皮共同向熔池过渡球化剂使焊缝中石墨球化；另一种是 Z238，采用低碳钢芯外涂含球化剂和石墨剂的药皮，通过药皮使焊缝中的石墨球化。

同质焊缝焊条电弧焊一般用于补焊较大缺陷，为防止白口和冷裂纹产生，多采用热焊工艺。焊前清理方法和要求与焊接灰铸铁时相同。焊接电源采用直流反接或交流，焊接电流值应略低于灰铸铁热焊时的电流值，较小焊件预热 500 ℃，较大焊件预热 700 ℃，焊后应注意保温缓冷。

为了保证焊接接头具有足够的强度、塑性和韧性，球墨铸铁焊后应进行正火或退火热处理。正火是将铸件加热到 900~920 ℃，保温后随炉冷却到 730~750 ℃，然后取出空冷，目的是得到珠光体基体组织，以便获得足够的强度；退火是将铸件加热到 900~920 ℃，保温后随炉冷却，目的是得到铁素体基体组织，以便获得较高的塑性和韧性。

3. 异质（非球墨铸铁型）焊缝电弧冷焊

同质焊缝焊条电弧焊时，焊接材料价格低廉，但一般要求高温预热，对于小体积缺陷，采用不预热焊也难以保证焊接质量。因此，可以将一些力学性能好的灰铸铁异质焊接材料用于球墨铸铁的电弧冷焊。

球墨铸铁的力学性能高，为保证焊接接头有较好的力学性能，异质焊缝冷焊时，主要采用镍铁铸铁焊条（ECNiFe-CI）和高钒铸铁焊条（ECFe-3）。焊接工艺与灰铸铁焊接工艺类似。但由于球墨铸铁淬硬倾向较大，在气温较低或焊接较厚大的工件时，应适当预热，预热温度为 100~200 ℃。焊接电流应在保证熔合良好的前提下，采用尽量小的电流值，如 φ3.2 mm 焊条应采用 90~100 A 的焊接电流，φ4.0 mm 焊条应采用 135~145 A

的焊接电流。

高钒铸铁焊条的焊缝组织对冷却速度不敏感，细小的碳化钒对铁素体基体的弥散强化作用使焊缝金属具有较好的力学性能，可以满足多种球墨铸铁对焊缝金属的力学性能要求。但是，由于焊接接头熔合区白口组织层较宽，焊缝底部有一条由碳化钒颗粒组成的高硬度带状组织，使接头加工性变差，只能用于非加工面的缺陷的补焊。

使用镍基铸铁焊条可以获得镍基焊缝，其加工性好，因此对加工面的焊接多采用镍基铸铁焊条。

【任务实施】

因破损部位已被击成了碎块无法还原，所以采取镶补低碳钢板的办法。

1. 焊接材料

（1）如果采用同质焊缝电弧焊，由于球化剂的加入，会使铁液有较大的结晶过冷度及形成白口的倾向，所以决定选择异质焊缝焊接材料。结合基体力学性能等，选择常用的镍基铸 408 焊条焊接底层和球墨铸铁侧的过渡层，其原因是焊缝含镍量较高，硬度较低，半熔化区的白口层薄，镍又是奥氏体形成元素，能与铁以任何比例互溶，不与碳形成碳化物，且其还是较强的石墨化元素。

（2）其余各层次选择碱性低氢型 E5015（J507）焊条进行焊接。

2. 焊接工艺

1）焊前准备

（1）用 18 mm 厚的 Q235 钢按破损部位尺寸大小，切割成镶块，并在镶块中间开一缝隙（焊接时可起到降低应力的作用），缝隙处用角向磨光机修磨出 60°的 V 形坡口。

（2）镶块边缘待焊部位开 30°单边 V 形坡口，最后用氧 – 乙炔焰将镶块整体烤红，再自然冷却，以使镶块回火，并消除镶块残余的应力。

（3）在柴油机体损坏处的待焊部位，用角向砂轮机修磨出 30°单边 V 形坡口，并在坡口面上间距 30 mm 均匀钻孔攻螺纹，然后拧入直径为 M8 的钢质螺柱，螺柱露出坡口表面 4～5 mm，螺柱拧入深 8～10 mm，以防止剥离和产生裂纹。

（4）将需修复的缺孔置于水平位置。

2）堆焊过渡层

（1）在过渡层堆焊前，先用 Z408 直径为 ϕ3.2 mm 的焊条逐个将拧入的螺柱周围焊住。

（2）用 Z408 直径为 ϕ3.2 mm 的焊条采用小电流、分散、短段、长弧、快速在球墨铸铁坡口面堆焊过渡层，其焊接电流为 100～110 A。施焊过程中，电弧长度控制在 3 mm 左右，在母材熔合的情况下速度稍快，以降低熔合比和有利于石墨化进程，每焊一段长度不超过 30 mm，焊后立即用带圆头的小锤敲击表面，以布满麻点为止（有利于晶粒破碎，产生局部塑性变形和降低应力），当温度降低到 50～60 ℃时再分散焊下一段。以此类推，完成整个坡口面的堆焊。堆焊层厚度均不小于 5 mm。

3）镶块组对定位焊

预留坡口根部间隙 2～3 mm，用 Z408 焊条进行 6 点定位焊，两侧焊缝各 3 点，每点长度 30 mm 左右，点固焊前将坡口两侧 150 mm 范围内预热 100～150 ℃，有利于平衡焊接前、焊接中及焊接后的温差比，减小焊缝白口层的厚度和宽度，防止产生裂纹。

4）焊缝施焊

（1）焊前将坡口面及两侧预热 100～150 ℃，焊接工艺参数见表 5 – 10。

表 5 – 10　焊接工艺参数

焊接层次	焊接材料	焊条直径 /mm	焊接电流 /A	电弧电压 /V	焊接速度 /(mm·s^{-1})
底层	Z408	$\phi3.2$	100～110	22～23	7～8
填充层	J507	$\phi3.2$	115～120	23～24	5～6
盖面层	J507	$\phi3.2$	110～115	22～23	5～6

（2）底层焊接选择 Z408 焊条分散、短段焊接，每段的长度控制在 30 mm 左右，待上一段焊缝冷却到 50～60 ℃时，再焊下一段，焊后不锤击，直到焊完打底层焊缝。

（3）填充及盖面层用 J507 焊条采取短段多层多道焊，并且采用两边焊缝对称分段退焊。每段长度控制在 40 mm 左右，焊后立即锤击（但表面层不锤击），焊接过程中控制焊缝温度不超过 60 ℃时才能焊下一段，焊接顺序和方向如图 5 – 9 所示，每层焊道间的接头应错开 10～15 mm。

图 5 – 9　焊接顺序和方向示意图

（4）镶块两侧与机体连接焊缝完成后再焊镶块中间缝隙，也采取短段多层多道焊，焊接过程温度不超过 100 ℃。

3. 焊后检验

焊后焊缝自然冷却到室温后，用十倍的放大镜检查焊缝表面，无气孔、裂纹、未熔合等，然后用角向砂轮机将焊缝余高打磨齐平，最后又进行着色探伤检查，未发现裂痕和剥离。

总结与提高

（1）球墨铸铁中球化剂是阻碍石墨化和增加奥氏体稳定性的元素，焊接性比灰铸铁差。

（2）球墨铸铁的强度、塑性和韧性比灰铸铁高，为保证焊接接头与母材等强度匹配，要求接头的强度和塑性较高。

（3）球墨铸铁焊接中，同质焊缝采用热焊工艺，异质焊缝采用冷焊工艺。

【榜样的力量】

"只有在一线上，我才能发挥自己的才干"——湖南华菱湘潭钢铁有限公司首席焊工技师艾爱国（男，1954 年生）

"我比一般的专家，操作实践多一点；比一般焊工，理论知识多一点。"艾爱国是这么说，也是这么做的。他系统地学习了《机械制图》《焊接工艺学》《现代焊接新技术》等100 多册技术书籍。他随身总是携带着一个笔记本，每攻克一个难关，都习惯进行总结。如今，他已积攒了 20 多个工作笔记本，里面记载着几百个攻关项目的焊接操作方法、用料及温度控制等资料。由于有着充足的理论知识和丰富的实践经验，2005 年，艾爱国被湖南省衡阳技师学院聘为教授、首席技能导师，一时之间成了人人传诵的"蓝领教授"。

艾爱国之所以能取得如此骄人的成绩，源于他对焊工事业孜孜不倦的追求。还记得1991 年时，湘乡啤酒厂需要焊补两口从意大利进口的大铜锅。由于铜锅太大，艾爱国和助手们只能躺着进行焊接，可操作依旧不太方便，有三个豆大的金属熔滴掉在了艾爱国的前胸上，当时熔化的铜液温度达到 1 000 ℃，可他咬着牙关一直坚持焊下去。按他的话说："我停下来的话，加热一个多小时就将前功尽弃，而且我这个焊缝马上会出现裂纹。"12 天后两口铜锅焊好了，给啤酒厂挽回了 50 多万元的损失，可艾爱国的身上却永远留下了 3 个铜粒大的疤。

就这样，30 多年过去了，艾爱国通过自己的吃苦耐劳、顽强拼搏，先后为冶金、矿山、机械、电力等行业攻克各种焊接难关 260 多个，改进焊接工艺近 70 项，成功率达100%，创造直接经济效益 3 000 万元，而他本人仍然坚守在焊工这个平凡的工作岗位上。他很朴实地说："不是公司不让我做管理，而是我知道自己不是做管理的料。只有在一线上，我才能真正发挥自己的才干，贡献自己的力量。"

课后巩固

1. 习题

（1）工业上常用的铸铁有哪几种？其中的石墨形态有何不同？

（2）影响铸铁组织的因素有哪些？

（3）灰铸铁焊接时存在哪些问题？

（4）灰铸铁电弧冷焊时为何会形成白口组织和淬硬组织？应如何解决？

（5）灰铸铁补焊的常用焊条有哪几类？应如何选择？

（6）灰铸铁焊条电弧焊工艺有哪几种？冷焊和热焊的操作要点分别是什么？

（7）灰铸铁气焊的适用范围如何？常选用哪些焊丝和焊剂？

（8）灰铸铁钎焊有何特点？

（9）球墨铸铁的焊接性有何特点？

（10）球墨铸铁对焊接接头的要求与灰铸铁有何不同？

2. 实训

（1）依据灰铸铁、球墨铸铁的焊接工艺，准备试验材料及工具。

（2）根据灰铸铁、球墨铸铁的焊接参数，进行钢板的焊接。

（3）按照灰铸铁、球墨铸铁的焊缝评定要求，进行焊接试验结果评定并给出评定结果。

模块六 有色金属及其焊接工艺

知识目标

1. 掌握铝及铝合金、铜及铜合金、钛及钛合金的种类、成分、性能特点和应用。
2. 掌握铝及铝合金、铜及铜合金、钛及钛合金的焊接性特点和焊接工艺要点。

技能目标

1. 能够根据铝及铝合金、铜及铜合金、钛及钛合金的焊接性特点制定焊接结构件的焊接工艺。
2. 能够根据铝及铝合金、铜及铜合金、钛及钛合金的焊接工艺编写焊接工艺卡。

素质目标

1. 具有良好的敬业精神、责任意识、竞争意识和创新意识。
2. 具有观察、发现、提出问题并运用所学的综合知识，认真思考、积极探索以及解决问题的能力。

职业素养

职业行为习惯——焊接巧匠高凤林"稳""准""匀"的职业涵养，培养学生精雕细琢、追求极致的职业理念。

工业生产中通常把金属材料分为两大类：钢铁材料和非铁金属材料。例如，钢、铸铁、不锈钢、铝、锰等属于钢铁材料；除此之外的一切金属，如铝、镁、铜、钛、锡、铅等及其合金统称为非铁金属材料，又称有色金属。

许多非铁金属材料具有钢铁材料所不可替代的特殊性能。例如，铝、镁及其合金与钢铁材料相比，具有密度小、比强度高的特点，因此在航空航天、电工、化工、国防等工业部门得到了广泛应用。

非铁金属材料种类繁多，在地壳中的储量也极不均衡，在工业中应用较多的是铝、铜及其合金。

项目一　铝及铝合金的焊接

【任务概述】

如图 6 – 1 所示，4 m³ 纯铝容器筒身分为三节，每节由两块 6 mm 厚的 1035 铝板焊成，封头由 8 mm 厚的 1035 铝板拼焊后压制而成。制定其焊接工艺。

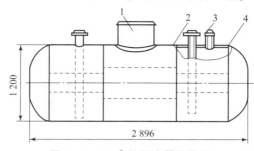

图 6-1　4 m³ 纯铝容器结构图

1—人孔；2—筒体；3—管接头；4—封头

【任务分析】

查阅焊接手册，1035 为工业纯铝，因此该焊接任务为工业纯铝的焊接。由于工业纯铝及铝合金熔点低，在焊接过程中容易产生气孔、裂纹及氧化，因此在制定焊接工艺时需避免类似问题的发生。

【学习目标】

（1）掌握工业纯铝及铝合金的焊接性；

（2）会制定工业纯铝及铝合金的焊接工艺；

（3）能进行工业纯铝及铝合金的焊接并进行焊缝检测。

【知识准备】

一、铝及铝合金的类型及性能特点

铝及铝合金的种类及性能

铝在自然界中的储量丰富，且具有密度小、耐蚀性良好、导电性及导热性高等良好性能。特别是通过合金化而制成的铝合金，强度显著提高，比强度可达到超高强钢的水平，使用非常广泛。

工业纯铝的晶体结构成面心立方，没有同素异构转变，在低温下仍能保持良好的塑性、韧性，故可作为低温工作材料。但工业纯铝的强度较低，不能用来制造承受很大载荷的结构，所以使用受到限制。在纯铝中加入少量合金元素，能大大改善铝的各项性能，例如：

Cu、Si 和 Mn 能提高强度，Ti 能细化晶粒，Mg 能防止海水腐蚀，Ni 能提高耐热性等，因此铝合金作为结构材料在工业中得到广泛的应用。

1. 铝及铝合金的分类

按合金化系列，铝及其合金分为工业纯铝（1×××系）、铝铜合金（2××××系）、铝锰合金（3×××系）、铝硅合金（4×××系）、铝镁合金（5×××系）、铝镁硅合金（6×××系）、铝锌镁铜合金（7×××系）和以其他合金为主要合金元素的铝合金（8×××系）。

按热处理方式，铝合金分为非热处理强化铝合金和热处理强化铝合金。前者只能变形强化，后者既能变形强化，又可热处理强化。

按产品成形方法不同，铝合金分为变形铝合金和铸造铝合金。

想一想

铝为何能够进行热处理？铝的基本热处理方法有哪几种？

铝合金的分类见表 6-1。非热处理强化铝合金又称防锈铝，代表牌号有 3A21 等，可通过加工硬化、固溶强化来提高力学性能，特点是强度中等，塑性及耐蚀性好，焊接性良好，在焊接结构中应用最广泛（Al-Mn 和 Al-Mg 系合金）。热处理强化铝合金是通过固溶、淬火、时效等工艺措施提高力学性能的，经热处理后可显著提高抗拉强度，但焊接性较差，熔焊时易产生焊接裂纹，焊接接头力学性能下降。

表 6-1 铝合金的分类

分类		合金名称	合金系	性能特点	牌号或代号示例
变形铝合金	非热处理强化铝合金	防锈铝	Al-Mn	耐蚀性、压力加工性与焊接性能好，但强度较低	3A21
			Al-Mg		5A05
	热处理强化铝合金	硬铝	Al-Cu-Mg	力学性能高	2A11
		超硬铝	Al-Cu-Mg-Zn	强度最高	7A04
		锻铝	Al-Mg-Si-Cu	锻造性能好，耐热性能好	6A02
			Al-Cu-Mg-Fe-Ni		2A70
铸造铝合金		铝硅合金	Al-Si	铸造性能好，不能热处理强化，力学性能较低	ZL102
		特殊铝合金	Al-Si-Mg	铸造性能良好，可热处理强化，力学性能较高	ZL101
			Al-Si-Cu		ZL107
		铝铜铸造合金	Al-Cu	耐热性好，铸造性能与耐蚀性差	ZL201
		铝镁铸造合金	Al-Mg	力学性能高，耐蚀性好	ZL301

2. 铝及其合金的牌号、成分及性能

纯铝的牌号以国际四位数字体系表达，如 1A（B）××，其中第一位为 1；第二位为英文大写字母 A、B 或其他字母（有时也用数字）；第三、四位为阿拉伯数字，表示铝的最低质量分数中小数点后面的两位数字。例如，铝的最低质量分数为 99.70%，则第三、四位数为 70。如果第二位为 A，则表示原始纯铝；如果第二位为 B 或其他字母，则表示原始纯铝的改型情况，即与原始纯铝相比，元素含量略有改变；如果第二位是数字，则表示杂质极限含量的控制情况，0 表示无特殊控制，1~9 表示对一种或几种杂质有特殊控制。

例如：1A99 表示铝的质量分数为 99.99% 的原始纯铝；1B99 表示铝的质量分数为 99.99% 的改型纯铝；1070 表示杂质极限含量无特殊控制，铝的质量分数为 99.70% 的纯铝；1235 表示对两种杂质极限含量有特殊控制，铝的质量分数为 99.35% 的纯铝。

可以看出，纯铝牌号中最后两位数字越大，铝的纯度越高。常用的纯铝牌号有 1A99、1A97、1A93、1A90、1A85、1A70、1060、1050、1035、1200 等。纯铝的主要用途是代替贵重的铜合金，制作导线、电器元件及换热器件；制作各种要求质轻、导热、耐大气腐蚀但强度不高的器具；配制各种铝合金。

变形铝合金的牌号也用四位国际字符体系表示。牌号中第一、三、四位为阿拉伯数字，第二位为英文大写字母 A、B 或其他字母（有时也用数字）。第一位数字为 2~9，表示变形铝合金的不同组别，其中"2"表示以铜为主要合金元素的铝合金，即铝铜合金；"3"表示以锰为主要合金元素的铝合金，即铝锰合金；"4"表示以硅为主要合金元素的铝合金，即铝硅合金等。最后两位数字为合金的编号，没有特殊意义，仅用来区分同一组别中的不同合金。如果第二位字母为 A，则表示原始合金；如果是 B 或其他字母，则表示原始合金的改型合金；如果是数字，则 0 表示原始合金，1~9 表示改型合金。例如，2A11 表示铝铜原始合金，5A05 表示铝镁原始合金，5B05 表示铝镁改型合金。

常用铝及其合金的化学成分见表 6-2，力学性能见表 6-3。

表 6-2　常用铝及其合金的化学成分

类别	牌号	主要化学成分（质量分数）/%												旧牌号
		Cu	Mg	Mn	Fe	Si	Zn	Ni	Cr	Ti	Be	Al	Fe + Si	
工业纯铝	1A99	0.005	—	—	0.003	0.003	0.001	—		0.002		99.99		LG5
	1A85	0.01	—	—	0.10	0.08	0.01	—		0.01		99.85		LG1
	1070	0.04	0.03	0.03	0.25	0.2	0.04			0.03		99.7		
	1035	0.10	—	—	0.35	0.35	0.10			0.03		99.30		L4
防锈铝	5A02	0.10	2.0 ~ 2.8	0.15 ~ 0.4	0.4	0.4				0.15		余量	0.6	LF2
	5052	0.10	2.2 ~ 2.8	0.1	0.4	0.25	0.1		0.15 ~ 0.35	—				
	5A05	0.10	4.8 ~ 5.5	0.3 ~ 0.6	0.50	0.50	0.20			—			—	LF5
	5B05	0.20	4.7 ~ 5.7	0.2 ~ 0.6	0.4	0.4				0.15			0.6	LF10
	5A12	0.05	8.3 ~ 9.6	0.4 ~ 0.8	0.30	0.30	0.20	0.10		0.05 ~ 0.15	0.05		—	LF12
硬铝	2A02	2.6 ~ 3.2	2.0 ~ 2.4	0.45 ~ 0.7	0.30	0.30				0.15		余量	—	LY2
	2A06	3.8 ~ 4.3	1.7 ~ 2.3	0.5 ~ 1.0	0.50	0.50				0.03 ~ 0.15	0.001 ~ 0.005		—	LY6
	2B11	3.8 ~ 4.5	0.4 ~ 0.8	0.4 ~ 0.8	0.50	0.50				0.15			—	LY8
	2A10	3.9 ~ 4.5	0.15 ~ 0.3	0.3 ~ 0.5	0.20	0.25				0.15			—	LY10
	2A11	3.8 ~ 4.8	0.4 ~ 0.8	0.4 ~ 0.8	0.70	0.70	0.30	0.10		0.15			(Fe + Ni)0.7	LY11

续表

类别	牌号	主要化学成分（质量分数）/%												旧牌号
		Cu	Mg	Mn	Fe	Si	Zn	Ni	Cr	Ti	Be	Al	Fe+Si	
锻铝	6A02	0.2~0.6	0.45~0.9	（或Cr0.15~0.35）	0.50	0.5~1.2	0.20	—	—	0.15	—	余量	—	LD2
	2A70	1.9~2.5	1.4~1.8	0.2	0.9~1.5	0.35	0.30	0.9~1.5	—	0.02~0.1	—		—	LD7
	2A90	3.5~4.5	0.4~0.8	0.2	0.5~1.0	0.5~1.0	0.30	1.8~2.3	—	0.15	—		—	LD9
超硬铝	7A03	1.8~2.4	1.2~1.6	0.10	0.20	0.20	6.0~6.7	—	0.05	0.02~0.08	—	余量	—	LC3
	7A09	1.2~2.0	2.0~3.0	0.15	0.5	0.5	5.1~6.1	—	0.16~0.30	—	—		—	LC9
特殊铝	4A01	0.20	—	—	0.6	4.5~6.0	（Zn+Sn）0.10	—	—	0.15	—	余量	—	LT1
	4A17	（Cu+Zn）0.15	0.05	0.5	0.5	11.0~12.5	—	—	—	0.15	—		（Ca0.10）	LT17

表 6-3　常用铝及其合金的力学性能

类别	合金牌号	材料状态	抗拉强度 R_m/MPa	下屈服强度 R_{el}/MPa	伸长率 A/%
工业纯铝	1A99	固溶态	45	—	—
	8A06	退火	90	30	30
	1035	冷作硬化	140	100	12
防锈铝	3A21	退火 冷作硬化	130 160	50 130	20 10
	5A02	退火 冷作硬化	200 250	100 210	23 6
	5A05 5B05	退火	270	150	23

续表

类别	合金牌号	材料状态	抗拉强度 R_m/MPa	下屈服强度 R_{el}/MPa	伸长率 A/%
硬铝	2A11	淬火 + 自然时效	420	240	18
		退火	210	110	18
	2A12	淬火 + 自然时效	470	330	17
		退火	210	110	18
	2A01	淬火 + 自然时效	300	170	24
		退火	160	60	24
锻铝	6A02	淬火 + 人工时效	323.4	274.4	12
		淬火	215.6	117.6	22
		退火	127.4	60	24
超硬铝	7A04	淬火 + 人工时效	588	539	12
		退火	254.8	127.4	13

二、铝及铝合金的焊接性

铝具有与其他金属不同的物理特性（见表 6-4），因此铝及其合金的焊接工艺特点与其他金属有很大的差别。

表 6-4 铝与其他金属物理性能的比较

金属名称	密度 /(g·cm^{-3})	热导率 /[W·(m·K)$^{-1}$]	线胀系数 /(10^{-6}·℃$^{-1}$)	比热容 /[J·(g·℃)$^{-1}$]	熔点 /℃
铝	2.7	222	23.6	0.94	660
铜	8.92	394	16.5	0.38	1 083
65/35 黄铜	8.43	117	20.3	0.37	930
低碳钢	7.80	46	12.6	0.50	1 350
镁	1.74	159	25.8	0.10	651

纯铝的熔点低（660 ℃），熔化时颜色不变，难以观察到熔池，焊接时容易塌陷和烧穿；热导率是低碳钢的 4 倍多，散热快，焊接时不易熔化；线胀系数约为低碳钢的 2 倍，焊接时易变形；在空气中易氧化生成致密的高熔点氧化膜 Al_2O_3（熔点为 2 050 ℃），难熔且不导电，焊接时易造成未熔合、夹渣等缺陷，并使焊接过程不稳定。因此铝及其合金的焊接性比低碳钢差，合金种类不同，焊接性也有一定差别，概括起来有以下几个问题。

1. 易氧化

铝与氧的亲和力很强，在空气中极易与氧结合生成一层厚度为 0.1~0.2 μm 的致密的

Al_2O_3氧化膜，其熔点（约 2 050 ℃）远远高于铝，密度是铝的 1.4 倍，焊接时不易上浮，在焊缝中易形成夹杂；同时 Al_2O_3 薄膜吸水能力强，在焊接时易于在焊缝中产生气孔。因而，铝及铝合金焊接前应严格清理焊件和焊丝表面的氧化膜，并对熔池及高温区金属进行保护，防止在焊接过程中产生氧化膜。

2. 能耗大

铝及铝合金的热导率大（约为钢的 3 倍）、比热容高（约为钢的 2 倍），在焊接时有大量的热量被迅速传导到其他部位，需消耗大量的热量。因而焊接铝及铝合金时，为了保证接头处熔合良好，应采用能量集中、功率较大的热源，有时还需采取预热等工艺措施。

3. 容易产生气孔

1）产生气孔的原因

铝及铝合金焊接时最常见的缺陷是焊缝气孔，特别是在焊接纯铝及防锈铝时更是如此。铝及铝合金本身不含碳，液态铝又不溶解氮，焊接时不会产生一氧化碳气孔和氮气孔。因此，铝及铝合金焊接时的气孔主要是氢气孔。氢的来源有两方面：一是弧柱气氛中的水分；二是焊丝及母材表面氧化膜吸附的水分，后者对焊缝气孔的影响更为重要。

铝及铝合金
焊缝中的气孔

2）影响产生气孔的因素

（1）铝及其合金的物理性能。

铝及其合金的导热性好，焊接时冷却速度快，熔池存在时间短；铝的密度小，气泡上浮速度慢，均会导致焊缝容易形成气孔。

（2）焊接方法。

不同的焊接方法对弧柱气氛中的水分和焊丝与母材表面氧化膜所致的气孔敏感性是不同的。

熔化极惰性气体保护焊（MIG 焊）时，焊丝熔化后以细小熔滴形式通过弧柱进入熔池，由于弧柱温度高，熔滴比表面积大，熔滴金属易吸收氢，加之 MIG 焊时熔深大，不利于气泡上浮；非熔化极惰性气体保护焊（TIG 焊）时，主要是熔池表面与弧柱气氛接触，由于 TIG 焊熔池表面积小、温度低，不利于氢的吸收，加之熔深浅，有利于气泡上浮，因此 MIG 焊比 TIG 焊对弧柱气氛中的水分所致气孔倾向要大。在正常条件下，焊接时对弧柱气氛中的水分是要加以严格限制的。因此，焊丝及焊件表面氧化膜所吸附的水分就成为焊缝产生气孔的主要原因。

MIG 焊时，由于电弧温度高、熔深大，坡口表面的氧化膜能迅速熔化，有利于氧化膜中水分的排除，因而气孔倾向小；而 TIG 焊时，电流较小、熔深浅，在熔透不足的情况下坡口根部未清除的氧化膜所吸收的水分不仅是氢的来源，也可作为气泡核心在氧化膜上萌生气泡并长大，且气泡不易脱离氧化膜而浮出，因此，生成气孔的倾向要大些。

（3）氧化膜的致密性。

一般来讲，氧化膜越致密，吸水性越差，气孔倾向就越小。纯铝的氧化膜（Al_2O_3）比较致密，吸水性较差；铝镁合金的氧化膜由 Al_2O_3 和 MgO 构成，而 MgO 越多，形成的氧化膜越不致密，更易于吸收水分。因此，在有氧化膜存在时，铝镁合金比纯铝具有更大的气孔倾向。

3）防止焊缝产生气孔的措施

铝及铝合金焊缝气孔均是氢气孔，防止气孔的主要措施：一是减少氢的来源，缩短氢与液态金属作用的时间；二是尽量促使氢自熔池中逸出。

（1）减少氢的来源。

焊接时使用的焊接材料要严格控制含水量，使用前必须进行干燥处理。氩弧焊时，氩气中的含水量（质量分数）应小于 0.08%，氩气管路也要保持干燥。在气焊或焊条电弧焊时，应对焊剂或焊条进行烘干，以去除水分。焊丝与母材表面的氧化膜和油污必须彻底清理干净，清理方法可以采用机械法或化学方法。

（2）控制焊接工艺。

焊接工艺参数（焊接电流、电弧电压、焊接速度等）主要影响熔池的存在时间，进而影响氢向熔池的溶入和析出时间。熔池高温存在时间长，有利于氢的析出，但也有利于氢的溶入；反之，熔池高温存在时间减少，可减少氢的溶入，但也不利于氢的逸出。如果焊接参数选择不当，造成氢的溶入量多又不利于氢的逸出，则势必会增加气孔倾向。

TIG 焊时焊接参数对焊缝金属中扩散氢的影响如图 6-2 所示，采用大电流和较高的焊接速度可以减小气孔倾向。MIG 焊时焊接参数对焊缝气孔的影响如图 6-3 所示，采用大电流配合较慢的焊接速度，以提高焊接热输入，有利于防止焊接气孔的形成。

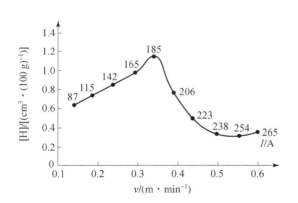

图 6-2　TIG 焊时焊接参数对焊缝金属中扩散氢［H］的影响（母材为 5A06）

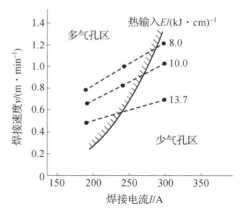

图 6-3　MIG 焊时焊接参数对焊缝气孔的影响

4. 容易形成焊接热裂纹

焊接热裂纹是焊接热处理强化铝合金时常出现的问题，非热处理强化的铝镁合金热裂倾向较小，但在接头拘束较大、焊缝成形控制不当时也会产生热裂纹。常见的裂纹主要是焊缝结晶裂纹和近缝区液化裂纹。

1）铝合金产生焊接热裂纹的原因

铝合金属于典型的共晶型合金，若合金中存在其他元素或杂质，则可能形成三元共晶，其熔点比二元共晶还低，结晶温度区间也更大。低熔点共晶组织的存在是合金产生结晶裂纹的重要原因之一，它对结晶裂纹的影响除了与其本身熔点较低有关以外，还与其存在形态有关。低熔点共晶组织若是呈连续薄膜状或网状分布于晶界，使晶粒分离，结晶裂纹倾向就大；若是呈球状或颗粒状分

铝合金的焊接裂纹

布于晶界，则合金结晶裂纹倾向就小。

另外，铝合金的线胀系数比钢约大1倍，在拘束条件下焊接时易产生较大的焊接应力，这也是促使铝合金产生裂纹的原因之一。

2）焊接热裂纹的影响因素

铝合金母材的合金系及合金成分对焊接热裂纹的产生有根本性的影响。一般来讲，纯铝的裂纹倾向最小，含铜的铝合金裂纹倾向最大，因此，对含有铜的硬铝（Al – Cu – Mg）和超硬铝（Al – Zn – Cu – Mg）合金，目前很难用熔焊方法获得没有裂纹的焊接接头，所以一般不能选用熔焊方法制造硬铝和超硬铝焊接结构。

3）焊接热裂纹的防止措施

焊接热裂纹受铝合金成分影响极大，因此防止裂纹的主要措施是选用合适的焊接材料，同时配合适当的焊接工艺。

（1）选择适当的焊接材料，以调整焊缝化学成分。从抗裂角度考虑，调整焊缝化学成分的着眼点是控制焊缝中具有适量的低熔点共晶并缩小结晶温度区间。铝合金为共晶型合金，少量低熔点共晶会增大结晶裂纹倾向，但当低熔点共晶数量很多时，反而会对裂纹产生"愈合"作用，使裂纹倾向减小。

在焊接硬铝及超硬铝时，由于裂纹倾向大，在原有合金系统中调整化学成分难以改善抗裂性，因此，常用硅的质量分数为5%的Al – Si焊丝来解决裂纹问题。使用这种焊丝时，焊缝能形成足够量的低熔点共晶，而且流动性好，结晶温度区间窄，凝固时收缩量小，焊接应力低，具有较强的抵抗裂纹能力；但接头强度远低于母材。

例如：采用铝硅合金焊丝SAlSi – 1（HS311）焊接2A12时，焊接接头的强度只有母材的60%；焊接7A04时，焊接接头的强度还不到母材的50%。

实践证明，在铝合金焊丝中加入变质剂可显著提高焊缝金属的抗裂性。常用的变质剂有Ti、Zr、V、B等元素，它们在熔池中能与铝生成难熔金属化合物（MTi、MZr、Al7V，AlB），这些细小的难熔质点在结晶时可作为非自发核心，起细化晶粒的作用，从而改善塑性和韧性。

（2）选择合适的焊接方法和焊接参数。焊接方法及焊接参数会影响熔池结晶过程的不平衡性和结晶后的组织状态，也会影响结晶过程中的应力变化，从而影响裂纹的产生。

热能集中的焊接方法，因加热和冷却速度快，可防止焊缝形成方向性强的粗大柱状晶，因而可以提高抗裂性，如采用TIG或MIG焊时裂纹倾向比气焊要小得多；采用小电流焊接可减少熔池过热，也有利于改善抗裂性。焊接电流增大，会使熔池过热，同时因熔深增大而增加熔合比，使抗裂较差的母材过多地熔入焊缝，从而降低焊缝的抗裂性；焊接速度的提高会增大焊接接头的应力，从而增大裂纹倾向。大部分铝合金的裂纹倾向都比较大，因此，焊接时不宜采用较大的焊接电流和较快的焊接速度。

5. 焊接接头的软化

铝及铝合金焊接后，存在着不同程度的接头软化问题，特别是热处理强化铝合金的焊接接头软化问题更为严重。部分铝合金焊接接头（MIG焊）与母材力学性能的比较见表6 – 5。由表可见，对非热处理强化铝合金，在退火状态下焊接时，接头与母材基本上是等强的；在冷作硬化状态下焊接时，接头强度低于母材，这说明在冷作硬化状态下焊接时有软化现象。对热处理强

铝及铝合金
焊接热影响区
的软化

化铝合金，无论是在退火状态还是在时效状态下焊接，焊后不经热处理，接头强度均低于母材。特别是在时效状态下焊接的硬铝，即使焊后经过人工时效处理，接头强度仍未超过母材强度的60%。

表6-5 部分铝合金焊接接头（MIG焊）与母材力学性能的比较

分类	合金系（牌号）	母材（最小值）				接头（焊缝余高削除）				
		状态	R_m/MPa	R_{el}/MPa	A/%	焊丝	焊后热处理	R_m/MPa	R_{el}/MPa	A/%
非热处理强化	Al-Mg（5052）	退火	173	66	20	5356	—	200	96	18
		冷作	234	178	6	5356	—	193	82.3	18
热处理强化	Al-Cu-Mg（2024）	退火	220	1.9	16	4043	—	207	109	15
						5356	—	207	109	15
		固溶+自然时效	—	—	15	4043	—	280	201	3.1
						5356	—	295	194	3.9
						同母材	—	289	275	4
						同母材	自然时效一个月	371	—	4
	Al+Cu（2219）	固溶+人工时效	463	383	10	2319	—	285	208	3
	Al-Zn-Mg-Cu（X7075）	固溶+人工时效	536	482	7	4043	人工时效	309	200	3.7
	Al-Zn-Mg（X7005）	固溶+自然时效	352	225	18	X5180	自然时效一个月	316	214	7.3
		固溶+人工时效	352	304	15	X5180	自然时效一个月	312	214	6.2

注：X5180为专用焊丝。

1）非热处理强化铝合金的接头软化

对纯铝及防锈铝合金，在退火状态下焊接时，如果采用的焊丝化学成分与母材相同或相近，则焊接接头基本上不产生软化现象。但在冷作硬化状态下焊接时，加热温度超过再结晶温度（200～300 ℃）的热影响区会产生明显的软化现象，软化程度主要取决于加热的最高温度，而冷却速度的影响不明显。其软化后的硬度实际上已低到退火状态的硬度水平，因此，焊前冷作硬化程度越高，焊后软化程度越大；板件越薄，这种影响越显著。

非热处理强化铝合金软化的主要原因，是热影响区晶粒粗大和冷作硬化效果的减退或消失。解决途径是采用热量集中的焊接方法来防止热影响区粗晶区加大；焊后冷态敲击焊接接头，也会产生一定的冷作硬化效果。

2）热处理强化铝合金的接头软化

硬铝及超硬铝等热处理强化铝合金，无论是在退火状态还是在时效状态下焊接，均会产生明显的接头软化现象，软化区主要在焊缝或热影响区，热处理强化铝合金焊接接头组织示意图如图6-4所示。这些铝合金由于热裂纹倾向大，选用的焊丝与母材化学成分有较大差别，一般焊缝强度低于母材，加之焊缝为粗大的柱状晶组织，因此焊缝的强度、塑性均低于母材。热影响区的软化主要是由于在焊接高温作用下发生"过时效"所致，即热影响区第二相（强化相）脱溶析出并集聚长大使强化效果消失，这也是在熔焊条件下很难避免的。其软化程度取决于合金第二相的性质，第二相越容易脱溶析出并易于集聚长大，就越容易发生"过时效"软化。

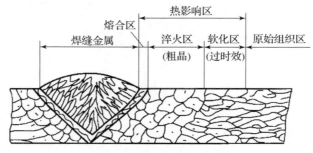

图6-4　热处理强化铝合金焊接接头组织示意图

为防止热处理强化铝合金的软化，焊接时应采用较小的焊接热输入，以减小热影响区的高温停留时间。彻底解决软化问题的措施是焊后重新进行固溶处理或人工时效处理。

6. 焊接接头的耐蚀性下降

铝极易被氧化，铝及铝合金表面会形成一层致密的氧化膜而具有耐蚀性。氧化膜一旦被破坏，耐蚀性就会急剧下降。铝及铝合金焊接接头的耐蚀性一般低于母材，尤其是热处理强化铝合金焊接接头更明显。

1）铝及铝合金焊接接头耐蚀性降低的原因

（1）接头组织不均匀，尤其是有析出相存在时，会使接头各部位形成不均匀的电极电位，在腐蚀介质中发生电化学腐蚀。

（2）焊接接头或多或少存在焊接缺陷（如气孔、夹杂、裂纹等），不仅破坏了接头氧化膜的连续性，还会造成电解质溶液在缺陷处发生沉积，加速腐蚀过程。

（3）焊缝是粗大的铸态组织，焊缝表面不平滑，其表面氧化膜的连续性和致密性都较差，导致耐蚀性降低。

（4）接头中的焊接残余应力更是影响耐蚀性的敏感因素，尤其是在热影响区会诱发产生应力腐蚀。

2）防止接头耐蚀性降低的措施

（1）改善接头组织的不均匀性。焊缝金属合金化，细化晶粒并防止焊接缺陷，同时限制焊接热输入以减小热影响区，防止接头过热；焊后进行热处理对改善接头组织不均匀性也有很好的效果。

（2）消除焊接应力。锤击焊道，可消除焊缝表面拉应力，一般选用冷态锤击和热态锤击两种方法。冷态锤击能使焊缝表面产生冷作硬化，锤击后生成的氧化膜致密性较好，对提高耐蚀性有一定效果；热态锤击即在 300～350 ℃下锤击，能改善焊缝金属的铸态组织，虽无冷作硬化，但比冷态锤击效果还要好。

（3）增加焊后人工时效的温度和时间，使热影响区的电极电位均匀化，可改善接头耐蚀性。但应注意不可造成"过时效"而引起软化。

（4）采取保护措施，如阳极氧化处理或涂层保护等。

三、铝及铝合金的焊接工艺要点

1. 焊接方法

铝及铝合金的焊接性较好，可以采用常规的焊接方法焊接。常用的焊接方法有氩弧焊（TIG、MIG）、等离子弧焊、电子束焊、电阻焊及钎焊等，采用热功率大、能量集中、保护效果好的焊接方法较为合适。气焊和焊条电弧焊在铝及铝合金焊接中已被氩弧焊取代，目前仅用于修复性焊接及焊接不重要的焊接结构。值得注意的是，搅拌摩擦焊有逐渐替代熔焊方法生产各种铝合金焊接结构的趋势。常用铝及其合金焊接方法的特点及应用范围见表 6 - 6。

铝及铝合金的焊接工艺要点

表 6 - 6　常用铝及其合金焊接方法的特点及应用范围

焊接方法	特点	应用范围
TIG 焊	氩气保护，电弧热量集中，电弧燃烧稳定，焊缝成形美观，焊接接头质量好	主要用于板厚在 6 mm 以下的重要结构的焊接
MIG 焊	氩气保护，电弧功率大，热量集中，焊接速度快，热影响区小，焊接接头质量好，生产率高	主要用于板厚在 6 mm 以上的中厚板结构的焊接
电子束焊	能量功率密度大，焊缝深宽比大，热影响区及焊件变形小，生产率高，焊接接头质量好	主要用于板厚为 3～75 mm 的非常重要结构的焊接
电阻焊	利用焊件内部电阻热，使接头在压力下凝固结晶，不需要填加焊接材料，生产率高	主要用于厚度在 4 mm 以下薄板的搭接焊
钎焊	依靠液态钎料与固态焊件之间的扩散来形成焊接接头，焊接应力及变形小，但接头强度低	主要用于厚度不小于 0.15 mm 薄板的搭接、套接等
气焊	设备简单，操作方便，火焰功率较低，热量分散，焊件变形大，焊接接头质量较差	适用于焊接质量要求不高的薄板（0.1～10 mm）结构或铸件的补焊

2. 焊接材料

铝及铝合金的焊接材料主要为焊条、焊丝、焊剂及保护气体。

1）焊条

焊条电弧焊焊接铝及铝合金所用的焊条种类较少，标准 CB/T 3669—2001《铝及铝合金焊条》中规定的只有三种型号，即 E1100、E3003 和 E4043。铝合金焊条药皮易吸潮，应把焊条储存在干燥的容器内，焊前需将焊条在 150 ℃左右烘干 1~2 h。

2）焊丝

焊丝分为同质焊丝和异质焊丝两大类。为了得到质量可靠的焊接接头，应根据母材化学成分、产品结构特点及使用要求、施工条件等因素，选择合适的焊接材料。选择焊丝时首先要考虑焊缝成分要求，还要考虑抗裂性、力学性能和耐蚀性等。

（1）同质焊丝。

同质焊丝，即焊丝成分与母材成分相同，有时可以直接在母材上切取板条作为填充金属。母材为纯铝、3A21、5A06、2A16 和 Al-Zn-Mg 合金时，可以采用同质焊丝。

（2）异质焊丝。

异质焊丝主要是为满足抗裂性研制的焊丝，其成分与母材有较大的差异。为保证焊接时不产生裂纹，往往在焊丝中加入较多的合金元素，这些合金元素会降低焊接接头的耐蚀性，因此对耐蚀性有要求的焊接结构，所选焊丝中必须限定某些元素的含量。

例如：Al-Zn-Mg 合金，为了保证抗裂性常选用 Al-4Mg-Zn 焊丝，但在结构要求具有抗应力腐蚀性能的情况下，要求焊丝中 Mg 的质量分数不得超过 3%。

按照 GB/T 10858—2008《铝及铝合金焊丝》标准规定，铝及铝合金焊丝按化学成分分为铝、铝铜、铝锰、铝硅和铝镁 5 类。焊丝型号按化学成分进行划分，见表 6-7，焊丝型号由三部分组成，第一部分为 SAl，表示铝及铝合金焊丝；第二部分为四位数字，表示焊丝型号；第三部分为可选部分，表示化学成分代号。

表 6-7 铝及铝合金焊丝的型号、成分及用途

名称	焊丝型号	化学成分代号	主要化学成分（质量分数）/%	用途及特性
纯铝焊丝	SAl1070	Al99.7	$\omega_{Al} \geq 99.70$，$\omega_{Fe} \geq 0.25$，$\omega_{Si} \geq 0.20$	焊接纯铝及对接头要求不高的铝合金，塑性好，耐蚀，强度较低
	SAl1080A	Al99.8（A）	$\omega_{Al} \geq 99.80$，$\omega_{Fe} \geq 0.15$，$\omega_{Si} \geq 0.15$	
	SAl1188	Al99.88	$\omega_{Al} \geq 99.88$，$\omega_{Fe} \geq 0.06$，$\omega_{Si} \geq 0.06$，$\omega_{V} \geq 0.05$	
	SAl1100	Al99.0Cu	$\omega_{Al} \geq 99.00$，$\omega_{Fe} + \omega_{Si} \geq 0.95$，$\omega_{Cu} = 0.05 \sim 0.20$，$\omega_{Zn} \geq 0.10$	
	SAl1200	Al99.0	$\omega_{Al} \geq 99.00$，$\omega_{Fe} + \omega_{Si} \geq 1.00$，$\omega_{Zn} \geq 0.10$	
	SAl1450	Al99.5Ti	$\omega_{Al} \geq 99.50$，$\omega_{Fe} \geq 0.40$，$\omega_{Si} \geq 0.25$，$\omega_{Ti} = 0.10 \sim 0.20$	
铝铜合金焊丝	SAl2319	AlCu6MnZrTi	$\omega_{Cu} = 5.8 \sim 6.8$，$\omega_{Mn} = 0.20 \sim 0.40$，$\omega_{Fe} \geq 0.30$，$\omega_{Si} \geq 0.20$，$\omega_{Ti} = 0.10 \sim 0.20$，$\omega_{Zr} = 0.10 \sim 0.25$，$\omega_{V} = 0.05 \sim 0.15$	焊接铝铜合金

续表

名称	焊丝型号	化学成分代号	主要化学成分（质量分数)/%	用途及特性
铝锰合金焊丝	SAl3103	AlMn1	$\omega_{Mn} = 0.9 \sim 1.5$，$\omega_{Fe} \geq 0.70$，$\omega_{Si} \geq 0.50$，$\omega_{Mg} \geq 0.30$，$\omega_{Zn} \geq 0.20$，$\omega_{Cr} \geq 0.10$，$\omega_{Ti} + \omega_{Zr} \geq 0.10$	焊接铝锰及其他铝合金，耐蚀，强度较高
铝硅合金焊丝	Al4009	AlSi5Cu1Mg	$\omega_{Si} = 4.5 \sim 5.5$，$\omega_{Fe} > 0.20$，$\omega_{Cu} = 1.0 \sim 1.5$，$\omega_{Mn} > 0.10$，$\omega_{Mg} = 0.45 \sim 0.6$，$\omega_{Zn} \geq 0.10$，$\omega_{Ti} \geq 0.20$	焊接除铝镁合金以外的铝合金，特别是对易产生热裂纹的热处理强化铝合金更适合，抗裂
	SAl4010	AlSi7Mg	$\omega_{Si} = 5.5 \sim 7.5$，$\omega_{Fe} \geq 0.20$，$\omega_{Cu} \geq 0.20$，$\omega_{Mn} \geq 0.10$，$\omega_{Mg} = 0.30 \sim 0.45$，$\omega_{Zn} \geq 0.10$，$\omega_{Ti} \geq 0.20$	
	SAl4011	AlSi7Mg0.5Ti	$\omega_{Si} = 5.5 \sim 7.5$，$\omega_{Fe} > 0.20$，$\omega_{Cu} \geq 0.20$，$\omega_{Mn} \geq 0.10$，$\omega_{Mg} = 0.45 \sim 0.7$，$\omega_{Zn} \geq 0.10$，$\omega_{Ti} = 0.04 \sim 0.20$	
	SAl4018	AlSi7Mg	$\omega_{Si} = 5.5 \sim 7.5$，$\omega_{Fe} \geq 0.20$，$\omega_{Mn} \geq 0.10$，$\omega_{Mg} = 0.50 \sim 0.8$，$\omega_{Zn} \geq 0.10$，$\omega_{Ti} \geq 0.20$	
	SAl4043	AlSi5	$\omega_{Si} = 4.5 \sim 6.0$，$\omega_{Fe} \geq 0.8$，$\omega_{Cu} \geq 0.20$，$\omega_{Zn} \geq 0.10$，$\omega_{Ti} \geq 0.20$	
	SAl4043A	AlSi5（10)	$\omega_{Si} = 4.5 \sim 6.0$，$\omega_{Fe} > 0.6$，$\omega_{Cu} \geq 0.20$，$\omega_{Mg} \geq 0.20$，$\omega_{Zn} \geq 0.10$，$\omega_{Ti} \geq 0.15$	
	SAl4046	AlSi10Mg	$\omega_{Si} = 9.0 \sim 11.0$，$\omega_{Fe} \geq 0.5$，$\omega_{Cu} \geq 0.20$，$\omega_{Mn} \geq 0.40$，$\omega_{Mg} = 0.20 \sim 0.50$，$\omega_{Zn} > 0.10$，$\omega_{Ti} \geq 0.15$	
	SAl4047	AlSi12	$\omega_{Si} = 11.0 \sim 13.0$，$\omega_{Fe} > 0.8$，$\omega_{Cu} > 0.20$，$\omega_{Mn} > 0.15$，$\omega_{Mg} \geq 0.10$，$\omega_{Zn} \geq 0.20$	
	SAl4047A	AlSi12（A)	$\omega_{Si} = 11.0 \sim 13.0$，$\omega_{Fe} > 0.6$，$\omega_{Cu} \geq 0.20$，$\omega_{Mn} > 0.15$，$\omega_{Mg} \geq 0.10$，$\omega_{Zn} \geq 0.20$，$\omega_{Ti} \geq 0.15$	
	SAl4145	AlSi10Cu4	$\omega_{Si} = 9.3 \sim 10.7$，$\omega_{Fe} > 0.8$，$\omega_{Cu} = 3.3 \sim 4.7$，$\omega_{Mn} \geq 0.15$，$\omega_{Mg} \geq 0.15$，$\omega_{Cr} > 0.15$，$\omega_{Zn} \geq 0.20$	
	SAl4643	AlSi4Mg	$\omega_{Si} = 3.6 \sim 4.5$，$\omega_{Fe} \geq 0.8$，$\omega_{Cu} > 0.10$，$\omega_{Zn} \geq 0.10$，$\omega_{Mg} = 0.10 \sim 0.30$，$\omega_{Ti} \geq 0.15$	
铝镁合金焊丝	SAl5249	AlMg2Mn0.8Zr	$\omega_{Mg} = 1.6 \sim 2.5$，$\omega_{Mn} = 0.50 \sim 1.1$，$\omega_{Si} \geq 0.25$，$\omega_{Fe} \geq 0.4$，$\omega_{Cr} \geq 0.30$，$\omega_{Zn} \geq 0.20$，$\omega_{Ti} \geq 0.15$	
	SAl5554	AlMg2.7Mn	$\omega_{Mg} = 2.4 \sim 3.0$，$\omega_{Mn} = 0.50 \sim 1.0$，$\omega_{Si} \geq 0.25$，$\omega_{Fe} \geq 0.4$，$\omega_{Cr} = 0.05 \sim 0.20$，$\omega_{Zn} \geq 0.25$，$\omega_{Ti} = 0.05 \sim 0.20$	

名称	焊丝型号	化学成分代号	主要化学成分（质量分数）/%	用途及特性
铝镁合金焊丝	SAl5654	AlMg3.5Ti	$\omega_{Mg} = 3.1 \sim 3.9$，$\omega_{Fe} + \omega_{Si} \geqslant 0.45$，$\omega_{Zn} \geqslant 0.20$，$\omega_{Cr} = 0.15 \sim 0.35$，$\omega_{Ti} = 0.05 \sim 0.15$	焊接铝镁和铝锌镁合金，焊补铝镁合金铸件，耐蚀，抗裂，强度高
	SAl5654A	AlMg3.5Ti	$\omega_{Mg} = 3.1 \sim 3.9$，$\omega_{Fe} + \omega_{Si} \geqslant 0.45$，$\omega_{Cr} = 0.15 \sim 0.35$，$\omega_{Zn} \geqslant 0.20$，$\omega_{Ti} = 0.05 \sim 0.15$	
	SAl5754	AlMg3	$\omega_{Mg} = 2.6 \sim 3.6$，$\omega_{Mn} = 0.50$，$\omega_{Si} \geqslant 0.40$，$\omega_{Fe} \geqslant 0.4$，$\omega_{Cr} \geqslant 0.30$，$\omega_{Zn} \geqslant 0.20$，$\omega_{Ti} \geqslant 0.15$	
	SAl5356	AlMg5Cr（A）	$\omega_{Mg} = 4.5 \sim 5.5$，$\omega_{Mn} = 0.05 \sim 0.20$，$\omega_{Si} > 0.25$，$\omega_{Fe} \geqslant 0.4$，$\omega_{Cr} = 0.05 \sim 0.20$，$\omega_{Zn} \geqslant 0.10$，$\omega_{Ti} \geqslant 0.15$	
	SAl5356A	AlMg5Cr（A）	$\omega_{Mg} = 4.5 \sim 5.5$，$\omega_{Mn} = 0.05 \sim 0.20$，$\omega_{Si} \geqslant 0.25$，$\omega_{Fe} \geqslant 0.4$，$\omega_{Cr} = 0.05 \sim 0.20$，$\omega_{Zn} \geqslant 0.10$，$\omega_{Ti} = 0.06 \sim 0.20$	
	SAl5556	AlMg5Mn1Ti	$\omega_{Mg} = 4.7 \sim 5.5$，$\omega_{Mn} = 0.05 \sim 1.0$，$\omega_{Si} \geqslant 0.25$，$\omega_{Fe} \geqslant 0.4$，$\omega_{Cr} = 0.05 \sim 0.20$，$\omega_{Zn} \geqslant 0.25$，$\omega_{Ti} = 0.06 \sim 0.20$	
	SAl5556C	AlMg5Mn1Ti	$\omega_{Mg} = 4.7 \sim 5.5$，$\omega_{Mn} = 0.05 \sim 1.0$，$\omega_{Si} \geqslant 0.25$，$\omega_{Fe} \geqslant 0.4$，$\omega_{Cr} = 0.05 \sim 0.20$，$\omega_{Zn} \geqslant 0.25$，$\omega_{Ti} = 0.06 \sim 0.20$	
	SAl5556A	AlMg5Mn	$\omega_{Mg} = 5.0 \sim 5.5$，$\omega_{Mn} = 0.05 \sim 1.0$，$\omega_{Si} \geqslant 0.25$，$\omega_{Fe} > 0.4$，$\omega_{Cr} = 0.05 \sim 0.20$，$\omega_{Zn} \geqslant 0.20$，$\omega_{Ti} = 0.06 \sim 0.20$	
	SAl5556B	AlMg5Mn	$\omega_{Mg} = 5.0 \sim 5.5$，$\omega_{Mn} = 0.05 \sim 1.0$，$\omega_{Si} \geqslant 0.25$，$\omega_{Fe} \geqslant 0.4$，$\omega_{Cr} = 0.05 \sim 0.20$，$\omega_{Zn} \geqslant 0.20$，$\omega_{Ti} = 0.06 \sim 0.20$	
	SAl5183	AlMg4.5Mn0.7（A）	$\omega_{Mg} = 4.3 \sim 5.2$，$\omega_{Mn} = 0.05 \sim 1.0$，$\omega_{Si} > 0.40$，$\omega_{Fe} \geqslant 0.4$，$\omega_{Cr} = 0.05 \sim 0.25$，$\omega_{Zn} \geqslant 0.25$，$\omega_{Ti} \geqslant 0.15$	
	SAl5183A	AlMg4.5Mn0.7（A）	$\omega_{Mg} = 4.3 \sim 5.2$，$\omega_{Mn} = 0.05 \sim 1.0$，$\omega_{Si} \geqslant 0.40$，$\omega_{Fe} \geqslant 0.4$，$\omega_{Cr} = 0.05 \sim 0.25$，$\omega_{Zn} \geqslant 0.25$，$\omega_{Ti} > 0.15$	
	SAl5087	AlMg4.5MnZr	$\omega_{Mg} = 4.5 \sim 5.2$，$\omega_{Mn} = 0.7 \sim 1.1$，$\omega_{Si} \geqslant 0.25$，$\omega_{Fe} \geqslant 0.4$，$\omega_{Cr} = 0.05 \sim 0.25$，$\omega_{Zn} \geqslant 0.25$，$\omega_{Ti} \geqslant 0.15$	
	SAl5187	AlMg4.5MnZr	$\omega_{Mg} = 4.5 \sim 5.2$，$\omega_{Mn} = 0.7 \sim 1.1$，$\omega_{Si} > 0.25$，$\omega_{Fe} \geqslant 0.4$，$\omega_{Cr} = 0.05 \sim 0.25$，$\omega_{Zn} \geqslant 0.25$，$\omega_{Ti} \geqslant 0.15$，$\omega_{Zr} = 0.10 \sim 0.20$	

3）焊剂

在气焊和碳弧焊过程中需采用焊剂，目的是去除焊接时熔池中生成的氧化膜及其他杂质，以保证焊缝质量。对于铝及铝合金的焊接，焊剂应具有以下作用：

（1）溶解和彻底清除覆盖在铝板及熔池表面上的 Al_2O_3 薄膜，并在熔池表面形成一层熔融及挥发性强的熔渣，可保护熔池免受连续氧化。

（2）排除熔池中的气体、氧化物及其他杂质。

（3）改善熔池金属的流动性，以保证焊缝成形良好。

通常焊剂是各种钾、钠、锂、钙等元素的氯化物和氟化物的粉末混合物。使用时，先把焊剂用洁净蒸馏水调成糊状（每 100 g 焊剂加入约 50 mL 水），然后涂于焊丝表面及焊件坡口两侧，厚度为 0.5～1.0 mm；或用灼热的焊丝端部直接沾上干的熔剂施焊，这样可以减少熔池中水的来源，避免产生气孔。调好的焊剂应在 12 h 内用完。

4）保护气体

焊接铝及铝合金用的惰性气体主要是氩（Ar）和氦（He）。由于氦比氩贵，故应用氩最为广泛。氩弧具有良好的清理（氧化膜）作用，且引弧容易，很适于铝及铝合金的焊接。但是氩弧产生热量较少，适于焊接薄板，且氩气比空气重，立焊和仰焊的保护效果不及氦气，所以当焊接厚铝板或仰焊或立焊时，常采用氩、氦混合气体或纯氦气作保护。

焊接铝及铝合金用的氩气纯度应不小于 99.9%。

3. 焊前清理

铝及铝合金焊件和焊丝表面的氧化膜及油污等会严重影响焊接质量，因此焊接之前必须严格清理。生产上采用的清理方法有化学清理和机械清理两种，根据工件的具体情况选用。

1）化学清理

该法效率高、质量稳定，适合清理焊丝及工件尺寸较小、批量生产的焊件。清洗油污时一般使用汽油、丙酮、四氯化碳等有机溶剂；也可使用工业磷酸三钠 40～60 g、碳酸钠 40～50 g、水玻璃 20～30 g，加入 1 L 水中溶解，加热到 60～70 ℃，对坡口除油 5～8 min，再放入 50 ℃的水中清洗 20 min，最后在冷水中冲洗 2 min。清除焊件表面氧化膜，小型工件可用浸洗法。铝及铝合金焊件表面化学清洗溶液配方及清洗流程见表 6-8。

表 6-8　铝及铝合金焊件表面化学清洗溶液配方及清洗流程

溶液	组成（体积分数）	温度/℃	容器材料	工序	目的
硝酸	50%水 50%硝酸	18～24	不锈钢	浸 15 min，在冷水中漂洗，然后在热水中漂洗，干燥	去除薄的氧化膜，供熔焊用
氢氧化钠+硝酸	5%氢氧化钠 95%水	70	低碳钢	浸 10～60 s，在冷水中漂洗	去除厚氧化膜，适用于所有焊接方法
	浓硝酸	18～24	不锈钢	浸 30 s，在冷水中漂洗，然后在热水中漂洗，干燥	

大型工件受酸洗槽尺寸的限制，难以实现整体清洗，可在坡口两侧各 30 mm 范围内用火焰加热至 100 ℃ 左右，涂擦氢氧化钠溶液，并加以清洗，时间应略长于浸洗时间，之后用火焰烘干。

2）机械清理

先用丙酮或汽油擦洗工件表面油污，然后用机械切削、钢丝刷、喷砂处理或锉刀、刮刀等将坡口两侧 30~40 mm 范围内的氧化膜清理干净。注意：当使用砂轮、砂纸或喷砂等方法进行清理时，容易使残留砂粒进入焊缝形成夹渣，故在焊前还应清除残留砂粒；当使用钢丝刷时，钢丝直径应为 $\phi 0.1 \sim \phi 0.15$ mm，否则会使划痕过深。

工件清洗后应在 2 h 内装配、焊接完毕，否则会重新被氧化，特别是在潮湿或有酸碱蒸气的环境中，氧化膜生长得很快。

4. 焊接工艺要点

铝及铝合金最常用的焊接方法是钨极氩弧焊（TIG 焊）、熔化极氩弧焊（MIG 焊）和气焊。气焊只用于薄件及对质量要求不高或补焊的铝及铝合金的焊接。

1）TIG 焊

电弧稳定，可填加或不加焊丝焊接，接头形式不受限制，焊缝成形美观，表面光亮；焊接接头的强度、塑性和韧性较好；焊接变形小，最适用于板厚小于 6 mm 的薄板焊接，并且适用于全位置焊接。交流 TIG 焊具有清理氧化膜的作用，不用熔剂，避免了焊后熔剂对接头的腐蚀作用，简化了焊后清理过程。

（1）接头与坡口形式。

铝及铝合金钨极氩弧焊焊接接头、坡口形式与尺寸见表 6-9。

表 6-9　铝及铝合金钨极氩弧焊焊接接头、坡口形式与尺寸

接头及坡口形式		板厚 δ/mm	间隙 b/mm	钝边 p/mm	坡口角度 α/(°)
对接接头	卷边	≤2	<0.5	<2	—
	I 形坡口	1~5	0.5~2	—	—
	V 形坡口	3~5	1.5~2.5	1.5~2	60~70
搭接接头		<1.5	0~0.5	$L \geq 2\delta$	
		1.5~3	0.5~1	$L \geq 2\delta$	
角接接头	I 形坡口	<12	<1	—	—
	V 形坡口	3~5	0.8~1.5	1~1.5	50~60
		>5	1~2	1~2	50~60
T 形坡口	I 形坡口	3~5	<1	—	—

（2）焊接参数。

焊接铝及铝合金最适宜的焊接电源是交流电源或交流脉冲电源。由于手工焊操作灵

活、使用方便，故常用于焊接尺寸较小的短焊缝、角焊缝及大尺寸结构件的不规则焊缝。手工交流钨极氩弧焊的焊接参数见表 6 – 10。

表 6 – 10　铝及铝合金手工交流钨极氩弧焊的焊接参数

板材厚度 /mm	焊丝直径 /mm	钨极直径 /mm	焊接电流 /A	氩气流量 /(L·min⁻¹)	喷嘴孔径 /mm	焊接层数 （正面/反面）	备注
1	$\phi 1.6$	$\phi 2$	45 ~ 60	7	$\phi 8$	正 1	卷边焊
1.5	$\phi 1.6 \sim \phi 2.0$	$\phi 2$	50 ~ 80	7	$\phi 8$	正 1	卷边或单面对焊
2	$\phi 2 \sim \phi 2.5$	$\phi 2 \sim \phi 3$	90 ~ 120	8 ~ 12	$\phi 8 \sim \phi 12$	正 1	对接焊
3	$\phi 2 \sim \phi 3$	$\phi 3$	150 ~ 180	8 ~ 12	$\phi 8 \sim \phi 12$	正 1	V 形坡口对接
4	$\phi 3$	$\phi 4$	180 ~ 200	10 ~ 15	$\phi 8 \sim \phi 12$	1 ~ 2/1	V 形坡口对接
5	$\phi 3 \sim \phi 4$	$\phi 4$	180 ~ 240	10 ~ 15	$\phi 10 \sim \phi 12$	1 ~ 2/1	V 形坡口对接
6	$\phi 4$	$\phi 5$	240 ~ 280	16 ~ 20	$\phi 14 \sim \phi 16$	1 ~ 2/1	V 形坡口对接

采用手工钨极氩弧焊时，焊接参数由人工掌握，难以准确控制，起弧、收弧、接头部位多，接头质量受焊工操作技术影响较大。而采用自动钨极氩弧焊时，电弧行走及焊丝填入等过程都是自动进行的，焊接参数不受人为因素影响，焊接质量能得到严格控制，且成形均匀美观。铝及铝合金自动交流钨极氩弧焊的焊接参数见表 6 – 11。

表 6 – 11　铝及铝合金自动交流钨极氩弧焊的焊接参数

焊接板厚 /mm	焊接层数	钨极直径 /mm	焊丝直径 /mm	喷嘴孔径 /mm	氩气流量 /(L·min⁻¹)	焊接电流 /A	送丝速度 /(m·h⁻¹)
1	1	$\phi 1.5 \sim \phi 2$	$\phi 1.6$	$\phi 8 \sim \phi 10$	5 ~ 6	120 ~ 160	—
2	1	$\phi 3$	$\phi 1.6 \sim \phi 2$	$\phi 3 \sim \phi 4$	12 ~ 14	180 ~ 220	65 ~ 70
3	1 ~ 2	$\phi 4$	$\phi 2$	$\phi 3 \sim \phi 4$	14 ~ 18	220 ~ 240	65 ~ 70
4	1 ~ 2	$\phi 5$	$\phi 2 \sim \phi 3$	$\phi 3 \sim \phi 4$	14 ~ 18	240 ~ 280	70 ~ 75
5	2	$\phi 5$	$\phi 2 \sim \phi 3$	$\phi 3 \sim \phi 4$	16 ~ 20	280 ~ 320	70 ~ 75
6 ~ 8	2 ~ 3	$\phi 5 \sim \phi 6$	$\phi 3$	$\phi 3 \sim \phi 4$	18 ~ 24	280 ~ 320	75 ~ 80
8 ~ 12	2 ~ 3	$\phi 6$	$\phi 3 \sim \phi 4$	$\phi 3 \sim \phi 4$	18 ~ 24	300 ~ 340	80 ~ 85

模块六　有色金属及其焊接工艺

脉冲 TIG 焊扩大了氩弧焊的应用范围，特别适合焊接铝合金精密零件，尤其适用于薄铝件的焊接。

（3）操作技术要点。

铝及铝合金手工钨极氩弧焊采用高频振荡器或高压脉冲引弧装置引弧，不允许在焊件上接触引弧，熄弧时应在熄弧处加快焊接速度及填丝速度，将弧坑填满后慢慢拉长电弧使之熄灭。

手工钨极氩弧焊一般采用左焊法，焊枪应均匀、平稳地向前做直线运动，弧长要保持稳定；尽量采用短弧焊，以保证熔透和避免出现咬边；填充焊丝与焊件应保持一定角度，一般为 10°~15°，倾角不宜太大，以免扰乱气流和电弧的稳定性。

2）MIG 焊

焊接时焊丝熔化，不受电极温度限制，可以选择较大的焊接电流，因而焊接速度快、生产率高。用于焊接铝及铝合金时通常采用直流反极性，焊接薄、中等厚度板材时，用纯氩作保护气；焊接大厚度工件时，采用氩气 + 氦气作保护气。焊前一般不需要预热，即使厚大工件也只需预热引弧部位。自动 MIG 焊适用于规则的纵缝、环缝及水平位置的焊接；半自动 MIG 焊大多用于定位焊、短焊缝及铝制容器中封头、加强圈及各种内件等的焊接。

确定焊接参数时，应先根据焊件厚度、坡口尺寸选择焊丝直径，再根据熔滴过渡形式（短路过渡或喷射过渡）确定焊接电流、电弧电压及其他焊接参数。

表 6 – 12 所示为纯铝、铝镁合金及硬铝自动 MIG 焊的焊接参数。MIG 焊熔深大，厚度为 6 mm 的铝板对接时可不开坡口；当厚度较大时一般采用较大钝边，但须增大坡口角度，以降低焊缝余高。

表 6 – 13 所示为纯铝半自动 MIG 焊的焊接参数，对于相同厚度的铝锰、铝镁合金，焊接电流应降低 20 ~ 30 A，氩气流量增大 10 ~ 15 L/min。

焊接电流、电弧电压会直接影响焊接过程的稳定性，而无论是自动还是半自动 MIG 焊，保持焊接过程中的参数稳定，是保证焊接质量的关键。采用半自动 MIG 焊时，焊枪的移动由人工操作，这时要注意焊枪沿焊缝的移动速度应使电弧永远保持在熔池上面，若速度过快，致使电弧越出熔池，则容易造成熔合不良；速度太慢，则容易造成烧穿。熄弧时，熔池应一直保持到焊接结束，方法是焊枪在移动方向的反向移动 20 ~ 30 mm，同时增加送丝速度，使熔池逐步缩小直至填满弧坑。续焊时，应先用锉刀修整前段焊道弧坑和起弧部分后再起焊。多层焊时，在焊接每层焊道前均应用不锈钢丝刷清除附着在前层焊道上的黑色粉末，然后才可焊接后层焊道。

表 6 – 12　纯铝、铝镁合金及硬铝自动 MIG 焊的焊接参数

母材牌号	焊丝型号（牌号）	板材厚度/mm	坡口直径		焊丝直径/mm	喷嘴直径/mm	氩气流量/(L·min⁻¹)	焊接电流/A	焊接电压/V	焊接速度/(m·h⁻¹)	备注
			钝边/mm	坡口角度/(°)							
5A05	SAlMg – 5（HS331）	5	—	—	φ2.0	φ22	28	240	21 ~ 22	42	单面焊双面成形

续表

母材牌号	焊丝型号（牌号）	板材厚度/mm	坡口直径 钝边/mm	坡口直径 坡口角度/(°)	焊丝直径/mm	喷嘴直径/mm	氩气流量/(L·min⁻¹)	焊接电流/A	焊接电压/V	焊接速度/(m·h⁻¹)	备注
1060 1050A	SAl－3	6~8	—	—	φ2.5	φ22	30~35	230~260	26~27	25	正、反面均焊一层
		8	4	—				300~320		24~28	
		12	8	—	φ3.0			320~340	28~29	15	
		16	12	100	φ4.0	φ28	40~45	380~420	29~31	17~20	
		20	16	—	φ4.0		50~60	450~490		17~19	
		25	21	—	φ4.0			490~550			
5A02 5A03	SAlMn （HS331）	12	8	120	φ3.0	φ22	30~35	320~350	28~30	24	
		18	14		φ4.0	φ28	50~60	450~470	29~30	18.7	
		25	16		φ4.0	φ28	50~60	490~520	29~30	16~19	
2A11	SAlSi－5 （HS331）	50	6~8	75	—	φ28	—	450~500	24~27	15~18	采用双面U形坡口，钝边为6~8 mm

表 6－13　纯铝半自动 MIG 焊的焊接参数

板厚/mm	坡口形式	坡口尺寸	焊丝直径/mm	焊接电流/A	焊接电压/V	氩气流量/(L·min⁻¹)	喷嘴直径/mm	备注
6	对接	间隙0~2 mm	φ2.0	230~270	26~27	20~25	φ20	反面采用垫板，仅焊一层焊缝
8~12	单面V形坡口	间隙0~2 mm，钝边2 mm，坡口角度70°	φ2.0	240~320	27~29	25~36	φ20	正面焊两层，反面焊一层

续表

板厚/mm	坡口形式	坡口尺寸	焊丝直径/mm	焊接电流/A	焊接电压/V	氩气流量/(L·min⁻¹)	喷嘴直径/mm	备注
14~18	单面V形坡口	间隙0~0.3 mm，钝边10~14 mm，坡口角度90°~100°	φ2.5	300~400	29~30	35~50	φ22~φ24	正面焊两层，反面焊一层
20~25	单面V形坡口	间隙0~0.3 mm，钝边16~21 mm，坡口角度90°~100°	φ2.5~φ3.0	400~450	29~31	50~60	φ22~φ24	

知 识 总 结

　　（1）铝及铝合金焊接前采用化学清理或机械清理的方法将焊件及焊丝表面的氧化膜及油污清理。

　　（2）铝及铝合金焊接时焊接材料的选择需考虑焊缝成分、抗裂性、力学性能及耐蚀性等要求。

　　（3）铝及铝合金焊接时最合适的焊接方法为交流氩弧焊，其特点为热量集中，同时具有"阴极破碎"清理氧化膜的作用。

【任务实施】

1. 焊接方法和焊接参数

采用交流电源的手工钨极氩弧焊的焊接参数见表6-14。

典型铝合金的焊接

表6-14　手工钨极氩弧焊的焊接参数

工件厚度/mm	焊丝直径/mm	钨极直径/mm	焊接电流/A	喷嘴孔径/mm	电弧长度/mm	预热温度/℃
6	φ5~φ6	φ5	240~260	φ14	2~3	不预热
8	φ6	φ6	260~270	φ14	2~3	150

2. 焊接材料

填充材料采用与母材同牌号的 SAl1450 焊丝。为了提高焊缝的耐蚀性，有时也可选用纯度比母材高一些的焊丝。氩气纯度大于99.9%。

3. 焊接坡口与间隙

6 mm 厚板（筒体）不开坡口，装配定位焊后的间隙为 2 mm。8 mm 厚板（封头）开 70°Y 形坡口，钝边为 1~1.5 mm，定位焊后的间隙保证在 3 mm 左右。

4. 焊前准备

由于工件较大，化学清洗有困难，因此采用机械清理。选用丙酮除掉油污，然后用钢丝刷清理坡口及其两侧 30~40 mm 内的氧化膜等，再用刮刀将坡口内表面清理干净。

焊接过程中采用风动钢丝轮进行清理，所用钢丝刷或钢丝轮的钢丝为不锈钢丝，直径小于 ϕ0.15 mm，机械清理后最好马上施焊。

5. 焊接顺序

先焊接焊缝正面，背面清根后再焊一层。

6. 焊后检验

所有环缝和纵缝采用煤油进行渗透性检验和 100% 的 X 射线检测。

【学生学习工作页】

任务结束后，上交本项目学习工作页，见表 6-15。

表 6-15　焊接工艺卡

任务名称			母材			保护气体	
学生姓名（小组编号）			时间			指导教师	
焊前准备 （如清理、坡口制备、预热等）							
焊后处理 （如清根、焊缝质量检测等）							

层次	焊接方法	焊接材料		电源及极性	焊接电流/A	电弧电压/V	焊接速度/(cm·min⁻¹)	热输入/(J·cm⁻¹)
		牌号	规格					

焊接层次、顺序示意图：焊接层次（正/反）：　　　　　技术要求及说明：

【学习评价】

采用自检、互检、教师检查的方式检查学习成果，评分表如表6-16所示。

表6-16　项目评分标准

考评类别	序号	考评项目	分值	考核办法	评价结果	得分
平时考核	1	出勤情况	10	教师点名；组长检查		
	2	小组活动中的表现	10	学生、小组、教师三方共同评价		
技能考核	3	分析焊接性情况	20	学生自查；小组互查；教师终检		
	4	制定焊接工艺情况	20	学生自查；小组互查；教师终检		
素质考核	5	工作态度	10	学生、小组、教师三方共同评价		
	6	个人任务独立完成能力	10	学生、小组、教师三方共同评价		
	7	团队成员间协作表现	10	学生、小组、教师三方共同评价		
	8	安全生产	10	学生、小组、教师三方共同评价		
合计			100	任务一总得分		

项目二　铜及铜合金的焊接

【任务概述】

一变压器调整机构的机头为铸铜件，其成分为 $\omega_{Cu}=66.8\%$，$\omega_{Zn}=22\%$，$\omega_{Al}=5.8\%$，$\omega_{Mn}=11.6\%$。由于浇铸温度偏低而出现了铸造缺陷，有一条长140 mm、深8 mm的裂纹和一处深24 mm、面积约750 mm^{2}的缩孔，如图6-5所示，需要对其补焊，制定合适的焊接工艺。

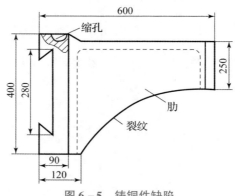

图6-5　铸铜件缺陷

【任务分析】

该焊接任务为铸铜件，铜及铜合金在焊接过程中容易产生难熔合、易变形，容易产生裂纹及气孔等缺陷。因此针对此焊件，需制定合理的焊接工艺，焊后获得合格的焊缝。

【学习目标】

（1）掌握铜及铜合金的焊接性；

（2）制定铜及铜合金的焊接工艺；

（3）操作铜及铜合金的焊接并进行焊缝检测。

【知识准备】

铜及铜合金具有优良的导电性、导热性，高的抗氧化性，以及在淡水、盐水、氨碱溶液和有机化学物质中耐腐蚀的性能（但在氧化性酸中易腐蚀），且具有良好的冷、热加工性能和较高的强度。铜及铜合金在电气、电子、化工、食品、动力、交通、航空、航天及兵器等工业领域得到了广泛应用。

一、铜及铜合金的类型与性能特点

铜及铜合金的种类和性能

铜及铜合金按化学成分分为纯铜、黄铜、青铜及白铜等，见表 6 – 17。

表 6 – 17 铜及铜合金的分类

分类	合金系	性能特点	典型牌号
纯铜	Cu	导电性、导热性好，良好的常温和低温塑性，对大气、海水和某些化学药品的耐蚀性好	T1
黄铜	Cu – Zn	在保持一定塑性的情况下，强度、硬度高，耐蚀性好	H62
青铜	Cu – Sn	较高的力学性能、耐磨性能、铸造性能和耐蚀性能，并保持一定的塑性，焊接性良好	QSn6. 5 – 0. 4
	Cu – Al		QA19 – 2
	Cu – Si		QSi3 – 1
	Cu – Be		QBe0. 6 – 2. 5
白铜	Cu – Ni	力学性能、耐蚀性能较好，在海水、有机酸和各种盐溶液中具有较高的化学稳定性，优良的冷、热加工性能	B19

1. 纯铜

纯铜中铜的质量分数不小于 99.95%，具有很高的导电性、导热性，良好的耐蚀性和塑性。在退火状态（软态）下塑性较高，但强度不高；通过冷加工变形后（硬态），强度和硬度均有提高，但塑性明显下降。冷加工后经 550 ~ 600 ℃退火，塑性可完全恢复。焊接结构一般采用软态纯铜。纯铜的牌号、主要成分和用途见表 6 – 18，其他性能见表 6 – 19。

表 6 – 18 纯铜的牌号、主要成分和用途

组别	牌号	化学成分（质量分数）/%												
		Cu + Ag（最小）值	P	Ag	Bi	Sb	As	Fe	Ni	Pb	Sn	S	Zn	O
纯铜	T1	99.95	0.001	—	0.001	0.002	0.002	0.005	0.002	0.003	0.002	0.005	0.05	0.02
	T2	99.90	—		0.001	0.002	0.002	0.005	—	0.005		0.005	—	
	T3	99.70	—		0.002				—	0.01		—		

表 6 – 19 纯铜的性能

性能	力学性能		物理性能							
指标	抗拉强度/MPa	伸长率/%	密度/(g·cm^{-3})	熔点/℃	热导率/[W·(mK)$^{-1}$]	比热容/[J·(g·K)$^{-1}$]	电阻率/(10^{-8}Ω·m)	线胀系数/(10^{-6}·K)	表面张力/(10^{-5}N·cm)
软态硬态	196~235 392~490	50 6	8.94	1 083	391	0.384	1.68	16.8	1 300

2. 黄铜

黄铜是指以锌为主要合金元素的铜合金，表面呈淡黄色，因此称为黄铜。黄铜的耐蚀性高，冷、热加工性能好，导电性比纯铜差，力学性能优于纯铜，应用较广泛。黄铜的牌号为 H + 两位数字，其中"H"是汉语拼音"黄"的第一个字母，后面两位数字表示铜的质量分数，其余为锌。例如，H96 表示铜的质量分数为 96% 的黄铜。

在黄铜中加入锡、铅、锰、硅、铁等元素就成为特殊黄铜。例如，HPb59 – 1 表示铜的质量分数 59%，铅的质量分数为 1%，其余为锌的特殊黄铜。黄铜的力学性能和物理性能见表 6 – 20。

表 6 – 20 黄铜与青铜的力学性能和物理性能

材料名称	牌号	材料状态或铸模	力学性能			物理性能			
			抗拉强度/MPa	伸长率/%	硬度/HBW	密度/(g·cm^{-3})	线胀系数/(10^{-6}·K)	热导率/[W·(m·K)$^{-1}$]	熔点/℃
黄铜	H68	软态	313.6	55	—	8.5	19.9	117.04	932
		硬态	646.8	3	150				
	H62	软态	323.4	49	56	9.43	20.6	108.68	905
		硬态	588	3	164				

续表

材料名称	牌号	材料状态或铸模	力学性能			物理性能			
			抗拉强度/MPa	伸长率/%	硬度/HBW	密度/$(g \cdot cm^{-3})$	线胀系数/$(10^{-6} \cdot K)$	热导率/$[W \cdot (m \cdot K)^{-1}]$	熔点/℃
青铜	QSn6.5-0.4	砂型	343~441	60~70	70~90	8.8	19.1	50.16	995
		金属型	686~784	7.5~12	160~200				
	QA19-2	软态	441	20~40	80~100	7.6	17.0	71.06	1 060
		硬态	584~784	4~5	160~180				
	QSi3-1	软态	343~392	50~60	80	8.4	15.8	45.98	1 025
		硬态	637~735	1~5	180				

3. 青铜

除铜-锌、铜-镍合金外，其余所有铜合金统称为青铜。按加入铜中的主要合金元素分有锡青铜、铝青铜、硅青铜，等等。如果在此基础上再加入少量其他合金元素，就会获得某些特殊性能的青铜。青铜具有良好的耐磨性、耐蚀性、铸造性能和力学性能。青铜的力学性能和物理性能见表6-20。

4. 白铜

白铜为含镍量低于50%的铜镍合金。如在白铜中加入锰、铁、锌等元素，可形成锰白铜、铁白铜和锌白铜。白铜可分为结构用白铜和电工用白铜，焊接结构中使用的白铜不多。

二、铜及铜合金的焊接性

由于铜及铜合金的化学成分和物理性能有其独特的方面，故铜及铜合金的焊接性较差。在焊接结构中应用较多的是纯铜及黄铜，因此焊接性的分析也主要是针对纯铜和黄铜，其焊接时存在以下问题。

铜及铜合金的焊接性分析

1. 难熔合、易变形

由于铜的导热性很强（铜和大多数铜合金的热导率比普通碳钢大7~11倍），焊接时热量从加热区迅速传导出去，焊件越厚，散热越严重；尽管铜的熔点较低，但焊接区也难以达到熔化温度，因此造成填充金属与母材不能很好熔合，有时被误认为是裂纹，实际上是未熔合。同时，由于导热性好，使得焊接热影响区加宽，线胀系数和收缩率又较大，即使在焊件刚度较小时，也容易产生较大的变形；在刚度较大时，又会在焊接接头中造成很大的焊接应力。

铜在熔化时的表面张力小（比铁小1/3）、流动性好（比铁大1~1.5倍），焊接时容易导致熔化金属流失，因此，铜及铜合金的表面成形能力差。为得到令人满意的焊接接头，除采用大功率、高能量密度的焊接方法外，还必须配合不同温度的预热；单面焊时背面必须附加垫板，以控制焊缝成形，不允许采用悬空单面焊。

2. 热裂纹倾向大

铜及铜合金的焊接裂纹一般出现在焊缝上，也有出现在熔合区及热影响区，裂纹呈晶间破坏特征，从其断面上可以看到明显的氧化色彩。

1）产生热裂纹的主要原因

铜与其中的杂质可形成多种低熔点共晶而引起热裂纹。

（1）铜及铜合金中常存在杂质氧，再加上铜的氧化，在液态铜中生成 Cu_2O，Cu_2O 能溶于液态铜而不溶于固态铜，会形成熔点为 1 064 ℃ 的（$Cu + Cu_2O$）低熔点共晶。实践证明，当焊缝中存在质量分数为 0.2% 以上的 Cu_2O（氧的质量分数约为 0.02%）时会出现热裂纹，用作焊接结构的纯铜，氧的质量分数不应超过 0.03%。

（2）铜及铜合金中的杂质 Bi 和 Pb 本身的熔点低，且在熔池结晶过程中与铜分别生成熔点很低的共晶组织 Cu + Bi（熔点为 270 ℃）和 Cu + Pb（熔点为 326 ℃）。另外，S 能较好地溶解在液态铜中，但当凝固结晶时，其在固态铜中的溶解度几乎为零，S 与铜形成 Cu_2S，$Cu_2S + Cu$ 的共晶温度为 1 067 ℃。这些低熔点的共晶组织分布在枝晶间或晶界处，都将促使焊缝产生热裂纹。

（3）焊接加热时，热影响区的低熔点共晶会重新熔化，在焊接应力作用下会产生热裂纹。

（4）铜及铜合金在焊接时会产生较大的焊接应力；焊接纯铜时，焊缝为单相组织，且由于铜的导热性强，焊缝易生成粗大的柱状晶。这些因素都会加剧热裂纹的生成。

2）防止铜及铜合金产生热裂纹的措施

在采用熔焊方法焊接铜及铜合金时，应根据具体情况采取以下措施来防止热裂纹的产生：

（1）严格限制铜及铜合金中杂质的含量。

（2）增强对焊缝的脱氧能力，一般是在焊丝中加入硅、锰、磷等合金元素进行脱氧。

（3）选用能获得双相组织的焊接材料，使低熔点共晶分散、不连续，打乱柱状晶的方向性，使焊缝晶粒细化。

（4）采用预热、缓冷等措施，以减小焊接应力。

3. 容易形成气孔

熔焊铜及铜合金时，气孔倾向比低碳钢大得多，引起气孔的主要是氢和氧。

1）氢的影响

氢在液态铜中的溶解度较大，从液态转变为固态时溶解度发生突变而大大降低，如图 6-6 所示。铜的热导率比低碳钢大 7 倍以上，焊接时铜焊缝的结晶过程进行得非常快，氢不易析出，已经析出的气泡又来不及上浮逸出而形成气孔。

2）氧的影响

焊接高温下，铜与氧生成 Cu_2O，Cu_2O 不溶于铜而析出，与溶解在液态铜中的 H 或 CO 发生下列反应：

$$Cu_2O + 2H = 2Cu + H_2O \uparrow$$
$$Cu_2O + CO = 2Cu + CO_2 \uparrow$$

形成的水蒸气和二氧化碳气体不溶于铜，由于焊缝结晶速度快，气体来不及逸出而形成焊缝气孔，该气孔称为反应气孔。当铜中含氧量很少时，发生上述气孔的可能性很小；

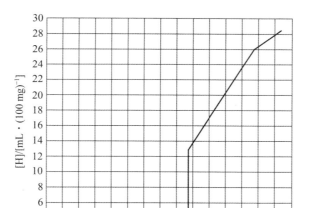

图 6 – 6　氢在液态铜中的溶解度与温度的关系

当铜中含氧量较多时，对反应气孔很敏感。

减少和消除铜焊缝中气孔的主要措施：一是减少氢和氧的来源；二是采取预热措施来延长熔池存在时间，使气体易于逸出。另外，还可以采用含有铝、钛等强脱氧剂的焊丝，也可以收到良好效果。

4. 焊接接头性能下降

铜及铜合金在熔化焊过程中，由于晶粒严重长大以及合金元素的烧损、蒸发和杂质的掺入，使焊接接头的塑性、导电性和耐蚀性下降。

1）塑性显著降低

焊接纯铜时，焊缝与焊接接头的抗拉强度可与母材接近，但塑性比母材低。例如用纯铜焊条焊接纯铜，焊缝金属的抗拉强度与母材相似，但伸长率只有 10%～25%，与母材相差很大；又如纯铜埋弧焊时，焊接接头的抗拉强度虽与母材接近，但伸长率约为 20%，也与母材相差很大。造成这一结果的主要原因：一是焊缝及热影响区晶粒粗大；二是为防止裂纹和气孔，在焊丝中加入了一定量的脱氧元素（如 Mn、Si 等），这样虽可使焊缝金属强度有所提高，但也会导致各种脆性的低熔点共晶出现在晶界上，削弱了金属间的结合力，使接头塑性和韧性显著下降。

2）导电性下降

铜的导电性与其纯度有很大关系，任何元素的掺入都会使其导电性下降。焊接铜及铜合金时，合金元素和杂质的掺入都会不同程度地导致焊接接头的导电性变差。但如果采用保护效果好的焊接方法，如惰性气体保护焊，且焊接材料选用得当，则接头导电能力可达到母材的 90%～95%。

3）耐蚀性降低

铜合金的耐蚀性主要是靠 Mn、Zn、Ni、Al 等元素的合金化获得的。熔焊过程中这些元素的蒸发和氧化烧损会不同程度地使接头的耐蚀性下降。焊接应力的产生又会增加产生应力腐蚀的危险性，对应力腐蚀比较敏感的高锌黄铜尤其明显。

此外，焊接黄铜时，锌容易氧化和蒸发（锌的沸点为 907 ℃），而锌蒸气对人体健康有危害，须采取有效的通风措施。为了防止锌的蒸发和氧化，应采用含硅的填充金属，焊接时可在熔池表面形成一层致密的氧化硅薄膜，阻止锌的氧化和蒸发。

改善接头性能的措施主要是控制杂质含量，减少合金元素的氧化烧损；其次是减少热作用，必要时进行焊后消除应力处理等。

三、铜及铜合金的焊接工艺要点

1. 焊接方法

由于铜的导热性很强，焊接时应该选用功率大、能量密度高的热源，热效率越高、能量越集中，对焊接越有利。铜及铜合金熔焊方法的特点及应用见表 6-21。

铜及铜合金的
焊接工艺要点

表 6-21　铜及铜合金熔焊方法的特点及应用

焊接方法	特点	应用
钨极氩弧焊	焊接质量好，易于操作，焊接成本较高	用于薄板（厚度小于 12 mm），纯铜、黄铜、锡青铜、白铜采用直流正接，铝青铜采用交流，硅青铜采用交流或直流
熔化极氩弧焊	焊接质量好，焊接速度快，效率高，但设备昂贵，焊接成本高	适用板厚大于 3 mm，若板厚大于 15 mm优点更显著，采用直流反接
等离子弧焊	焊接质量好，效率高，节省材料，但设备费用高	板厚为 6~8 mm 可不开坡口，一次焊成，最适合焊接 3~15 mm 的中厚板
焊条电弧焊	设备简单，操作灵活，焊接速度较快，焊接变形较小，但焊接质量较差，易产生焊接缺陷	采用直流反接，适用于 2~10 mm 板厚
埋弧焊	电弧功率大，熔深大，变形小，效率高，焊接质量较好，但容易产生气孔	采用直流反接，适用于 6~30 mm 中厚板
气焊	设备简单，操作方便，但火焰功率低，热量分散，焊接变形大，成形差，效率低	用于小于 3 mm 厚度的不重要结构

2. 焊接材料

1）焊丝

我国常用的焊接铜及铜合金的焊丝见表 6-22。选用铜及铜合金焊丝时，最重要的是控制杂质含量和提高脱氧能力，以防止焊缝出现热裂纹及气孔等焊接缺陷。

表6-22 我国常用的焊接铜及铜合金的焊丝（添加主要用途）

类别	型号	识别颜色	化学成分（质量分数）/%											杂质元素总和	牌号	主要用途
			Cu	Zn	Sn	Si	Mn	Ni	Fe	P	Pb	Al	Ti	S			
铜	HSCu	浅灰	98.0	—	≤1.0	≤0.5	≤0.5	—	—	≤0.15	≤0.02	≤0.01	—	—	≤0.50	HS201	用于耐海水腐蚀等钢件的堆焊
黄铜	HSCuZn-1	大红	57.0~61.0	余量	0.5~1.5	—	—	—	—	—	≤0.05	≤0.01	—	—	—	—	用于轴承和耐腐蚀表面的堆焊
黄铜	HSCuZn-2	苹果绿	56.0~60.0	余量	0.8~1.1	0.04~0.15	0.01~0.5	—	0.25~1.2	—	≤0.05	≤0.01	—	—	—	—	
黄铜	HSCuZn-3	紫蓝	56.0~62.0	余量	0.5~1.5	0.1~0.5	≤1.0	≤1.5	≤0.5	—	≤0.05	≤0.01	—	—	—	—	
黄铜	HSCuZn4	黑色	61.0~63.0	余量	—	0.3~0.7	—	—	—	—	≤0.05	≤0.01	—	—	—	—	
白铜	HSCuZnNi	棕色	46.0~50.0	余量	—	≤0.25	—	9.0~11.0	—	≤0.25	≤0.05	≤0.02	—	—	≤0.5	—	用于钢件的堆焊
白铜	HSCuNi	中黄	余量	—	—	≤0.15	≤1.0	29.0~32.0	0.40~0.75	≤0.02	≤0.02	—	0.20~0.50	≤0.01	≤0.5	—	
青铜	HSCuSi	紫红	余量	≤1.5	≤1.1	2.8~4.0	≤1.5	—	≤0.5	—	≤0.2	—	—	—	≤0.5	HS211	用于耐腐蚀表面的堆焊，不能用于轴承的堆焊
青铜	HSCuSn	粉红	余量	—	6.0~9.0	—	—	—	—	0.10~0.35	≤0.2	0.01	—	—	≤0.5	HS212	用于轴承及抗腐蚀表面的堆焊
青铜	HSCuAl	中蓝	余量	≤0.10	—	≤0.10	≤2.0	—	—	—	≤0.2	7.0~9.0	—	—	≤0.5	HS213	用于耐腐蚀表面的堆焊
青铜	HSCuAlNi	中绿	余量	≤0.10	—	≤0.10	0.5~3.0	0.5~3.0	2.0	—	≤0.2	7.0~9.0	—	—	≤0.5	HS214	用于耐磨、耐腐蚀表面的堆焊

焊接纯铜的焊丝中主要添加了 Si、Mn、P 等脱氧元素，对导电性要求高的纯铜不宜选用含 P 的焊丝。黄铜焊丝中常加入 Si，既可防止 Zn 的蒸发、氧化，还可提高焊缝金属的抗裂性和耐蚀性。在焊丝中加入强脱氧元素 Al，除可作为脱氧剂和合金剂外，还可以细化焊缝晶粒，提高接头塑性和耐蚀性。但脱氧剂过多会形成过多的高熔点氧化物而导致夹杂缺陷。此外，焊丝中加入 Fe 可提高焊缝金属的强度和耐磨性；适量加入 Sn 可提高焊丝的柔性，改善焊丝的工艺性能。

2）焊条

铜焊条分为纯铜焊条和青铜焊条两大类。由于黄铜中的 Zn 容易蒸发，极少采用焊条电弧焊，因此没有黄铜焊条，必要时可采用青铜焊条。常用铜及铜合金焊条见表 6 – 23。

表 6 – 23   常用铜与铜合金焊条

国际型号	药皮类型	焊缝主要化学成分（质量分数）/%	焊缝金属性能	主要应用范围
ECu	低氢型	纯铜 $\omega_{Cu} > 99$	$R_m \geq 176$ MPa	在大气及海水介质中具有良好的耐蚀性，用于焊接脱氧或无氧铜结构件
ECuSi	低氢型	硅青铜 $\omega_{Si} \approx 3$ $\omega_{Mn} < 1.5$ $\omega_{Sn} < 1.5$ Cu 余量	$R_m \geq 340$ MPa $A \geq 20\%$ $110 \sim 130$ HV	适用于纯铜、硅青铜及黄铜的焊接，以及化工管道等内衬的堆焊
ECuSnB	低氢型	磷青铜 $\omega_{Sn} \approx 8$ $\omega_P \leq 0.3$ Cu 余量	$R_m \geq 274$ MPa $A \geq 20\%$ $80 \sim 115$ HV	适合焊纯铜、黄铜、磷青铜，堆焊磷青铜轴衬、船舶推进器叶片
ECuAl	低氢型	铝青铜 $\omega_{Al} \approx 8$ $\omega_{Mn} \leq 2$ Cu 余量	$R_m \geq 392$ MPa $A \geq 15\%$ $120 \sim 160$ HV	用于铝青铜及其他铜合金、铜合金与钢的焊接

3. 焊前准备

1）接头形式及坡口制备

搭接接头、T 形接头、内角接接头散热快，不易焊透，焊后清除焊件缝隙中的熔剂及焊渣很困难，所以尽可能不采用这些接头。应采用散热条件对称的对接接头和端接接头，并根据母材厚度和焊接方法的不同，制备相应的坡口。不同厚度（厚度差大于 3 mm）的纯铜板对接焊时，厚度大的一端须按规定削薄；开坡口的单面焊对接接头要求背面成形时，须在铜板背面加成形垫板。一般情况下，铜及铜合金不宜立焊和仰焊。

2）焊前清理

铜及铜合金对焊前清理的要求比较严格，焊丝及工件表面的清理方法见表 6 – 24。经清理合格的工件应及时施焊。

表 6 – 24　铜合金的焊前清理方法

目的		清理内容及工艺
去油污		1. 清除氧化膜之前，将待焊处坡口及其两侧各 30 mm 内的油污、脏物等杂质，用汽油、丙酮等有机溶剂进行清洗。 2. 用温度为 30～40 ℃的 10% 氢氧化钠水溶液清除坡口油污→用清水冲洗干净→置于质量分数为 35%～40% 的硝酸（或质量分数为 10%～15% 的硫酸）水溶液中浸渍 2～3 min→清水冲洗干净→烘干
去除氧化膜	机械清理	用风动钢丝轮、钢丝刷或砂布打磨焊丝和焊件表面，直至露出金属光泽
	化学清理	置于 70 mL/L 的 HNO_3 + 100 mL/L 的 H_2SO_4 + 1 mL/L 的 HCl 的混合溶液中进行清洗后，用碱水中和，再用清水冲净，然后用热风吹干

4. 焊接工艺要点

1）钨极氩弧焊（TIG 焊）

钨极氩弧焊电弧能量集中、热影响区窄、操作灵活，是铜及铜合金熔焊方法中应用最广泛的一种，特别适合于中、薄板和小件的焊接与补焊。铜及铜合金 TIG 焊的焊接参数见表 6 – 25。

表 6 – 25　铜及铜合金 TIG 焊的焊接参数

材料	板厚/mm	钨极直径/mm	焊丝直径/mm	焊接电流/A	氩气流量	预热温度/℃	备注
纯铜	3	$\phi3～\phi4$	$\phi2$	200～240	14～16	不预热	不开坡口对接
	6	$\phi4～\phi5$	$\phi3～\phi4$	280～360	18～24	400～450	V 形坡口，钝边 1.0 mm
硅青铜	3	$\phi3$	$\phi2～\phi3$	120～160	12～16	不预热	不开坡口对接
	9	$\phi5～\phi6$	$\phi3～\phi4$	250～300	18～22		V 形坡口对接
锡青铜	1.5～3.0	$\phi3$	$\phi1.5～\phi2.5$	100～180	12～16	不预热	不开坡口对接
	7	$\phi4$	$\phi4$	210～250	16～20		V 形坡口对接
铝青铜	3	$\phi4$	$\phi4$	130～160	12～16	不预热	V 形坡口对接
	9	$\phi5～\phi6$	$\phi3～\phi4$	210～330	16～24		V 形坡口对接
白铜	<3	$\phi3～\phi5$	$\phi3$	300～310	18～24	不预热	V 形坡口对接
	3～9		$\phi3～\phi4$	300～310			

铜及铜合金 TIG 焊一般采用直流正极性，以使焊件获得较多的热量和较大的熔深。当焊件厚度小于 4 mm 时可以不预热；焊 4～12 mm 厚的纯铜时需要预热至 300～500 ℃，青铜和白铜可降至 150～200 ℃（也可以不预热）；硅青铜、磷青铜不预热并严格控制层间温度在 100 ℃以下；补焊大尺寸的黄铜和青铜铸件时，一般需要预热 200～300 ℃。如采用

Ar + He 混合气体 TIG 焊接铜及铜合金，则可以不预热。

用于焊接铜及铜合金的焊丝有专用焊丝和通用焊丝两大类，不同的铜合金，选择焊丝的重点也不同。

对纯铜和白铜，由于材料本身不含脱氧元素，焊接时应选用含有 Si、P 或 Ti 等脱氧剂的无氧铜焊丝和白铜焊丝，如 HSCu 或 HSCuNi 等。

对于黄铜，为避免 Zn 的蒸发和氧化烧损对环境造成污染，选择的填充金属应不含 Zn。例如：焊接普通黄铜时，选无氧铜 + 脱氧剂的锡青铜焊丝，如 HSCuSnA 等；焊接高强度黄铜时，采用青铜 + 脱氧剂的硅青铜焊丝或铝青铜焊丝，如 HSCuSi、HSCuAl 等。

对于青铜，其材料本身所含合金元素具有较强的脱氧能力，所选用焊丝合金元素的含量应略高于母材，可以补充氧化烧损部分即可，如硅青铜焊丝 HSCuSi、铝青铜焊丝 HSCuAl、锡青铜焊丝 HSCuSnA 等。

2）熔化极氩弧焊（MIG 焊）

MIG 焊是焊接中、厚板铜及铜合金的理想方法，其电流密度大，电弧穿透力强，焊接速度快，焊缝成形美观及焊接质量高，在生产中得到了广泛应用。

MIG 焊焊接铜合金时应采用直流反极性、大电流、高焊接速度。在焊件厚度大于 6 mm 或焊丝直径大于 6 mm 的 V 形坡口焊接时需要预热。对于硅青铜和锡青铜，根据其脆性及高强度的特性，焊后应进行消除应力退火和 500 ℃保温 3 h 的时效硬化处理。铜及铜合金 MIG 焊的焊接参数见表 6 – 26。MIG 焊所选焊丝与 TIG 焊完全一样。

表 6 – 26　铜及铜合金 MIG 焊的焊接参数

材料	板厚 /mm	坡口形式	焊丝直径 /mm	焊接电流 /A	焊接电压 /V	氩气流量 /(L · min⁻¹)	预热温度 /℃
纯铜	3	I 形	$\phi1.6$	300 ~ 350	25 ~ 30	16 ~ 20	—
	10	V 形	$\phi2.5 ~ \phi3$	480 ~ 500	32 ~ 25	25 ~ 30	400 ~ 500
	20	V 形	$\phi4$	600 ~ 700	28 ~ 30	25 ~ 30	600
	22 ~ 30	V 形	$\phi4$	700 ~ 750	32 ~ 36	30 ~ 40	600
黄铜	3	I 形	$\phi1.6$	275 ~ 285	25 ~ 28	16	—
	9	V 形	$\phi1.6$	275 ~ 285	25 ~ 28	16	—
	12	V 形	$\phi1.6$	275 ~ 285	25 ~ 28	16	—
锡青铜	3	I 形	$\phi1.6$	300 ~ 335	26 ~ 27	—	—
	9	V 形	$\phi1.6$	315 ~ 350	28 ~ 29	18	100 ~ 150
	12	V 形	$\phi1.6$	300 ~ 350	29 ~ 30	18	200 ~ 250
铝青铜	3	I 形	$\phi1.6$	260 ~ 300	26 ~ 28	20	—
	9	V 形	$\phi1.6$	300 ~ 330	26 ~ 28	20 ~ 25	—
	18	V 形	$\phi1.6$	320 ~ 350	26 ~ 28	30 ~ 35	—

3）焊条电弧焊

铜及铜合金焊条能使铜及铜合金焊缝中的含氧量、含氢量增加，容易形成气孔，因此焊接过程中应控制焊接参数。焊前焊条要经 200～250 ℃烘干 2 h，以去除药皮吸附的水分。焊前及多层焊的层间要对工件进行预热，预热温度根据材料的热导率和工件厚度来选择。纯铜的预热温度为 300～600 ℃；黄铜的导热性比纯铜差，为抑制 Zn 的蒸发，预热温度应为 200～400 ℃；锡青铜和硅青铜的预热温度不应超过 200 ℃；磷青铜的流动性差，预热温度不超过 250 ℃。

为了改善接头性能和减小焊接应力，焊后应对焊缝与接头进行热态和冷态的锤击。对性能要求较高的接头，应采用焊后高温热处理来消除应力和改善接头韧性。铜及铜合金焊条电弧焊的焊接参数见表 6 - 27。

表 6 - 27　铜及铜合金焊条电弧焊的焊接参数

材料	板厚 /mm	坡口形式	焊条直径 /mm	焊接电流 /A	说明
纯铜	2～4	I 形	$\phi3.2$，$\phi4$	110～220	铜及铜合金采用焊条电弧焊时所选用的电流一般可按公式 $I = (3.5 \sim 4.5)d$（d 为焊条直径）来确定，并要求：①随着板厚的增加，热量损失增大，焊接电流选用上限，甚至可能超过焊条直径的 5 倍；②在一些特殊的情况下，工件的预热受到限制，也可适当提高焊接电流予以补偿
	5～10	V 形	$\phi4 \sim \phi7$	180～380	
黄铜	2～3	I 形	$\phi2.5$，$\phi3.2$	50～90	
铝青铜	2～4	I 形	$\phi3.2$，$\phi4$	60～150	
	6～12	V 形	$\phi5$，$\phi6$	230～300	
锡青铜	1.5～3	I 形	$\phi3.2$，$\phi4$	60～150	
	4～12	V 形	$\phi3.2 \sim \phi6$	150～350	

4）气焊

氧乙炔气焊适用于薄铜件的焊接、铜件的修补或不重要结构的焊接。气焊纯铜时常用含有 P、Si、Mn 等合金元素的焊丝，以便对熔池脱氧。气焊时必须使用气焊熔剂，该熔剂主要由硼酸盐、卤化物或它们的混合物组成，见表 6 - 28。

表 6 - 28　铜及铜合金气焊熔剂

牌号	化学成分（质量分数）/%						应用范围
	$Na_2B_4O_7$	H_3BO_3	NaF	NaCl	KCl	其他	
CJ301	17.5	77.5	—	—	—	$AlPO_4$ 4～5.5	铜及铜合金气焊、钎焊
CJ401	—	—	7.5～9.0	27～30	49.5～52	LiAl 13.5～15	青铜气焊

气焊纯铜时应严格采用中性焰，因为氧化焰会造成焊缝的氧化和合金元素烧损，碳化焰会使焊缝含氢量增加而产生气孔。纯铜气焊一般需要预热，以防产生应力、裂纹等焊接缺陷。薄板和小尺寸件的预热温度一般为 400～500 ℃，厚大焊件的预热温度要提高到

500～600 ℃。黄铜和青铜的预热温度可适当降低。

由于铜的热导率高，故焊接时应选择比碳钢大 1～2 倍的火焰能率。焊接薄板一般采用左焊法，以抑制晶粒长大；焊接 6 mm 以上的板时则采用右焊法，以便于观察熔池和操作方便，同时能提高母材的加热温度。每条焊缝最好采用单道焊，并且一次焊完，焊接中间不要随意中断。对较长的焊缝，要留有足够的收缩余量，并且焊前要进行定位焊，焊接时采用分段退焊法，以减小变形。对受力较大或重要的铜焊件，必须采取焊后锤击接头和热处理工艺措施，以提高接头性能。

知 识 总 结

（1）铜及铜合金焊接时的主要问题是难熔合、易变形，热裂纹及气孔倾向大，焊接接头性能下降。

（2）铜及铜合金的焊接选用能量密度高的热源，如钨极氩弧焊。

【任务实施】

典型铜及
铜合金的焊接

由于铸铜件尺寸较大，补焊时散热快，应采用热量集中的热源，因此选用焊条电弧焊进行焊补，其焊补工艺如下。

1. 坡口制备

在裂纹处开 65°～70°V 形坡口，在缩孔处用扁铲铲除杂质后开 U 形坡口，并将坡口两侧 20 mm 以内清理干净，直至露出金属光泽。

2. 焊条及焊机

选用 ECu（T107）焊条，焊条直径为 φ4 mm，焊前经 350 ℃烘干 2 h。焊机型号为AX1－500，直流反接。

3. 补焊工艺

将焊件放入炉中加热至 400 ℃，出炉后置于平焊位置。先焊裂纹处，采用短弧焊接，从裂纹两端向中间焊。焊接第一层时，焊接电流为 170 A，焊条做直线往复运动，焊接速度要快；第二层的焊接电流要比第一层略小些（160 A），焊条做适当的横向摆动，保证边缘熔合良好。焊后使焊缝略高于焊件表面 1 mm，整条焊缝一次焊成。

对缩孔焊接时，填充量较大，采用堆焊方法，焊道顺序如图 6－7 所示。堆焊时采用焊接电流在某一层大一些（160 A）、在另一层小一些（150 A）的方法，各层之间要严格清渣。堆焊至高出焊件表面 1 mm 为宜。

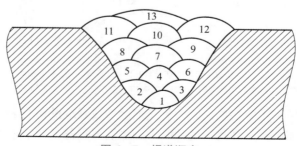

图 6－7　焊道顺序

焊后锤击焊道，消除应力，使组织致密，改善力学性能。在室内自然冷却即可。

经过机械加工后，除焊缝颜色与母材略有不同外，未发现有裂纹、夹渣、气孔等缺陷。

【学生学习工作页】

任务结束后，上交本项目学习工作页，见表 6 – 29。

表 6 – 29　焊接工艺卡

任务名称			母材			保护气体	
学生姓名（小组编号）			时间			指导教师	
焊前准备 （如清理、坡口制备、预热等）							
焊后处理 （如清根、焊缝质量检测等）							

层次	焊接方法	焊接材料		电源及极性	焊接电流/A	电弧电压/V	焊接速度/(cm·min⁻¹)	热输入/(J·cm⁻¹)
		牌号	规格					

焊接层次、顺序示意图：焊接层次（正/反）：

技术要求及说明：

【学习评价】

采用自检、互检、教师检查的方式检查学习成果，评分表如表 6 – 30 所示。

表 6 – 30　项目评分标准

考评类别	序号	考评项目	分值	考核办法	评价结果	得分
平时考核	1	出勤情况	10	教师点名；组长检查		
	2	小组活动中的表现	10	学生、小组、教师三方共同评价		
技能考核	3	分析焊接性情况	20	学生自查；小组互查；教师终检		
	4	制定焊接工艺情况	20	学生自查；小组互查；教师终检		
素质考核	5	工作态度	10	学生、小组、教师三方共同评价		
	6	个人任务独立完成能力	10	学生、小组、教师三方共同评价		
	7	团队成员间协作表现	10	学生、小组、教师三方共同评价		
	8	安全生产	10	学生、小组、教师三方共同评价		
合计			100	任务一总得分		

项目三　钛及钛合金的焊接

【任务概述】

生产硫酸铵设备上的加热器采用 TA3 工业纯钛制成。加热器为管板结构，高度为 1 000 mm，内径为 ϕ1 200 mm，管板的尺寸为 1 340 mm × 22 mm，内循环管尺寸为 ϕ400 mm × 4 mm，内循环板及外套板的厚度为 4 mm，加热器内装有 ϕ33 mm × 2 mm 的列管 384 根。其焊接工艺如下。

【任务分析】

TA3 为工业纯钛，工业纯钛及钛合金焊接时容易产生接头区的脆化，焊接裂纹和气孔的倾向也较大。焊接时需要制定合理的焊接工艺，确保加热器用 TA3 焊接接头满足其工艺要求和使用要求。

【学习目标】

（1）掌握工业纯钛及钛合金的焊接性；
（2）制定工业纯钛及钛合金的焊接工艺；
（3）焊接工业纯钛及钛合金并进行焊缝检测。

【知识准备】

钛是地壳中储量十分丰富的元素，居第四位。钛及钛合金是优良的结构材料，具有密

钛及钛合金的种类和性能

度小（约为 4.5 g/cm³）、比强度高、耐热性好（钛合金在 300～550 ℃高温下仍具有足够的强度，而铝合金和镁合金的最高使用温度不能超过 150～250 ℃）、耐蚀性好、低温冲击韧度高、可加工性好等特点，因此在航空航天、化工、造船、冶金、仪器仪表等领域得到了广泛应用。

一、钛及钛合金的类型与性能特点

1. 工业纯钛

工业纯钛呈银白色，密度小、熔点高、线胀系数小、导热性差。其纯度越高，强度和硬度越低，塑性越好，易于加工成形。钛在 885 ℃以下为密排六方晶格，称为 α 钛；在 885 ℃以上为体心立方晶格，称为 β 钛。钛合金的同素异构转变温度随加入合金元素种类和数量的不同而变化。工业纯钛的再结晶温度为 550～650 ℃。

工业纯钛中的杂质有 H、O、Fe、Si、C、N 等，其中 C、N、O 与钛形成间隙固溶体，Fe、Si 等元素与钛形成置换固溶体，起固溶强化作用，可显著提高钛的强度和硬度，降低其塑性和韧性。H 以置换方式固溶于钛中，微量的 H 既能使钛的韧性急剧降低，又能引起氢脆。

工业纯钛根据杂质（主要是 O 和 Fe）含量以及强度差别分为 TA1ELI、TAL、TA1－1、TA2ELI、TA2、TA3ELI、TA3、TA4ELI 和 TA4 共 9 个牌号，随数字序号增加，杂质含量增加，强度增加，塑性下降。

钛的物理性能见表 6－31。工业纯钛具有很高的化学活性，钛与氧的亲和力很强，在室温条件下即可于表面形成一层致密而稳定的氧化膜。由于氧化膜的保护作用，使钛在硝酸、稀硫酸、磷酸、氯盐溶液以及各种浓度的碱液中都具有良好的耐蚀性。

表 6－31 钛的物理性能

密度 /(g·cm⁻³)	熔点 /℃	比热容 /[J·(kg·K)⁻¹]	热导率 /[J·(m·K)⁻¹]	电阻率 /(4)·cm	线胀系数 /(10⁻⁶·K⁻¹)
4.5	1 668	522	16	42	8.4

工业纯钛具有良好的焊接性，常被用作其他钛合金的填充金属。工业纯钛的板材和棒材可用于制造在 350 ℃以下工作的零件，如飞机蒙皮、隔热板、热交换器、化学工业中的耐蚀结构等。

2. 钛合金

钛合金的分类方法很多，按照钛的同素异构体和退火组织可分为 α 型钛合金、β 型钛合金和 α＋β 型钛合金，其牌号分别以 T 加 A、B、C 和顺序数字表示。其中 A 表示 α 型钛合金，B 表示 β 型钛合金，C 表示 α＋β 型钛合金。常用钛及钛合金的力学性能见表 6－32。

表 6－32 常用钛及钛合金的力学性能

合金系	合金牌号	材料状态	板材厚度	室温力学性能（不小于）	
				抗拉强度/MPa	伸长率/%
工业纯钛（α 型）	TA1	退火	0.3～2.0 2.1～10.0	370～530	40 30

续表

合金系	合金牌号	材料状态	板材厚度	室温力学性能（不小于）	
				抗拉强度/MPa	伸长率/%
钛铝合金（α 型）	TA6	退火	0.8～2.0 2.1～10.0	685	15 12
钛铝锡合金（α 型）	TA7	退火	0.8～2.0 2.1～10.0	735～930	20 12
钛铝钼铬合金（β 型）	TB2	淬火 淬火＋时效	1.0～3.5	≤980 1 320	20 8
钛铝锰合金 （α＋β 型）	TC1	退火	0.5～2.0 2.1～10.0	590～735	25 20
钛铝钒合金 （α＋β 型）	TC4	退火	0.8～2.0 2.1～10.0	895	12 10

1）α 型钛合金

α 型钛合金是通过加入 α 稳定元素 Al 和中性元素 Sn 等经固溶强化而形成的。Al 的加入可使钛合金的再结晶温度提高，同时也提高了其耐热性和力学性能，但加入量不宜过多，否则易出现 Ti_3Al 相而引起脆性。通常 Al 的质量分数不超过 7%。

α 型钛合金具有高温强度高、韧性好、抗氧化能力强、焊接性好、组织稳定等特点，比工业纯钛强度高，但加工性比 β 型和 α＋β 型钛合金差。α 型钛合金不能通过热处理强化，但可以通过 600～700 ℃ 退火消除加工硬化，也可通过 550～650 ℃ 不完全退火消除焊接应力。

2）β 型钛合金

β 型钛合金含有很高比例的 β 稳定元素如 Mo 和 V 等，使 β 型向 α 型转变进行得很缓慢，在一般工艺条件下，组织几乎全部为 β 相。通过时效处理，β 型钛合金的强度可以得到提高。

β 型钛合金在单一 β 相条件下加工性能良好，并具有加工硬化性能；但在室温和高温下性能差，脆性大，焊接性差，易形成冷裂纹，在焊接结构中较少使用。

3）α＋β 型钛合金

α＋β 型钛合金是由以 α 钛为基体的固溶体和以 β 钛为基体的固溶体两相组织构成的，可以通过热处理强化获得高强度。该类合金强度高、耐热性好、热稳定性好。随 α 相比例增加，加工性能变差；随 β 相比例增加，焊接性变差。α＋β 型钛合金在退火状态下断裂韧性高，在淬火＋时效热处理状态下比强度大，故其力学性能可在较大范围内变化。

α＋β 型钛合金的典型牌号是 TC4（即 Ti4A14V），其综合性能良好，焊接性在 α＋β 型钛合金中最好，是航空航天工业中应用最多的一种钛合金。

二、钛及钛合金的焊接性

1. 焊接接头区的脆化

钛是一种化学活性很高的金属，它在常温下与氧发生反应生成致密的氧化膜，此氧化膜稳定性高且具有耐蚀性，而 540 ℃以上生成的氧化膜则不致密。钛在高温下与 O、N、H 反应剧烈，随温度的升高，钛及钛合金吸收 O、N、H 的能力也随之明显升高，如图 6 – 7 所示。由图 6 – 8 可见，钛从 250 ℃开始吸 H，从 400 ℃开始吸 O，从 600 ℃开始吸 N，这些杂质的吸收都将造成钛的塑性降低，从而引起接头区的脆化。因此焊接钛及钛合金时，对于刚凝固的焊缝金属及近缝区的高温金属，无论是正面还是背面，都必须进行有效保护。为此，钛及钛合金的焊接不能采用气焊和焊条电弧焊，也不能采用常规的气体保护焊的焊枪结构和工艺，而是采用高纯度的氩气和带有拖罩的焊枪，以便对焊缝及 400 ℃以上的高温区进行保护，同时需要对焊缝背面 400 ℃以上的焊接区进行有效保护。

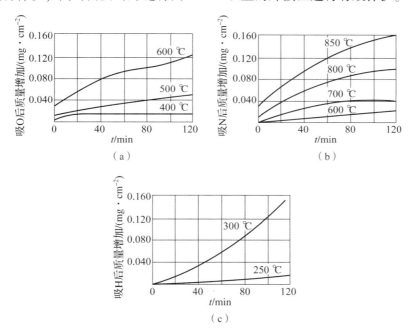

（a）   （b）

（c）

图 6 – 8 钛吸收 O、N、H 的强烈程度与温度、时间的关系

2. 焊接区裂纹倾向大

1）热裂纹

由于钛及钛合金中 S、P 等杂质的含量少，焊接时很少有低熔点共晶在晶界处生成，而且结晶温度区间窄，焊缝凝固时收缩量小，因此对热裂纹的敏感性低。

钛及钛合金的
焊接性分析

2）冷裂纹和延迟裂纹

当焊缝含 O、N 量较高时，焊缝或热影响区金属性能变脆，在较大的焊接应力作用下会出现裂纹。这种裂纹一般是在较低温度下形成的。

焊接钛合金时，会在热影响区出现延迟裂纹，这种裂纹可以延迟几小时、几天甚至几个月后出现。产生延迟裂纹的主要原因是 H，H 由熔池向热影响区扩散，引起热影响区 H

含量增加，致使该区析出 TiH_2，使热影响区脆性增大；同时，由于析出氢化物时体积膨胀产生较大的组织应力，以致形成裂纹。延迟裂纹的防止方法主要是减少焊接接头的含氢量，必要时应进行真空退火处理。

此外，钛的熔点高、热容量大、导热性差，因此焊接时易形成较大的熔池，并且熔池温度高，使得焊缝及热影响区金属高温停留时间长，晶粒长大倾向明显，使接头塑性和韧性降低，容易产生裂纹。长大的晶粒难以用热处理方法恢复，因此焊接时应严格控制焊接热输入。

3. 容易形成焊缝气孔

气孔是焊接钛及钛合金中常见的焊接缺陷。影响焊缝中气孔的主要因素包括材质和工艺两个方面。

1）材质因素

氩气、母材及焊丝中含有的气体，如 O_2、N_2、H_2、CO_2、H_2O 等都会引起焊缝气孔。当这些气体在氩气、母材及焊丝中的含量增加时，气孔倾向明显增大，但 N_2 对焊缝气孔影响较弱。

材质表面状况对生成焊缝气孔也有较大影响。母材及焊丝表面的水分、油脂、氧化物（常含有结晶水）、含碳物质、砂粒、有机纤维及吸附的气体等，都会促使钛及钛合金焊缝生成气孔。

2）工艺因素

氢是焊接钛及钛合金时生成气孔的主要因素，当焊缝含氢量增加时，气孔倾向明显增加。熔池的存在时间对氢气孔的形成也起着重要作用。当熔池的存在时间很短时，氢的扩散过程不充分，即使有气泡核存在也来不及形成气泡，所以不会产生气孔；当熔池存在时间逐渐增加时，有利于氢向气泡核扩散并形成气泡，所以焊缝中气孔有增加的趋势；当熔池存在时间较长时，有利于气泡的逸出，所以焊缝中的气孔逐渐减少。

焊缝中的气孔不仅会减小受力面积、引起应力集中，还会使气孔周围金属的塑性降低，甚至导致整个接头断裂破坏，因此必须严格控制焊缝气孔。防止产生气孔的关键是杜绝气体的来源，防止焊接区被污染，通常采取以下措施：

（1）严格限制原材料中 H、O、N 等杂质气体的含量。焊前仔细清除母材及焊丝表面的氧化膜、油污等污染物，特别是对接端面要先用机械方法进行清理，再进行酸洗，最后用清水清洗。清理后的焊件存放时间不应超过 2 h，否则要用玻璃纸包好存放，以防吸潮。

（2）选用高纯度的氩气。氩气纯度应不低于 99.99%，氩气管不宜用橡皮管，而应用尼龙管。

（3）延长熔池存在时间，以便气泡逸出；控制氩气流量，防止湍流现象将空气带入焊接区。

（4）正确选择焊接方法。选用氩弧焊、真空电子束焊或等离子弧焊等方法。

三、钛及钛合金的焊接工艺要点

1. 焊前准备

1）坡口形式及定位焊

钛及钛合金在选择坡口形式和尺寸时，应尽量减少焊接层数和填充金属量，以降低焊

钛及钛合金的
焊接工艺要点

缝金属吸收气体量的累积，防止接头塑性下降。

钛及钛合金 TIG 焊的坡口形式及尺寸见表 6-33。搭接接头由于背面保护困难，故尽量不采用；母材厚度小于 2.5 mm 的不开坡口对接接头，可不填加焊丝进行焊接；厚度大的母材需开坡口并填加焊丝，且应尽量采用平焊。坡口加工应采用刨、铣等冷加工方法，以防热加工时容易出现的坡口边缘硬度增高现象。

表 6-33　钛及钛合金 TIG 焊的坡口形式及尺寸

坡口形式	板厚/mm	坡口形式		
		间隙/mm	钝边/mm	角度 α/(°)
不开坡口	0.25 ~ 2.3	0	—	—
	0.8 ~ 3.2	0 ~ 0.1	—	—
V 形	1.6 ~ 6.4	0 ~ 0.1	0.1 ~ 0.25	30 ~ 60
	3.0 ~ 13			30 ~ 90
X 形	6.4 ~ 38			30 ~ 90
U 形	6.4 ~ 25			15 ~ 30
双 U 形	29 ~ 51			15 ~ 30

钛具有一些特殊物理性能，如表面张力大、黏度小，故焊前须仔细装配工件。一般定位焊点间距为 100 ~ 150 mm，定位焊缝长度为 10 ~ 15 mm。定位焊所用的焊丝、焊接参数及保护气体等与焊接时相同，装配时严禁敲击和划伤工件表面。

2）机械清理

对于焊接质量要求不高或酸洗有困难的焊件（在 600 ℃ 以上形成的氧化皮很难用化学方法清除），可以采用细砂布或不锈钢丝刷擦拭，或用硬质合金刮刀刮削待焊边缘 0.025 mm 的厚度，即可除去氧化膜，然后用丙酮、乙醇、四氯化碳或甲醇等有机溶剂去除坡口两侧的油污及有机物等。

3）化学清理

焊前经过热加工或在无保护情况下进行热处理的工件，须进行清理，一般先采用喷丸或喷砂清理表面，然后进行化学清理。

如果钛板热轧后已经过酸洗，存放后又生成氧化膜，可将钛板浸泡在 HF（质量分数为 2% ~ 4%）+ HNO_3（质量分数为 30% ~ 40%）+ H_2O（余量）的溶液中 15 ~ 20 min，然后用清水清洗干净并烘干。

热轧后未经酸洗的钛板，由于氧化膜较厚，故须先进行碱洗。方法是将钛板浸泡在含 NaOH80%、$NaHCO_3$20% 的浓碱水溶液中 10 ~ 15 min，溶液温度保持在 40 ~ 50 ℃。碱洗后取出用清水冲洗，再进行酸洗。酸洗液的配方为：每升溶液中 $HNO_3$55 ~ 60 mL、HCl 340 ~ 350 mL、HF 5 mL，酸洗时间为 10 ~ 15 min。取出后分别用热水、冷水冲洗，并用白布擦拭，然后晾干。

经酸洗的焊件、焊丝应在 4 h 内完成焊接，否则要重新进行酸洗。焊丝应存放在150 ~

200 ℃的烘箱内，随用随取，为防止污染焊丝，取焊丝时应带洁净的白手套。

2. 焊接方法

钛及钛合金的化学性质活泼，与 O、H、N 的反应能力很强，焊接时需要进行严格的保护。钛及钛合金的主要焊接方法及其特点见表 6 – 34，其中应用最多的是 TIG 焊和 MIG 焊。

表 6 – 34　钛及钛合金的主要焊接方法及其特点

焊接方法	特点
钨极氩弧焊	1. 多用于薄板的焊接，板厚在 3 mm 以上时需采用多层焊； 2. 熔深浅，焊道平滑； 3. 适用于补焊
熔化极氩弧焊	1. 熔深大，熔敷量大； 2. 飞溅较大； 3. 焊缝外形较钨极氩弧焊差
等离子弧焊	1. 熔深大； 2. 10 mm 的板厚可以一次焊成； 3. 手工操作困难
电子束焊	1. 熔深大，污染少； 2. 焊缝窄、热影响区小，焊接变形小； 3. 设备价格高
扩散焊	1. 可以用于异种金属或金属与非金属的焊接； 2. 形状复杂的工件可以一次焊成； 3. 变形小

3. 焊接材料

钛及钛合金对热裂纹不敏感，焊接时可选择与母材成分相同或相似的填充金属。常用的焊丝牌号有 TA1、TA2、TA3、TA4、TA5、TA6 及 TC3 等，其成分与相应牌号的钛材料是一致的。焊丝均以真空退火状态供货，其表面不得有烧皮、氧化色、裂纹等缺陷存在。常用的焊丝直径为 $\phi0.8 \sim \phi2.0$ mm。

为了改善焊接接头的塑性和韧性，有时采用强度低于母材的填充材料。例如，用工业纯钛 TA1、TA2 作填充材料焊接 TA7 和厚度不大的 TC4。

保护气一般采用纯氩气（纯度大于 99.99%），有时为了增大熔深和加强保护效果（仰焊时）也采用氦气保护。

4. 焊接工艺及焊接参数

1）钨极氩弧焊（TIG 焊）

该方法是钛及钛合金最常用的焊接方法，用于焊接厚度在 3 mm 以下的薄板，分为敞开式焊接和箱内焊接两种方法。

敞开式焊接是在大气环境中施焊，为防止空气侵入而污染焊接区金属，焊接时需要利用带拖罩的焊枪和背面保护装置，用 Ar 或 Ar + He 混合气体把处于 400 ℃以上的高温区与空气隔开，这是一种局部气体保护的焊接方法。当工件结构较复杂，难以使用拖罩或进行背面保护时，应采用在充满 Ar 或 Ar + He 混合气体的箱内施焊，这是一种整体气体保护的焊接方法。

焊接时氩气流量对保护效果有重要影响，氩气流量的选择以达到良好的表面色泽为准。焊缝及热影响区的表面色泽是衡量保护效果的标志，钛材料在电弧作用下表面形成一层薄的氧化膜，不同温度下所形成的氧化膜颜色不同。最好的保护效果应该是焊缝及热影响区金属呈银白色，其次是金黄色，蓝色表示氧化稍微严重，灰色则表示氧化很严重。

氩气流量的选择见表 6 – 35，过大的流量不易形成稳定的气流层，还会增大焊缝的冷却速度，容易在焊缝表面出现钛型马氏体，使焊缝金属脆性增大。拖罩中的氩气流量不足时，焊缝表面会出现不同的氧化色泽；而流量过大时，将对主喷嘴气流产生干扰，从而影响保护效果。

选择焊接参数时既要防止焊缝在电弧作用下出现晶粒粗化的倾向，又要避免焊后冷却过程中出现脆硬组织。所有钛及钛合金在焊接时，都有晶粒长大的倾向，其中以 B 型钛合金最为明显，因此应采用较小的焊接热输入、直流正极性进行焊接，其焊接参数见表 6 – 35。该焊接参数适用于对接焊缝及环焊缝。

表 6 – 35　钛及钛合金手工 TIG 焊的焊接参数

板厚 /mm	坡口 形式	钨极 直径 /mm	焊丝 直径 /mm	焊接 层数	焊接 电流 /A	氩气流量/(L·min⁻¹)			喷嘴 孔径 /mm	备注
						主喷嘴	拖罩	背面		
0.5 ~ 1.5 2.0 ~ 2.5	I 形 坡口 对接	$\phi1.5 \sim$ $\phi2.0$ $\phi2.0 \sim$ $\phi3.0$	$\phi1 \sim \phi2$ $\phi1 \sim \phi2$	1 1	30 ~ 80 80 ~ 120	8 ~ 12 12 ~ 14	14 ~ 16 16 ~ 20	6 ~ 10 10 ~ 12	$\phi10 \sim \phi12$ $\phi12 \sim \phi14$	对接接头的间隙为 0.5 mm，加钛丝时的间隙为 1.0 mm
3 ~ 4 4 ~ 6 7 ~ 8	V 形 坡口 对接	$\phi3.0 \sim$ $\phi4.0$ $\phi3.0 \sim$ $\phi4.0$ $\phi4.0$	$\phi2 \sim \phi3$ $\phi2 \sim \phi4$ $\phi3 \sim \phi4$	1 ~ 2 2 ~ 3 3 ~ 4	120 ~ 150 130 ~ 160 140 ~ 180	12 ~ 16 14 ~ 16 14 ~ 16	16 ~ 25 20 ~ 26 25 ~ 28	10 ~ 14 12 ~ 14 12 ~ 14	$\phi14 \sim \phi20$ $\phi18 \sim \phi20$ $\phi20 \sim \phi22$	坡口间隙 2 ~ 3 mm，钝边为 0.5 mm。焊缝反面加钢垫板，坡口角度为 60°~ 65°

续表

板厚/mm	坡口形式	钨极直径/mm	焊丝直径/mm	焊接层数	焊接电流/A	氩气流量/(L·min⁻¹)			喷嘴孔径/mm	备注
						主喷嘴	拖罩	背面		
10~13 20~22 25~30	对称双Y形坡口	φ4.0 φ4.0 φ4.0	φ3~φ4 φ3~φ4 φ3~φ5	4~8 10~16 12~18	160~240 200~250 200~260	14~16 15~18 16~18	18~24 20~38 26~30	12~14 18~26 20~26	φ20~φ22 φ20~φ22 φ20~φ22	坡口角度为60°，钝边1 mm；坡口角度为55°，钝边为1.5~2.0 mm，间隙为1.5 mm

焊接厚度为 0.1~2.0 mm 的钛及钛合金板材，以及对焊接热循环敏感性强的钛合金及薄壁钛管时，宜采用脉冲电流。这种方法可有效控制焊缝成形，减少接头过热和晶粒粗化倾向，提高接头塑性；而且易于实现单面焊双面成形，可获得高质量的焊接接头。

2）熔化极氩弧焊（MIG焊）

对于钛及钛合金的中、厚板，采用 MIG 焊可以减少焊接层数，提高焊接速度和生产率。但 MIG 焊飞溅大，会影响焊缝成形和保护效果。MIG 焊一般采用细颗粒过渡，使用焊丝较多，填充金属受污染的可能性大，因此其保护要求比 TIG 焊更为严格。TIG 焊的拖罩可用于 MIG 焊，但由于 MIG 焊焊接速度快，金属的高温区段较长，拖罩应加长，并采用流动水冷却。MIG 焊焊接材料的选择与 TIG 焊相同，但对气体纯度和焊丝表面清洁度的要求更高。厚度为 15~25 mm 的板材可选用90°单面 V 形坡口。钛及钛合金 MIG 焊的焊接参数见表6-36。

表6-36　钛及钛合金MIG焊的焊接参数

材料	焊丝直径/mm	焊接电流/A	焊接电压/V	焊接速度/(cm·s⁻¹)	坡口形式	氩气流量/(L·min⁻¹)		
						焊枪	拖罩	背面
纯钛	φ1.6	280~300	30~31	1	Y形70°	20	20~30	30~40
TC4	φ1.6	280~300	31~32	0.8	Y形70°	20	20~30	30~40

3）等离子弧焊

等离子弧焊具有能量密度大、穿透力强、效率高等特点，所用气体为氩气，很适合钛及钛合金的焊接。液态钛的表面张力大、密度小，有利于采用穿透型等离子弧焊工艺，厚度为 5~15 mm 的钛及钛合金板材可一次焊透，并可有效防止气孔的产生。熔透型等离子弧焊焊接工艺适合焊接各种板厚，但一次焊接的厚度较小，3 mm 以上的板需要开坡口。

5. 焊后热处理

钛及钛合金焊接接头在焊后存在很大的焊接残余应力，如果不及时消除，会引起冷裂纹，还会增大接头对应力腐蚀开裂的敏感性，因此焊后必须进行热处理。采用合理的退火规范可消除内应力并能保证较高的强度，而且空冷时不产生或少产生钛型马氏体，故塑性也较好。为防止工件表面氧化,热处理应在真空或惰性气氛中进行。几种钛及钛合金的焊后热处理工艺参数见表6-37。

表6-37 几种钛及钛合金的焊后热处理工艺参数

材料	工业纯钛	TA7	TC4	TC10
加热温度/℃	482~593	533~649	538~593	482~649
保温时间/h	0.5~1	1~4	1~2	1~4

知 识 总 结

(1) 钛及钛合金容易被氧化,因此焊接前对焊接坡口进行机械或化学清理并进行气体保护。

(2) 钛及钛合金应用最多的焊接方法是钨极氩弧焊、真空电子束焊和激光焊。

(3) 钛及钛合金在焊接时选择与母材成分相同或相似的填充金属。

【任务实施】

1. 构件制备

管板采用8块板拼焊成一个圆。坡口形式为对称X形坡口,坡口角度为70°,钝边为2 mm,间隙为1.0~1.5 mm。坡口加工采用等离子弧切割,切割前留3 mm的加工余量。4 mm厚的外套板及内循环板均采用不开坡口的双面对接焊。

2. 焊接保护措施

焊接加热器外套、内循环管及列管与管板时的气体保护是采用在加热器内部全部充氩气的方法。充氩气量除用充氩气的压力和流量来衡量外,还可用明火靠近焊接区的办法进行检查,如火焰立即熄灭,同时又听不到喷射气流的"嗖嗖"响声,则说明充气气量适当。

3. 焊接方法和焊丝的选择

采用手工钨极氩弧焊。选用成分与母材相同、纯度稍高的焊丝,牌号为TA2,以得到更好的塑性。

4. 焊接参数

加热器各部位的焊接参数见表6-38。

表6-38 加热器各部位的焊接参数

焊接部位	焊件厚度/mm	焊接方式	焊接层数	焊接电流/A	电弧电压/V	焊丝直径/mm	钨极直径/mm	氩气流量/(L·min^{-1})		
								喷嘴	拖罩	背面
管板	22	X形坡口对接	2~6	230~250	20~25	φ4	φ4	15~18	18~20	18~20

续表

焊接部位	焊件厚度/mm	焊接方式	焊接层数	焊接电流/A	电弧电压/V	焊丝直径/mm	钨极直径/mm	氩气流量/(L·min⁻¹)		
								喷嘴	拖罩	背面
外套板	4	不开坡口对接	1~2	180~200	20~22	$\phi 4$	$\phi 3$	12~15	18~20	18~20
列管与管板	2、22	端部熔焊	1	160~180	20~22	$\phi 4$	$\phi 3$	18~20	—	—
内循环管与板	4、22	端部熔焊	1~2	180~200	20~22	$\phi 4$	$\phi 3$	18~20	—	—
外套板与管板	4、22	角接接头	1	200~220	20~24	$\phi 4$	$\phi 3$	18~20	—	—

5. 焊后处理

如果已焊好的接头表面呈银白色，则表明保护效果好，接头的塑性良好。焊后将管板放入 600 ℃ 的油炉内加热，保温 1 h，管板冷却到常温后，测得管板的挠曲变形为 6~8 mm，于是在辊床上进行矫正。加热器的整体退火温度为 550 ℃，保温 2.5 h，出炉后焊件表面呈蓝色，表明受轻微氧化，去除氧化膜后不致影响其使用性能。

【榜样的力量】

"稳""准""匀"——"焊接巧匠"高凤林（中国高技能人才楷模，中国航天科技集团公司第一研究院特种熔融焊接特级技师）。

高凤林进入技校时，老师就说："如果有一天，你们中的哪一位能够成为火箭发动机的焊工，那就是我们当中的英雄了"。两年后，高凤林竟被破格分到火箭发动机车间工作，而且是被发动机车间的书记、工段长、组长一起看中的。

与许多学生一样，高凤林第一次拿起焊枪也很不顺手，并被突然闪出的弧光吓了一跳，结果下意识一提焊枪，连焊条都掉了。他放下面罩，关掉电源，一屁股坐在地上，半天没有再动下。等回过神来，他拿出一支笔和笔记本，在上面认真地记录着什么，接着去看师傅的操作，再去看其他师傅的操作，然后回到自己工位上先模拟操作一遍，想一想，又模拟一遍，又在纸上写几下，再模拟一遍。最后可以操作了：打开电源，拿起面罩和焊枪，深吸一口气，高凤林焊下了人生中的第一条焊缝。而这一段，恰好被路过的工段长看见，他好奇地拿起高凤林的笔记本，只见上面写着：焊接操作规程……自己操作时的心理变化……师傅和同学们的操作特点……最后是三个大大的字和三个大大的惊叹号"稳！""准！""匀！"

工段长心里暗暗叫好：这个学生了不得，第一次实习就知道自己思考、感悟焊接的基本要领，是个好苗子。放下笔记本，工段长看了眼高凤林焊的焊缝，叹了口气，拿起焊枪在旁边又焊了一道焊缝就走了。高凤林看了两道截然不同的焊缝，沉默了……实习期间，高凤林几乎将所有的时间都用在车间里，做了车间几乎所有的杂事，成了车间几乎所有师傅的徒弟。别的同学打球、玩耍，他手握红砖、伸直胳膊，独自站在烈日下，任汗水在脸上、身上肆意流淌……

后来，他成为"中国十大高技能人才楷模"之一。

课后巩固

1. 习题

（1）铝及铝合金是怎样进行分类的？铝及铝合金通过什么途径进行强化？

（2）铝及铝合金的焊接性有何特点？

（3）铝及铝合金焊接时为何容易出现气孔？如何防止气孔的产生？

（4）焊接纯铝及不同类型的铝合金应选用什么成分的焊丝？

（5）铝及铝合金在焊接工艺上有何特点？

（6）采用 TIG 焊和 MIG 焊焊接纯铝时，两种焊接方法对气孔的敏感性有何不同？

（7）铜合金有哪几种？

（8）铜及铜合金与钢相比，其物理性能有何特点？

（9）铜及铜合金的焊接性如何？

（10）用于铜及铜合金的焊接方法有哪几种？各有何优缺点？

（11）钛合金有哪几种？其性能如何？

（12）钛及钛合金的焊接性如何？

（13）用于焊接钛及钛合金的焊接方法有哪几种？

2. 实训

（1）依据铝合金、铜合金、钛合金的焊接工艺，准备试验材料及工具。

（2）根据铝合金、铜合金、钛合金的焊接参数，进行钢板的焊接。

（3）按照铝合金、铜合金、钛合金的焊缝评定要求，进行焊接试验结果评定并给出评定结果。

参 考 文 献

［1］乌日根. 金属材料焊接工艺［M］. 北京：机械工业出版社，2019.

［2］张连生. 金属材料焊接［M］. 北京：机械工业出版社，2004.

［3］中国机械工程学会焊接学会. 焊接手册：第2卷 材料的焊接［M］. 3 版. 北京机械工业出版，2008.

［4］中国机械工程学会焊接分会. 焊接词典［M］. 3 版. 北京：机械工业出版社，2008.

［5］陈祝年. 焊接工程师手册［M］. 北京：机械工业出版社，2002

［6］李亚江. 焊接冶金学：材料焊接性［M］. 2 版. 北京：机械工业出版社，2016.

［7］中国标准出版社总编室. 中国国家标准汇编［G］. 北京：中国标准出版社，2006.

［8］薛松柏，栗卓新，朱颖，等，焊接材料手册［M］. 北京：机械工业出版社，2005

［9］曾乐. 现代焊接技术手册［M］. 上海：上海科学技术出版社，1993.

［10］陈保国. 金属材料焊接工艺［M］. 北京：机械工业出版社，2018.

［11］张丽红. 金属材料焊接工艺［M］. 北京：北京理工大学出版社，2014.

［12］吴金杰. 焊接冶金学及金属材料焊接［M］. 大连：大连理工大学出版社，2014.

［13］姚佳，李荣雪. 金属材料焊接工艺［M］. 北京：机械工业出版社，2021.